Fuzzy Technologien

Prinzipien, Werkzeuge, Potentiale

Herausgeber:
Prof. Dr. Dr. H.c. Hans-Jürgen Zimmermann

Dipl.-Ing. Joachim Angstenberger
Dipl.-Math. Dipl. Wirt.-Math. Karl Lieven
Dr. Richard Weber
Prof. Dr. Dr. h.c. Hans-Jürgen Zimmermann

Die Deutsche Bibliothek — CIP-Einheitsaufnahme

Fuzzy Technologien : Prinzipien, Werkzeuge, Potentiale /
Hrsg.: Hans-Jürgen Zimmermann. Joachim Angstenberger . . . —
Düsseldorf : VDI-Verl., 1993
(Intelligente Technologien)

ISBN-13: 978-3-540-62199-7 e-ISBN-13: 978-3-642-95774-1
DOI:10.1007/ 978-3-642-95774-1

NE: Zimmermann, Hans-Jürgen [Hrsg.]; Angstenberger, Joachim

Vorwort

Seit 1990 ist in Deutschland eine Technologie unter dem Namen "Fuzzy Logic" in das Blickfeld der Öffentlichkeit getreten, die ihren Ursprung im Jahre 1965 hat. 1965 hat Professor Lotfi Zadeh aus den USA einen Artikel über "Fuzzy Sets" veröffentlicht [0-1], der in der Zwischenzeit zu zahlreichen Anwendungen geführt hat. Die Gründe für diese Entwicklung sind primär in zwei Richtungen zu finden:

Paradigmenwechsel

Bis in die sechziger Jahre betrachtete man Unsicherheit als etwas sehr Negatives. Ein Wissenschaftler, der keine präzise oder sichere Aussage machen konnte, wurde nicht sehr anerkannt, und ein Entscheidungsfäller, der als vage oder schwammig bezeichnet wurde, erfreute sich auch keiner Hochachtung. Diese Einstellung begann sich in den sechziger Jahren dahingehend zu ändern, daß man Unsicherheit als einen Teil unserer Umwelt und Realität begriff, den man nicht vermeiden konnte. Da man mit ihm leben mußte, erschien es sinnvoller, Unsicherheit in Methoden, Modelle und Verfahren einzubeziehen, anstatt sie einfach zu negieren. Es ist daher nicht erstaunlich, daß bis zu dieser Zeit nur eine Theorie bestand, die sich mit der Unsicherheit beschäftigte, nämlich die Wahrscheinlichkeitstheorie. Deren häufigste Version, die auch der Statistik zugrunde liegt, bezieht sich auf zufällige Unsicherheiten und ist primär auf großzahlige Phänomene ausgelegt, wie wir sie z. B. in der statistischen Qualitätskontrolle und bei Glücksspielen vorfinden. Durch den Paradigmenwechsel entstanden seit den sechziger Jahren eine ganze Anzahl zusätzlicher Unsicherheitstheorien, wie z. B. die Möglichkeitstheorie, die Evidenztheorie, die Belieftheorie, die alle die Wahrscheinlichkeitstheorie nicht ersetzen, sondern sie für die Arten von Unsicherheiten ergänzen wollen, für die die Wahrscheinlichkeitstheorie nicht entwickelt wurde. Darüber hinaus werden sie oft zusammen mit der Wahrscheinlichkeitstheorie zur Modellierung von Phänomenen verwandt, die allein wahrscheinlichkeitstheoretisch nicht zu erfassen sind. Die Inadäquanz "scharfer" zweiwertiger Modellierungsverfahren für reale Phänomene wurde sicherlich schon sehr viel früher erkannt. So sagte z. B. der Philosoph B. Russell bereits 1923 [0-2]:
"Die gesamte traditionelle Logik geht gewöhnlich davon aus, daß präzise Symbole verwandt werden. Sie ist daher nicht anwendbar auf unsere reale Umwelt, sondern lediglich auf eine vorgestellte überirdische Welt."

Komplexität

Reale biologische, technische oder soziologische Systeme sind gewöhnlich sehr komplex. Auch dies ist ein Phänomen, das wir nicht ändern können. Auf der anderen Seite wurde in den Anfängen der künstlichen Intelligenz, ebenfalls in den fünfziger und sechziger Jahren, festgestellt, daß das Kurzzeitgedächnis, in dem wir Menschen Informationen verarbeiten können, lediglich eine sehr kleine Kapazität hat. So können wir simultan normalerweise nicht mehr als fünf bis sieben Symbole gleichzeitig aufnehmen. Die allen seit langem bekannte Folge dieser Diskrepanz zwischen Komplexität der Realität und beschränkter Informationsaufnahme und -verarbeitungsfähigkeit durch den Menschen ist der Zwang zur Modellierung realer Phänomene, falls diese durch Menschen analysiert oder begriffen werden sollen. Man ist nun lange davon ausgegangen und macht dies teilweise heute noch, daß ein Modell um so besser werde, je genauer es ein reales System abbilde, das analysiert oder optimiert werden soll. Dies ist aber nur sehr bedingt richtig: Will man ein Modell realitätsnäher gestalten, so bedeutet dies gewöhnlich die Aufnahme weiterer Details, und damit die Erhöhung der Komplexität dieses Modells. Diese Vergrößerung der Komplexität durch Detaillierung führt selbstverständlich zu einer Erhöhung der Informationsmenge, die aufzunehmen und zu begreifen ist, ehe man eine sinnvolle Einsicht in das dargestellte Phänomen erlangen kann. Diese Diskrepanz zwischen gewünschter Erhöhung des Detaillierungsgrades auf der einen Seite und sehr beschränkter Aufnahmefähigkeit auf der anderen Seite formulierte Zadeh 1965 in seinem **Inkompatibilitäts-Prinzip** wie folgt:

"In dem gleichen Maße, in dem die Komplexität eines Systems steigt, vermindert sich unsere Fähigkeit, präzise und zugleich signifikante Aussagen über sein Verhalten zu machen. Ab einer gewissen Stufe sind Präzision und Signifikanz (oder Relevanz) fast sich gegenseitig ausschließende Charakteristiken."

Wir Menschen meistern diese hohe Komplexität der Realität bei interpersoneller Kommunikation gewöhnlich dadurch, daß wir verbale Modelle benutzen, die für Menschen durchaus genügend verständlich und signifikant sind und die es erlauben, eine relativ hohe Komplexität linguistisch in einer Weise auszudrücken, die vom Menschen verstanden werden kann. Dies führt allerdings zu der später noch zu besprechenden linguistischen oder lexikalen Unsicherheit des Inhaltes von Worten und Sätzen, mit der wir als Menschen zwar keine großen Schwierigkeiten haben, die allerdings bei der Verarbeitung sprachlich ausgedrückten Wissens auf EDV-Anlagen zu größeren Schwierigkeiten führt. Das ist wohl auch der Grund dafür, daß diese Art der Unsicherheit besonders zu einer Zeit sichtbar wird, in der man aus verschiedenen

Gründen immer mehr dazu übergeht zu versuchen, menschliches Wissen und menschliche Erfahrung mit effizienter elektronischer Datenverarbeitung zu verbinden.

Die bisherigen Ausführungen lassen vielleicht schon vermuten, wo Unsicherheitsmethoden, wie z. B. die Fuzzy Set Theorie, heutzutage primär Anwendung finden und wichtig sind: Dies wird zum einen überall dort sein, wo reale Phänomene keine zweiwertige Entweder-Oder-Struktur haben, sondern eher in das Gebiet des "Mehr oder Wenigers" gehen. Anwendungen der Fuzzy Set Theorie führen dann gewöhnlich zu einer "Fuzzyfizierung" existierender klassischer Modelle und Methoden, wie sie z. B. in den siebziger und achtziger Jahren bei den Optimierungsverfahren des Operations Research zu finden waren [0-3]. Das zweite große Anwendungsgebiet der Fuzzy Set Theorie sind die sogenannten "wissensbasierten Systeme", d. h. Expertensysteme oder regelungstechnische wissensbasierte Systeme. Bei diesen wird mangels mathematischer Strukturen oder mangels vorhandener effizienter Algorithmen versucht, auf wissensbasierte Weise zu akzeptablen Lösungen zu gelangen. Hierbei bedeutet "wissensbasiert" gewöhnlich, daß menschliche Erfahrung, wie sie entweder in der Wissensakquisition gesammelt wird oder die auch aus Lehrbüchern stammen kann, formal in einer Weise repräsentiert werden muß, die von elektronischen Rechenanlagen **inhaltserhaltend** verarbeitet werden kann.

Es wurde schon oben erwähnt, daß die Ursprünge der Fuzzy Set Theorie in den sechziger Jahren liegen. In den siebziger und achtziger Jahren waren die Weiterentwicklungen dieser Theorie mit Ausnahme Japans primär im akademischen Bereich zu finden. Sie bezogen sich sowohl auf die Datenverarbeitung als auch auf die Optimierung, die Mustererkennung, etc. Ein großer Teil der Entwicklungen konzentrierte sich allerdings auf rein mathematische Fragen. Nur in Japan griff man Ende der siebziger Jahre eine sehr spezielle Problemklasse, nämlich die in der ersten Hälfte der siebziger Jahre in England entwickelte "Fuzzy Control" auf, d. h., die Anwendung wissensbasierter unscharfer Verfahren in der Regelungstechnik, und setzte sie in Methoden und Produkte um. Seit Ende 1990 wurde durch die Medien auch die deutsche Öffentlichkeit auf das praktische Potential der Anwendung solcher Methoden hingewiesen. Durch das dadurch erzeugte, sehr hohe öffentliche Interesse, zunächst primär im deutschsprachigen Raum, in der Zwischenzeit allerdings auch in den USA, stieg die Zahl angebotener Seminare und Symposien auf diesem Gebiet sehr stark. Nicht ganz Schritt gehalten mit dieser Entwicklung hat die deutschsprachige Literatur. So sind auch heute noch die meisten der existierenden 15000 bis 16000 Veröffentlichungen aus diesem Gebiet überwiegend in Englisch. Verständliche Lehrbücher für dieses Gebiet gibt es in

Deutsch noch sehr wenige. Der vorliegende Band, der der Beginn einer Reihe zum Thema "Fuzzy Technologien" ist, möchte nun diese Lücke schließen helfen. Er ist vorwiegend gedacht, als eine Einführung für Praktiker, die sich mit dem Gebiet der "Fuzzy Technologien" beschäftigen wollen und die weniger an tiefgehender Mathematik als mehr an anwendbarer Technologie interessiert sind. Deswegen werden in diesem Buch auch nur die theoretischen Grundlagen dargestellt, die aus unserer Sicht für eine Anwendung besonders relevant sind. Der Rest des Buches stellt dann teils systematisch, teils beispielhaft die Gebiete dar, die bei existierenden Anwendungen eingesetzt werden.

Bedanken möchten wir uns an dieser Stelle bei allen, die an der Entstehung dieses Buches beteiligt waren. Zahlreiche Diskussionen mit den Mitarbeitern der MIT GmbH haben Anregungen zu Darstellung und Inhalt gegeben. Insbesondere möchten wir uns bei Frau Karin Besting, Frau Sabine Scheffer und besonders bei Frau Michaela Ivens für die Manuskripterstellung bedanken. Dem VDI-Verlag und Frau Glaser möchten wir für das Engagement und die Bereitschaft zur Veröffentlichung dieses Buches danken.

Aachen, im März 1993 Die Verfasser

Inhalt

1 Einleitung

Fast alle täglichen Abläufe und Prozesse sind mit Unsicherheiten verbunden. Sowohl in der Technik als auch in den Naturwissenschaften wird durch die Abbildung spezieller Problemstellungen in Modellen versucht, die Realität möglichst genau abzubilden. Für die Abbildung der Unsicherheiten sind zahlreiche Ansätze entwickelt worden. Da die Fuzzy Set Theorie in gewisser Beziehung als eine Rahmentheorie für einige der in den letzten zwanzig Jahren entstandenen Unsicherheitstheorien angesehen werden kann, ist es sicherlich angemessen, daß man sich zunächst mit den wichtigsten Arten der Unsicherheit beschäftigt, die man heute unterscheidet und die für Anwendungen relevant sind. In diesem Buch werden die Arten der Unsicherheit beschrieben, die für industrielle Anwendungen relevant sind. Außerdem soll die Unterscheidung zwischen verschiedenen Unsicherheiten nicht nach theoretischen Gesichtspunkten (wie z. B. Möglichkeit, Evidenz etc.) durchgeführt werden, sondern eine Unterscheidung nach Ursachen vorgenommen werden.

Eine Ursache ist der Konflikt zwischen Komplexität der Realität auf der einen Seite und beschränkter Informationsaufnahmefähigkeit des Menschen auf der anderen Seite. Dieser Konflikt ist gekennzeichnet durch den Unterschied in der Genauigkeit und Feinheit der Skalen, die wir normalerweise in der menschlichen Kommunikation verwenden, verglichen mit denen, die in der modernen Datenverarbeitung Verwendung finden. Dies sei an folgendem Beispiel verdeutlicht:

Man stelle sich vor, daß man einem Kollegen oder einer Kollegin beim rückwärts Einparken in die Garage oder eine Parklücke behilflich sein wolle. Die Kommunikation wird dann gewöhnlich auf der Ebene "ein bißchen weiter nach links", "noch ein bißchen zurück", "wieder etwas nach vorne" stattfinden. Sowohl Fahrzeuglenker als auch Helfer werden diese Art der Kommunikation, die auf einer recht groben Genauigkeitsstufe stattfindet, als durchaus natürlich und ausreichend empfinden. Man stelle sich nun vor, daß der Helfer dem Wagenlenker die Information auf präzisere Weise auf die folgende Art vermitteln wolle: "Bitte noch 1°, 12', 1" nach links", "und jetzt noch 13,5 mm nach vorn", "und nun noch 7,5 mm nach hinten". Es ist offensichtlich, daß die zweite Art der Kommunikation, wie sie sicherlich bei der Kontrolle technischer Prozesse angebracht wäre, für die menschliche Kommunikation nicht angemessen ist. Auch hier kann die Fuzzy Set Theorie in noch zu beschreibender Weise helfen, die Brücke zwischen dem vom Menschen benutzten Genauigkeitsniveau und dem oft durch moderne Instrumente oder Sensoren angebotenen oder geforderten Genauigkeitsgrad zu schlagen.

Vergleichbare Situationen treten bei zahlreichen Analyse- und Steuerungsproblemen auf. Hier bietet die Fuzzy Technologie eine Möglichkeit, Aufgabenstellungen in Modellen, die auf menschlichem Erfahrungswissen aufbauen, abzubilden. Nachdem in Kapitel 2 die notwendigen Grundlagen dargestellt sind, werden in Kapitel 3 die Anwendungsgebiete und Methoden sowie dazugehörige Lösungsverfahren vorgestellt. Neben der erfolgreichen Anwendung in der Steuerungs- und Regelungstechnik werden auch die Verfahren in der Meß- und Analysetechnik und im Produktionsmanagement, die auf dem Prinzip der unscharfen Mengen beruhen, diskutiert. Dabei wird auch auf die Verbindung von Fuzzy Ansätzen zu Expertensystemen und Neuronalen Netzen eingegangen.

Zur Erstellung von Fuzzy Systemen stehen zahlreiche Softwaretools und Hardware Komponenten zur Verfügung. In Kapitel 4 stehen diese im Vordergrund.

Da die Fuzzy Technologie bezüglich der praktischen Anwendung erst am Anfang steht und alle bisherigen Piloteinsätze ein großes Potential vermuten lassen, beschäftigt sich Kapitel 5 mit den Zukunftsaussichten sowie den Entwicklungen in Europa, USA und Japan. Eine umfangreiche Literaturzusammenstellung der hier benutzten Textstellen dient dem Leser zur weiteren Vertiefung des Fachgebietes.

2 Prinzipien der Fuzzy Technologie

2.1 Einführung

Durch zahlreiche Phänomene werden Unsicherheiten in technischen und anderen Systemen hervorgerufen. Hier werden drei Arten von Unsicherheit betrachtet:

- die zufällige Unsicherheit
- die lexikale (linguistische) Unsicherheit und
- die informationale Unsicherheit.

Zufällige oder stochastische Unsicherheit

Bekannterweise kann diese im Normalfall mit Hilfe der Wahrscheinlichkeitstheorie adäquat modelliert werden. Eine solche typische wahrscheinlichkeitstheoretische Aussage könnte die folgende Form haben: "Die Wahrscheinlichkeit, das Ziel zu treffen, ist 0,8".

So natürlich dieser Satz auch klingen mag, so hat er doch zwei Eigenschaften, die seine Anwendungsnähe begrenzen: Die Aussage besteht aus zwei Teilen. Einem, der das Ereignis beschreibt, über das etwas ausgesagt werden soll, und einem zweiten, in dem die eigentliche wahrscheinlichkeitstheoretische Aussage gemacht wird. Das Ereignis muß in einer scharfen zweiwertigen Form beschrieben werden können (entweder es ist eingetreten oder nicht), um den normalen wahrscheinlichkeitstheoretischen Kalkülen zu genügen. Für die Wahrscheinlichkeit selbst ist normalerweise eine Zahl zwischen 0 und 1 anzugeben. So natürlich uns dies scheint, so sehr begrenzt es auch die Anwendbarkeit. Viele "Ereignisse", wie z. B. angemessene Arbeitsbedingungen, akzeptable Sicherheit, attraktive Projekte usw., sind keine zweiwertigen Phänomene, d. h., über sie könnte keine wahrscheinlichkeitstheoretische Aussage gemacht werden. Selbst die uns natürlich erscheinende numerische Angabe der Wahrscheinlichkeit täuscht sehr oft eine Genauigkeit vor, die in Wirklichkeit gar nicht gegeben ist. So wird die oben angegebene 0,8 als eine reelle Zahl auf absolutem Skalenniveau betrachtet und als 0,8000.... behandelt. Dies ist möglicherweise dann angemessen, wenn man aufgrund der Großzahligkeit des Vorkommens des betrachteten Ereignisses über entsprechende Häufigkeitsinformationen verfügt. Sollte diese 0,8 allerdings das Ergebnis der Befragung eines Menschen sein, der z. B. um eine Aussage über die Wahrscheinlichkeit gebeten wird, mit der morgen schönes Wetter ist, so ist die 0,8 hier eher im Sinne des "relativ wahrscheinlich" als der 0,8000 zu interpretieren.

Lexikale (sprachliche oder linguistische) Unsicherheit

Unter lexikaler, sprachlicher oder linguistischer Unsicherheit versteht man die inhaltliche Unsicherheit oder Undefiniertheit von Wörtern und Sätzen unserer Sprache. Betrachtet man z. B. Ausdrücke wie 'große Männer', 'heiße Tage', 'stabile Währungen', 'große Steine' etc., so ist deren Bedeutung sehr vom jeweiligen Kontext abhängig. 'Stabile Währungen' bedeuten etwas ganz anderes, wenn man den Ausdruck in Südamerika verwendet, als wenn man ihn in Europa benutzt. Der Ausdruck 'große Steine' hat eine andere Bedeutung, wenn man sich in einem Juwelierladen befindet, als wenn man in den Alpen ist. Für die menschliche Kommunikation hat das gewöhnlich keine negativen Auswirkungen, da wir Menschen in der Lage sind, aus dem jeweiligen Zusammenhang die Bedeutung von Wörtern oder Sätzen zu erkennen. Wir leiten also aus der Betonung, von der Person, die das Wort sagt, aus dem Zusammenhang, in dem ein Wort gebraucht wird usw., ab, welche Bedeutung es in dem jeweiligen Falle hat. Sollten wir dazu nicht in der Lage sein, erbitten wir weitere Informationen. Werden solche Wörter oder sprachlich formuliertes Wissen (z. B. in der Form von Regeln) jedoch auf einer EDV-Anlage verwandt, um dadurch Algorithmen (Rechenverfahren) zu ersetzen, so ist die EDV-Anlage nicht dazu in der Lage, aus irgendwelchem Kontext die Bedeutung eines Wortes abzuleiten. D. h. mit anderen Worten, menschliches Wissen kann in einer der menschlichen Verwendung analogen Form vom Rechner nur dann benutzt werden, wenn es inhaltlich definiert ist.

Oft tritt die lexikale Unsicherheit auch in Verbindung mit der stochastischen Unsicherheit auf. Man betrachte z. B. die Aussage "Es ist wahrscheinlich, daß wir einen guten Erfolg erreichen werden". Dies ist offensichtlich eine wahrscheinlichkeitstheoretische Aussage. Der Inhalt dieser Aussage ist allerdings vollkommen offen: Zum einen ist der "gute Erfolg" keine eindeutige Beschreibung eines Ereignisses, sondern sie ist stark interpretationsbedürftig und daher in einer wahrscheinlichkeitstheoretischen Aussage nicht zu benutzen. Zum anderen bedeutet "es ist wahrscheinlich" streng genommen eine von Null verschiedene Wahrscheinlichkeit, d. h. z. B. 0,0001. Dies ist sicherlich in diesem Fall nicht gemeint. Je nach der Betonung des Satzes könnte er bedeuten, daß es wahrscheinlicher sei als unwahrscheinlich, daß wir einen guten Erfolg erreichen werden (also eine Wahrscheinlichkeit von 0,6 oder 0,65) oder sogar, daß es fast sicher ist, einen guten Erfolg zu haben. In diesem Falle wäre die Wahrscheinlichkeit 0,85 oder 0,9.

Betrachten wir nun die Aussage "Die Erfahrungen des Experten A weisen überzeugend darauf hin, daß X eintreten wird; Experte B dagegen hält das Eintreten für sehr wenig wahrscheinlich", so mag dieser Satz durchaus eindrucksvoll klingen. Er ist jedoch vollkommen inhaltsleer, solange die Bedeutung von "überzeugend" und "sehr wenig wahrscheinlich" nicht inhaltlich definiert ist. Es wird an späterer Stelle beschrieben, in welcher Form mit Hilfe der Theorie unscharfer Mengen diese lexikale Unschärfe modelliert werden kann.

Informationale Unsicherheit

Diese Art der (ebenfalls inhaltlichen) Unsicherheit ist auf einen Überfluß an Informationen zurückzuführen. Überfluß bedeutet hier, eine Informationsmenge, die größer ist, als sie von unserem Kurzzeitgedächtnis gleichzeitig aufgenommen werden kann. Diese Art der Unsicherheit tritt dann auf, wenn Begriffe (sogenannte subjektive Kategorien) verwendet werden, die zwar durchaus eindeutig und klar beschrieben werden können, zu deren Beschreibung jedoch eine große Anzahl von Deskriptoren (beschreibende Eigenschaften) notwendig sind. D.h. also, es dreht sich um Phänomene, die durch eine große Anzahl von Eigenschaften definiert sind. Zu denken wäre an Ausdrücke wie "gutgehende Unternehmungen" oder auch "Kreditwürdigkeit". Um diese Art der Unsicherheit zu verdeutlichen, sei der Begriff der Kreditwürdigkeit etwas näher betrachtet [2-1].

Die Endstufe eines Forschungsprojektes, bei dem die Anwendbarkeit der Theorie der unscharfen Mengen gezeigt werden sollte, war die Modellierung des Entscheidungsprozesses, der bei der Bestimmung der Kreditwürdigkeit von Kunden abläuft, die bei einer Bank um einen Personalkredit zwischen 5000,- und 10000,- DM nachsuchen. Das Projekt wurde in Zusammenarbeit mit einigen Großbanken im Aachen-Düsseldorfer Raum durchgeführt. Die Kreditsachbearbeiter konnten sich bei einer anfänglichen Diskussion in relativ kurzer Zeit (ein bis zwei Stunden) darauf einigen, daß der Begriff der Kreditwürdigkeit im wesentlichen durch folgende Beschreibungshierarchie dargestellt werden könne.

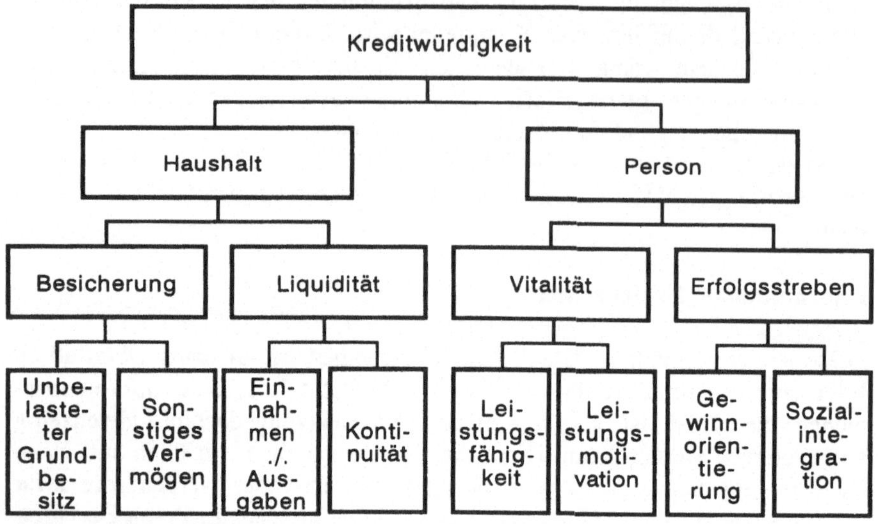

Bild 2-1: Kreditwürdigkeit

Den beschreibenden Eigenschaften des Begriffes Kreditwürdigkeit entsprechen hier die Ausdrücke, die auf der untersten Ebene der Hierarchie zu finden sind, also: unbelasteter Grundbesitz, sonstiges Vermögen, Einnahmen minus Ausgaben etc. Diese Hierarchie beschreibt jedoch nur teilweise, was unter Kreditwürdigkeit zu verstehen ist. Eine vollständige Beschreibung des Begriffes Kreditwürdigkeit läge erst dann vor, wenn definiert ist, auf welche Weise die jeweils zwei Unterkategorien die darüber befindliche Kategorie bestimmen. D. h. also, wie z. B. unbelasteter Grundbesitz und sonstiges Vermögen den Grad der Besicherung des Kunden bestimmen. Unsere Sprache bietet uns zwei Worte an, um eine solche Aggregation auszudrücken: **"und"** und **"oder"**. Der Leser möge nun selbst versuchen, die jeweiligen Aggregationsformen durch diese beiden Formen zu beschreiben. Er wird sehr schnell herausfinden, daß weder das "und" noch das "oder" voll das zum Ausdruck bringen, was ein Kreditsachbearbeiter eigentlich meint. Selbst, wenn man sich darauf einigen könnte, daß die "und"-Aggregation in den meisten Fällen die angemessene sei, dann ist noch nicht gesagt, was dieses "und" inhaltlich bedeutet. In manchen Fällen mag das "und" der Addition entsprechen, in anderen Fällen nicht (manche Größen sind aufgrund verschiedener Dimensionen gar nicht addierbar). Wenn das "und" jedoch nicht der Addition entspricht, welchen anderen mathematischen Operationen entspricht es dann? Man sieht also auch hier, daß die lexikale Unsicherheit, die selbst mit den Worten verbunden ist, die wir am häufigsten benutzen, den Inhalt oder die Bedeutung dieser Worte unsicher gestaltet. Im folgenden Kapitel wird gezeigt, wie der

Inhalt dieser Aggregationsvorschriften definiert werden kann. Damit und durch die in Bild 2-1 gezeigte Hierarchie läßt sich der Begriff der Kreditwürdigkeit inhaltlich eindeutig definieren. Zahlreiche andere Problemstellungen können auf den gezeigten Fall der Kreditwürdigkeit übertragen werden. Jedesmal, wenn ein komplexer Sachverhalt, der sich aus mehreren beschreibenden Eigenschaften zusammensetzt, beurteilt werden soll, kann ein vergleichbares Vorgehen gewählt werden. Beispiele sind u.a. in folgenden Bereichen zu finden:

- Klimatechnik: Beurteilung des Wohlbefindens in Räumen (oder Fahrzeugen), wobei das Wohlbefinden von Temperatur, Luftfeuchte, Zusammensetzung der Luft usw. abhängt.
- Versicherungen: Analog zur Kreditwürdigkeit, die Beurteilung von Versicherungsverträgen
- Beurteilung der Umweltverträglichkeit von Anlagen

Nach diesen einführenden Betrachtungen über den Begriff der Unsicherheit soll nun zunächst die grundlegende Theorie der unscharfen Mengen beschrieben werden, wie sie 1965 veröffentlicht wurde. Danach werden einige der in der Zwischenzeit entwickelten Erweiterungen angegeben, die heutzutage die Theorie der unscharfen Mengen zu einer sehr leistungsfähigen Technologie für verschiedenartige Anwendungen machen.

2.2 Elementare Fuzzy Set Theorie

Die Theorie unscharfer Mengen (Fuzzy Set Theorie) kann sowohl als eine Verallgemeinerung der klassischen Mengenlehre als auch als eine Verallgemeinerung der zweiwertigen (dualen) Logik angesehen werden. Der Zugang als verallgemeinerte Mengentheorie ist leichter, obwohl in den meisten Anwendungen eigentlich die Theorie unscharfer Mengen als eine verallgemeinerte Logik, d. h. als ein Weg des logischen Schließens betrachtet wird. Hier sei zunächst der mengentheoretische Zugang gewählt, und später wird der Übergang zur logischen Interpretation gezeigt.

Eine klassische Menge kann als Zusammenfassung von Elementen angesehen werden, die alle mindestens eine gemeinsame Eigenschaft haben. Ist diese Eigenschaft vorhanden, so gehört das Element zur Menge. Ist diese Eigenschaft nicht vorhanden, so gehört das Element nicht zur Menge. Der in der Theorie unscharfer Mengen benutzte Mengenbegriff geht von dieser zweiwertigen (ja/nein) Mengenzugehörigkeit über zu einem graduellen Zugehörigkeitsbegriff. D. h., daß für jedes Element angegeben werden kann, zu welchem Grade es zu einer unscharfen Menge gehört. Im folgenden sollen klassische (zweiwertige) Mengen jeweils durch große Buchstaben gekennzeichnet werden, während unscharfe Mengen durch große Buchstaben mit einer Tilde (~) darüber bezeichnet werden.

Definition 2-1

Ist X eine Menge (von Objekten, die hinsichtlich einer unscharfen Aussage zu bewerten sind), so heißt

$$\tilde{A} := \{(x, \mu_{\tilde{A}}(x));\ x \in X\}$$

eine **unscharfe Menge** auf X.

Hierbei ist $\mu_{\tilde{A}}: X \to \Re$ eine reellwertige Funktion. Sie wird als Zugehörigkeitsfunktion bezeichnet. Die Zugehörigkeitsfunktion kann als eine verallgemeinerte charakteristische Funktion angesehen werden. Sind ihre Werte auf das Intervall von 0 bis 1 beschränkt (was immer durch eine einfache Division durch das Maximum oder Supremum erreicht werden kann), so spricht man von einer "normierten unscharfen Menge".

Beispiel 2-1

In einer Stadt gibt es Wohnungen verschiedener Art, die ausschließlich durch die Anzahl ihrer Wohnräume charakterisiert seien. Die folgende Menge X repräsentiert diese Wohnungen durch die Angabe der jeweiligen Anzahl der Räume.

$$X = \{1, 2, 3, 4, 5, 6, 7, 8\}$$

Für eine fünfköpfige Familie könnte nun die unscharfe Menge "attraktive Wohnung" wie folgt geschrieben werden:

$$\tilde{A} = \{(1,0), (2,0.1), (3,0.4), (4,0.8), (5,1), (6,1), (7,0.8), (8,0.2)\}$$

In der geschweiften Klammer der unscharfen Menge $\tilde{A}$ befinden sich Tupel, die folgendermaßen interpretiert werden können: Die erste Zahl gibt die Anzahl von Wohnräumen aus der Menge X an und charakterisiert damit eine Klasse von Wohnungen. Die zweite Zahl, die aus dem Intervall [0,1] stammt, gibt den Grad an, zu dem eine Wohnung mit so vielen Wohnräumen für eine fünfköpfige Familie attraktiv ist. In Bild 2-2 ist die unscharfe Menge $\tilde{A}$ graphisch dargestellt.

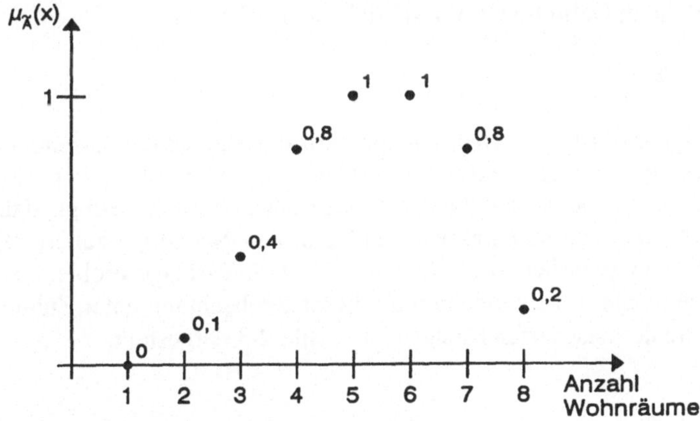

Bild 2-2: Unscharfe Menge "Attraktive Wohnung"

Definition 2-2

Die Menge aller Elemente einer unscharfen Menge $\tilde{A}$, die einen Zugehörigkeitsgrad $\mu_{\tilde{A}}(x) > 0$ haben, nennt man **stützende Menge**. Diese stützende Menge, meist mit $S_{\tilde{A}}$ bezeichnet, ist offensichtlich eine scharfe Menge. Die

Vereinigung aller Elemente, die einen Zugehörigkeitswert $\mu_{\tilde{A}}(x) \geq \alpha$ haben, nennt man **α-Schnittmenge**, d. h.

$$S_{\tilde{A}} = \{x; \mu_{\tilde{A}}(x) > 0\}$$

$$S_{\alpha} = \{x; \mu_{\tilde{A}}(x) > \alpha\}$$

In Beispiel 2-1 besteht die stützende Menge S der unscharfen Menge Ã aus den folgenden Elementen:

$$S_{\tilde{A}} = \{2,\ 3,\ 4,\ 5,\ 6,\ 7,\ 8\}$$

Die α-Schnittmenge für $\alpha = 0{,}6$ ist entsprechend der Definition:

$$S_{\alpha=0.6} = \{4,\ 5,\ 6,\ 7\}$$

In der im Beispiel 2-1 gezeigten (diskreten) unscharfen Menge werden die Grade der Zugehörigkeit als reelle Zahlen im Intervall [0,1] angegeben. Bei unscharfen Mengen, die auf einem stetigen Raum abgebildet sind, wird der Grad der Zugehörigkeit entsprechend durch eine Funktion definiert. Beispiele hierfür sind die in Beispiel 2-2 definierte "gute Betriebstemperatur" einer Anlage oder die in Definition 2-3 beschriebene unscharfe Zahl.

Beispiel 2-2

In einer verfahrenstechnischen Anlage wird die Temperatur für eine optimale Fahrweise eines Kühlprozesses vom Anlagenhersteller auf -136 °C festgelegt. Die Erfahrungen beim Einsatz der Anlage haben jedoch gezeigt, daß dieser Wert nach oben und unten abweichen kann. Auf Nachfrage äußert der Anlagenfahrer, daß zwischen -142 °C und -132 °C die Anlage problemlos betrieben werden kann. Eine Modellierung dieser Beobachtung unter Zuhilfenahme der Theorie der unscharfen Mengen ist in Bild 2-3 dargestellt.

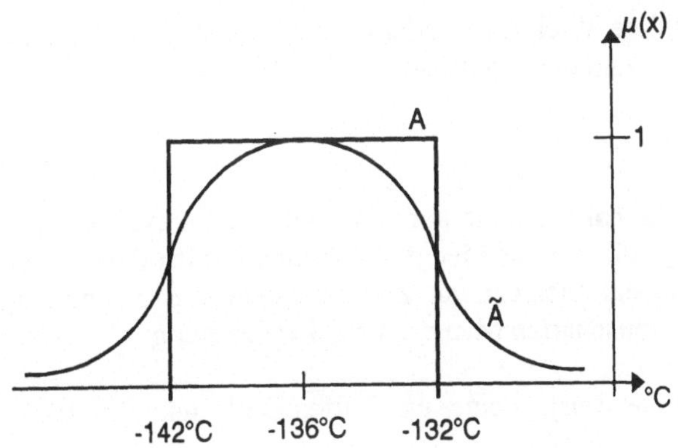

Bild 2-3: Unscharfe und scharfe Menge "Gute Betriebstemperatur"

In Bild 2-3 sind die Vorteile einer Modellierung mit unscharfen Mengen leicht abzuleiten. Geht man davon aus, daß die Überwachung automatisiert ist, so würde der Anlagenfahrer bei der scharfen Menge keine Information über den Zustand der Anlage erhalten, sofern die Temperatur sich im scharfen Intervall zwischen -142 °C und -132 °C bewegt. D. h., er erhält bei -141,9 °C die gleiche Bewertung wie bei einer Temperatur von -136 °C und ist überrascht, wenn plötzlich (d.h. bei Unterschreitung von -142 °C) eine Störmeldung durch das System erfolgt. Bei der unscharfen Abbildung kann er jedoch über die Zugehörigkeitswerte sowohl den Zustand der Anlage als auch den Trend im Zeitablauf beobachten. Darüber hinaus ist diese Erfassung des Sachverhaltes wesentlich realitätsnäher. Häufig wird die Darstellung eines mit Unsicherheiten behafteten Prozesses durch Zugehörigkeitsfunktionen, wie sie in Bild 2-3 benutzt werden, mit den bekannten Dichtefunktionen oder Verteilungsfunktionen der Wahrscheinlichkeitstheorie verwechselt. Inhaltlich hat die benutzte Zugehörigkeitsfunktion eine völlig andere Interpretation. Sie gibt die Zugehörigkeit eines Betriebszustandes zu der Menge der "guten Betriebszustände" an. Interpretiert man die dargestellte Funktion als Dichtefunktion, so hat dies zur Konsequenz, daß die Wahrscheinlichkeit dafür, daß die Temperatur kleiner als -136 °C ist, gleich 0,5 ist, falls die dargestellte Funktion als symmetrisch vorausgesetzt wird. Die Wahrscheinlichkeitstheorie macht aber keinerlei Aussagen darüber, inwieweit die Temperatur einen "guten Betriebszustand" repräsentiert. Dies soll an dieser Stelle als Abgrenzung zur Wahrscheinlichkeitstheorie genügen.

In der Literatur sind in der Zwischenzeit eine große Anzahl verschiedenartiger unscharfer Mengen vorgeschlagen worden [2-2]. Hieraus wollen wir im Rahmen dieses Buches lediglich zwei Beispiele herausgreifen, die für die Anwendungen besondere Wichtigkeit erlangt haben, und zwar die sogenannten unscharfen Zahlen und die linguistischen Variablen.

Definition 2-3

Eine **unscharfe Zahl** ist eine konvexe, auf das Intervall [0,1] normierte unscharfe Menge, die auf der Menge der reellen Zahlen definiert ist. Außerdem existiert genau ein Element mit Zugehörigkeitsgrad 1. Die Zugehörigkeitsfunktion dieser unscharfen Menge ist stückweise stetig.

Bild 2-4 zeigt das Beispiel einer unscharfen Zahl "ungefähr 10".

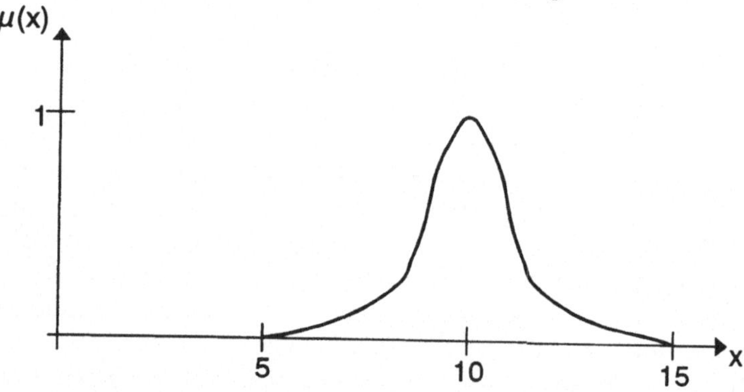

Bild 2-4: Unscharfe Zahl "ungefähr 10"

Definition 2-4

Eine **linguistische Variable** ist eine Variable, deren Werte keine Zahlen (wie bei der deterministischen Variable) oder Verteilungen (wie bei der Zufallsvariable), sondern sprachliche Konstrukte (sogenannte Terme) sind. Diese Terme werden inhaltlich durch unscharfe Mengen auf einer sogenannten Basisvariablen definiert.

Beispiel 2-3

Als linguistische Variable sei der Begriff "Betriebstemperatur" gewählt. Diese Variable könnte z. B. die Werte (Terme) "zu niedrig", "gut" und "zu hoch" annehmen. Jeder dieser Terme könnte dann z. B. als unscharfe Menge auf der Skala (Basisvariable) der Temperatur in °C inhaltlich definiert werden.

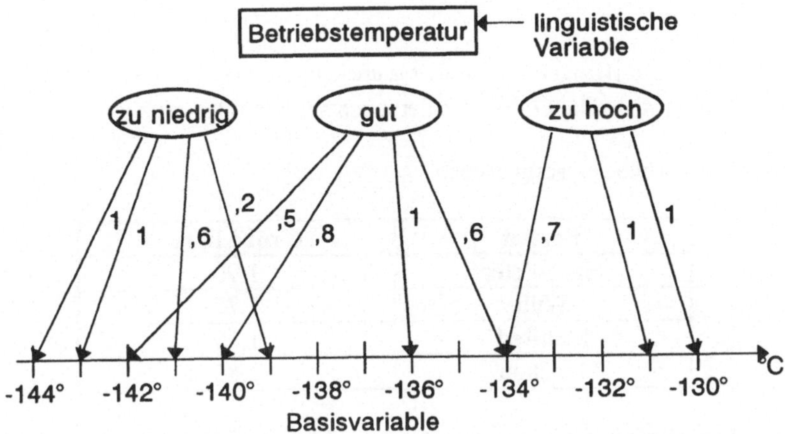

Bild 2-5: Linguistische Variable "Betriebstemperatur"

Der Begriff der linguistischen Variable zeigt in besonders deutlicher Form, in welcher Weise unscharfe Mengen die Brücke zwischen linguistischem Ausdruck und numerischer Information sein können. So stellt in obigem Beispiel die Menge der Terme sicherlich das Skalenniveau dar, auf dem ein Anlagenfahrer über die Betriebstemperatur eines Kühlprozesses (vgl. Beispiel 2-2) kommunizieren würde. Demgegenüber stellt die Basisvariable eine physikalische Skala dar, die beliebig genau angegeben werden könnte.

Als linguistische Variable werden sehr oft auch Begriffe wie Wahrscheinlichkeit, Wahrheit usw. benutzt [2-3]. Linguistische Variable sind auch denkbar ohne eine vorhandene Basisvariable oder im mehrdimensionalen Raum. In diesen Fällen sind sie jedoch nicht so einsichtig und auch schwerer zu handhaben.

Ein anderer häufig benutzter Begriff ist der der unscharfen Relation:

Definition 2-5

Es seien $X, Y \subseteq \Re$ gegebene Räume. Dann ist

$$\tilde{R} = \{((x,y), \mu_{\tilde{R}}(x,y)); (x,y) \in X \times Y\}$$

eine **unscharfe Relation** im Produktraum $X \times Y$.

Beispiel 2-4

Es seien $X = Y = \{\text{Hans-Peter, Willi, Manfred, Joachim}\}$ und $\tilde{R}$ die unscharfe Relation "größer als". Die Größe der Personen sei wie folgt gegeben:

Tabelle 2-1: Größe der Testpersonen

Person	Größe in m
Hans-Peter	1,90
Willi	1,75
Manfred	1,65
Joachim	1,85

Die Zugehörigkeitsfunktion der Relation könnte folgendermaßen definiert sein:

$$\mu_{\tilde{R}}(x,y) = \begin{cases} 0 & \textit{für } x \le y \\ \dfrac{(x-y)}{0.1y} & \textit{für } y < x \le 1.1y \\ 1 & \textit{für } x > 1.1y \end{cases}$$

Die Zugehörigkeitsfunktion einer diskreten unscharfen Relation "x größer als y", kann in Matrixform dargestellt werden.

Tabelle 2-2: Matrixform der Zugehörigkeitsfunktion der Relation

y	Hans-Peter	Willi	Manfred	Joachim
x				
Hans-Peter	0	0,857	1	0,27
Willi	0	0	0,606	0
Manfred	0	0	0	0
Joachim	0	0,571	1	0

2.3 Operationen mit Fuzzy Sets

Um eine Mengentheorie zu beschreiben, sind neben ihren Elementen (den Mengen) auch die Operationen zu definieren, die angewandt werden können, um die Mengen miteinander zu verbinden oder sie modifizieren zu können. In der Theorie unscharfer Mengen werden alle diese Operationen über die jeweiligen Zugehörigkeitsfunktionen, die wichtigsten Komponenten der unscharfen Mengen, definiert. Es seien hier zunächst die Grundoperationen definiert, die auch bereits 1965 in dieser Form von Zadeh vorgeschlagen wurden [0-1].

Definition 2-6

Die Zugehörigkeitsfunktion der Schnittmenge (Durchschnitt) zweier unscharfer Mengen $\tilde{A}$ und $\tilde{B}$ mit den Zugehörigkeitsfunktionen $\mu_{\tilde{A}}(x)$ und $\mu_{\tilde{B}}(x)$ ist punktweise definiert durch:

$$\mu_{\tilde{A} \cap \tilde{B}}(x) = Min(\mu_{\tilde{A}}(x), \mu_{\tilde{B}}(x)) \; \forall x \in X.$$

Beispiel 2-5

In Beispiel 2-1 haben wir die Zugehörigkeitsfunktion einer attraktiven Wohnung für eine fünfköpfige Familie abhängig von der Anzahl der Räume definiert. Seien die unscharfe Menge $\tilde{A}$ hier nun als "große Wohnung" und die unscharfe Menge $\tilde{B}$ als "preiswerte Wohnung" wie folgt definiert:

$$\tilde{A} = \{(1,0),(2,0.1),(3,0.4),(4,0.6),(5,0.8),(6,1),(7,1),(8,1)\}$$

$$\tilde{B} = \{(1,1),(2,1),(3,0.9),(4,0.8),(5,0.6),(6,0.4),(7,0.2),(8,0.1)\}$$

Der Durchschnitt $\tilde{A} \cap \tilde{B}$ als mathematische Beschreibung für "die Familie möchte eine große **und** preiswerte Wohnung mieten", ergibt sich dann aufgrund der obigen Definition wie folgt:

$$\tilde{A} \cap \tilde{B} = \{(1,0),(2,0.1),(3,0.4),(4,0.6),(5,0.6),(6,0.4),(7,0.2),(8,0.1)\}$$

Definition 2-7

Die Zugehörigkeitsfunktion der Vereinigung zweier unscharfer Mengen $\tilde{A}$ und $\tilde{B}$ mit den Zugehörigkeitsfunktionen $\mu_{\tilde{A}}(x)$ und $\mu_{\tilde{B}}(x)$ ist definiert als:

$$\mu_{\tilde{A}\cup\tilde{B}}(x) = Max(\mu_{\tilde{A}}(x), \mu_{\tilde{B}}(x))\ \forall x \in X.$$

Definition 2-8

Die Zugehörigkeitsfunktion des Komplements einer normierten, unscharfen Menge $\tilde{A}$ wird durch folgende Vorschrift gebildet:

$$\mu_{\tilde{A}^c}(x) = 1 - \mu_{\tilde{A}}(x) \forall x \in X.$$

Mengentheoretische Operationen und logische Operatoren

Es wurde schon am Anfang dieses Kapitels erwähnt, daß die Theorie unscharfer Mengen sowohl als verallgemeinerte Mengenlehre als auch als eine Verallgemeinerung der zweiwertigen (dualen) Logik angesehen werden kann. Die Zuordnung der Begriffe aus der Mengenlehre zur Logik zeigt Tabelle 2-3.

Tabelle 2-3: Begriffszuordnung

Mengentheorie	Logik	Mathematische Beschreibung
Durchschnitt	logisches und	Minimum
Vereinigung	inklusives oder	Maximum
Komplement	Verneinung	$1 - \mu(x)$

Die Zuordnung der jeweiligen mengentheoretischen zu den logischen Operatoren soll an folgendem Beispiel verdeutlicht werden.

Beispiel 2-6

Die unscharfen Mengen "hohe Autobahngeschwindigkeiten" und "abgasarme Geschwindigkeiten" seien durch die in den nächsten beiden Bildern gezeigten Zugehörigkeitsfunktionen charakterisiert.

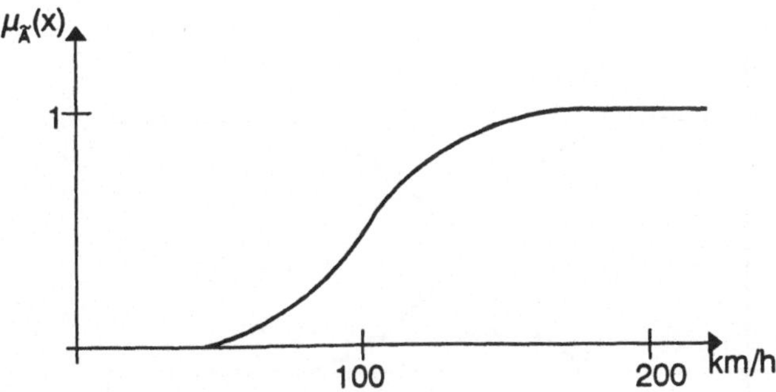

Bild 2-6: Hohe Autobahngeschwindigkeiten

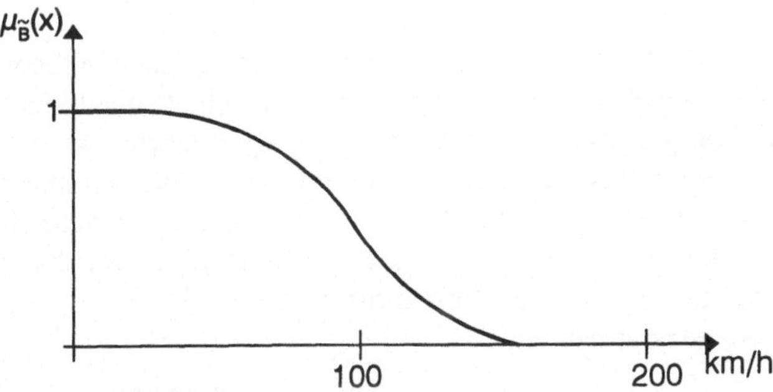

Bild 2-7: Abgasarme Geschwindigkeiten

Ist man nun daran interessiert, wünschenswerte Geschwindigkeiten zu ermitteln, und definiert man das wünschenswert als abgasarm **und** hoch, so könnte man das "und" als "logisches und" interpretieren und sich daran erinnern, daß das "logische und" dem mengentheoretischen Durchschnitt zugeordnet ist, für das von Zadeh als mathematische Beschreibung der Minimum-Operator vorgeschlagen wurde. Dies führt dazu, daß die unscharfe Menge "wünschenswerte Autobahngeschwindigkeiten" als Durchschnittsmenge der zwei gezeigten unscharfen Mengen "hohe Geschwindigkeiten" und "abgasarme Geschwindigkeiten" errechnet werden kann. Bei Verwendung des Minimum-Operators zeigt die unterbrochene Funktion in Bild 2-8 die Zugehörigkeitsfunktion der unscharfen Menge für wünschenswerte Geschwindigkeiten.

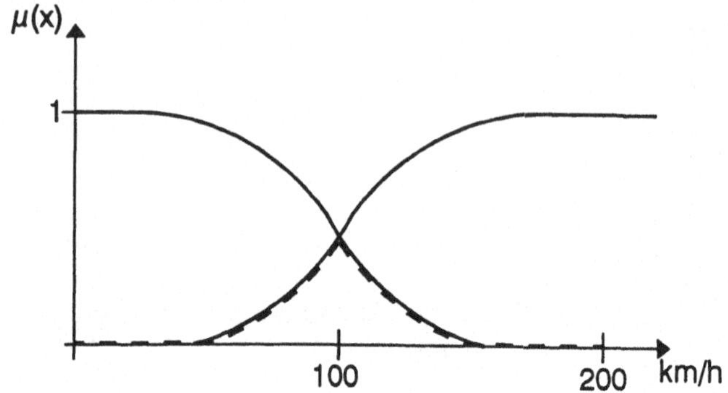

Bild 2-8: Wünschenswerte = Abgasarme **und** hohe Geschwindigkeiten

Im letzten Beispiel wurde aufgrund der Entsprechung mengentheoretischer und logischer Operatoren das "und" über den Durchschnitt inhaltlich mit dem Minimum-Operator gleichgesetzt. Seit den siebziger Jahren ist jedoch bekannt, daß das "und", das der Mensch in seiner normalen Kommunikation benutzt, - es sei hier als "linguistisches und" bezeichnet - inhaltlich in den meisten Fällen jedoch nicht dem "logischen und" entspricht. Wir haben damit vier zu einander in irgendeinem Verhältnis stehende Begriffe, wie sie im nächsten Bild 2-9 gezeigt werden.

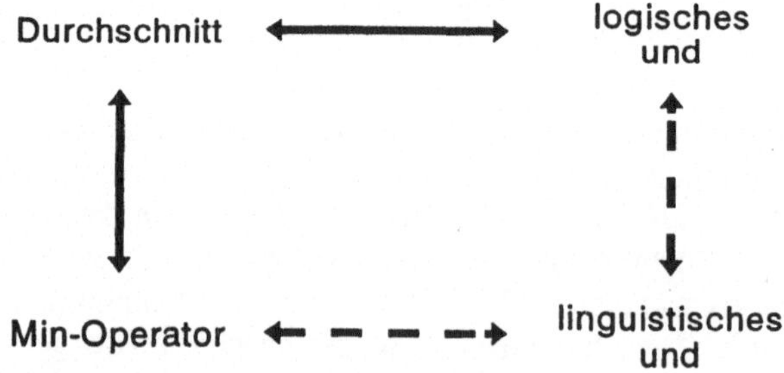

Bild 2-9: Operatoren-Problematik

In Bild 2-9 sind die Relationen zwischen dem "logischen und" und dem Durchschnitt sowie zwischen dem Durchschnitt und dem Minimum-Operator rein formale Beziehungen, die mathematisch bewiesen oder auch widerlegt werden können. Dies wurde für verschiedene Operatoren bereits in den siebziger Jahren getan [2-4]. Die gebrochen gezeichneten Relationen zwischen dem "linguistischen und" und dem "logischen und" und dem "linguistischen und" und dem entsprechenden inhaltlichen Operator haben dagegen einen ganz anderen Charakter: Es sind psycholinguistische Relationen, die nicht formal bewiesen werden können. Sie sind nur auf empirischem Wege zu bestimmen, was auch in den siebziger und Anfang der achtziger Jahre geschah.

Weitere Operatoren

Zusätzlich zu den schon genannten Operatoren Minimum und Maximum (entsprechend dem Durchschnitt und der Vereinigung unscharfer Mengen) sind in der Zwischenzeit sehr viele alternative Möglichkeiten vorgeschlagen worden. Sie lassen sich aufteilen in sogenannte t-Normen (Triangular-Norms), t-Conormen (oder S-Normen) und sogenannte mittelnde Operatoren. Inhaltlich können diese Gruppen wie folgt beschrieben werden: Die t-Normen sind mathematische Modelle für den mengentheoretischen Durchschnitt bzw. das "logische und". t-Conormen sind entsprechend Modelle für die mengentheoretische Vereinigung bzw. das "logische inklusive oder". Mittelnde Operatoren bilden zwischen den t-Normen und den t-Conormen ab und sind im allgemeinen konvexe Kombinationen zwischen Paaren von t-Normen und t-Conormen, die über die jeweilige Komplementdefinition einander zugeordnet sind. Diese letzte Gruppe hat zwar keine so attraktiven mathematischen Eigenschaften, wie die t-Normen und die t-Conormen, allerdings konnte gezeigt werden, daß das "linguistische und" bzw. "oder" im allgemeinen sehr viel angemessener durch die mittelnden Operatoren abgebildet werden kann [2-5].

Beispiel 2-7

Man nehme an, daß man an einem neuen Arbeitsort nach einem Haus suche, das attraktiv sein soll. Ein Haus gelte als attraktiv, wenn es komfortabel **und** preiswert ist. Ein Makler lege einem nun zehn Angebote vor, die man nach ihrer Attraktivität ordnen wolle. Würde nun das "und" als Minimum-Operator interpretiert, so würde dies bedeuten, daß sich der Wohnungssuchende für die zehn Wohnungen die jeweils schlechtere Eigenschaft aussuche und die Wohnungen bezüglich ihrer Attraktivität lediglich danach ordne. Dies ist sicherlich kein sehr plausibles Vorgehen. Stattdessen würde man davon ausgehen, daß die Attraktivität einer Wohnung, deren Preis hoch ist, dadurch erhöht werden könne, daß der Komfort auch entsprechend erhöht werde. D. h., man kompensiert mangelnde Attraktivität aufgrund eines hohen Preises durch eine erhöhte Attraktivität aufgrund höheren Komforts.

Beispiel 2-8

Ein Fertigungsleiter hat zu entscheiden, welcher Auftrag als nächster in die Fertigung eingelastet werden soll. Als Unternehmensziele sind hoher Deckungsbeitrag und kurze Durchlaufzeiten vorgegeben. Seien die unscharfe

Menge $\tilde{A}$ hier nun als "hoher Deckungsbeitrag" und die unscharfe Menge $\tilde{B}$ als "kurze Durchlaufzeiten" wie folgt definiert:

$$\tilde{A} = \{(15,1),(10,0.8),(5,0.4),(2,0.2),(0,0)\}$$

$$\tilde{B} = \{(1,1),(2,0.6),(3,0.4),(4,0.2),(5,0.1),(6,0.05),(7,0)\}$$

Mit dieser Festlegung der Zugehörigkeitswerte und der Kenntnis der folgenden Ausprägungen für die Werte von Auftrag 1 und 2

Tabelle 2-4: Auftragskenngrößen

	Auftrag 1	Auftrag 2
Deckungsbeitrag in TDM	10	2
Durchlaufzeit in Tagen	5	4

hat Auftrag 1 den Zugehörigkeitswert 0.1 und Auftrag 2 den Zugehörigkeitswert 0.2 zur unscharfen Menge "hoher Deckungsbeitrag **und** kurze Durchlaufzeit". Dabei sei vorausgesetzt, daß der Durchschnitt als Minimum der einzelnen Werte bestimmt wird. Aufgrund dieses Ergebnisses würde der Entscheidungsfäller nun zunächst Auftrag 2 einlasten.

Dies ist jedoch ein Widerspruch zum menschlichen Entscheidungsverhalten, da der Deckungsbeitrag von Auftrag 1 einen sehr hohen Zugehörigkeitsgrad im Vergleich zu Auftrag 2 hat. Durch die Anwendung des Minimum-Operators findet dieser Sachverhalt jedoch keinen Eingang in die Problemlösung. Dies kann durch die Anwendung kompensatorischer Operatoren für die Abbildung des "linguistischen und" vermieden werden.

Während die beiden zuletzt gezeigten Anwendungsbeispiele Aussagen über die Verarbeitung diskreter unscharfer Mengen zuließen, zeigt der folgende Fall eine analoge Vorgehensweise für Problemstellungen mit kontinuierlichen Ausprägungen.

Beispiel 2-9

Ein Teilaggregat einer komplexen chemischen Anlage soll in einem "möglichst guten Betriebszustand" gehalten werden. Es sei hier angenommen, daß dieser Zustand durch die Größen Temperatur und Druck charakterisiert werde. Weiter sei unterstellt, daß ein guter Betriebszustand vorliegt, falls die Temperatur hoch **und** der Druck niedrig ist. Dabei sollen keine Wechselwirkungen betrachtet werden.

T=[130,200] sei das Intervall aller möglichen Temperaturen (in °C) und D=[70,120] das Intervall aller Druckwerte (in bar). D. h., die scharfe Menge aller theoretisch möglichen Betriebszustände ist gegeben durch $X = \mathrm{T} \times \mathrm{D}$.
$\mu_{\tilde{T}}: X \to \Re$ sei die Zugehörigkeitsfunktion, die zu jedem Betriebszustand angibt, zu welchem Grad dieser eine "hohe Temperatur" aufweist und $\mu_{\tilde{D}}: X \to \Re$ die Zugehörigkeitsfunktion, die zu jedem Betriebszustand angibt, zu welchem Grad dieser einen "niedrigen Druck" aufweist, wie in Bild 2-10 gegeben.

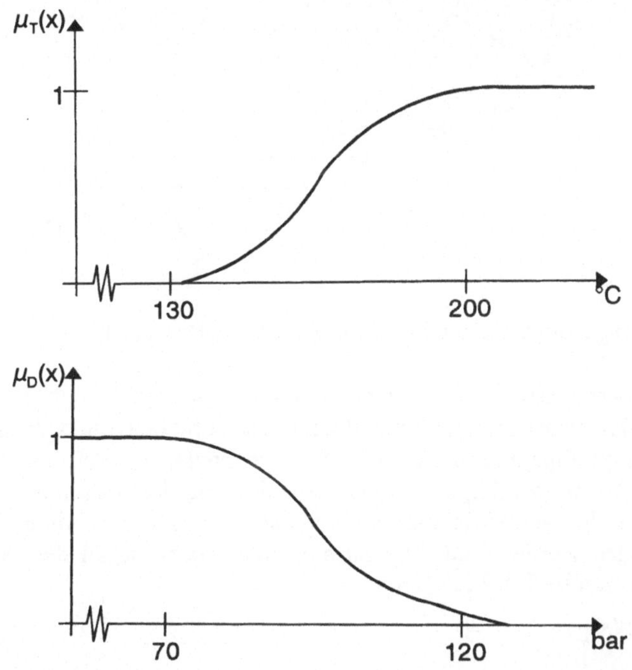

Bild 2-10: Zugehörigkeitsfunktionen für hohe Temperatur bzw. niedriger Druck

Ein beliebiger Betriebszustand kann durch die Angabe seiner charakteristischen Werte $(t^*,d^*) \in X$ beschrieben werden. Der Grad, zu dem ein solcher Zustand als "gut" eingestuft wird, läßt sich nun durch folgenden Zusammenhang ermitteln:

$$\mu_{gut}(t^*,d^*) = \min\,(\mu_{\tilde{T}}(t^*,d^*), \mu_{\tilde{D}}(t^*,d^*))$$

Für alle möglichen Zustände ist dies in Bild 2-11 dargestellt.

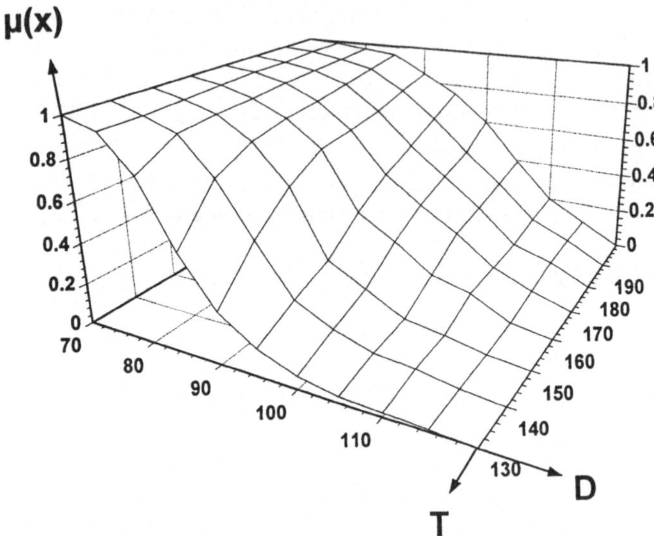

Bild 2-11: Zugehörigkeitsfunktionen zu "guter Betriebszustand"

Für den interessierten Leser seien im folgenden exemplarisch zunächst die Eigenschaften von t-Normen und t-Conormen aufgeführt, und danach exemplarisch einige Operatoren aus den schon genannten Operatorenfamilien. Es sei hierbei besonders darauf hingewiesen, daß alle drei Familien von Operatoren sowohl in parametrisierter Form als auch ohne Kalibrierungs-Parameter vorgeschlagen worden sind. Die Zusammenhänge zwischen den verschiedenen Operatoren stellt Bild 2-12 dar.

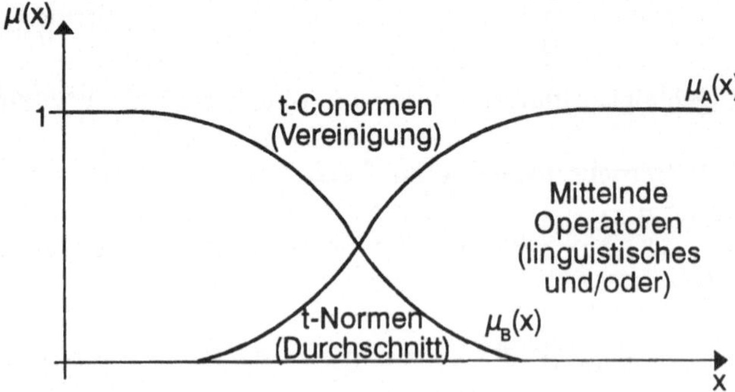

Bild 2-12: Operatoren-Familien

Definition 2-9

Eine t-Norm T, die für den Durchschnitt und das "logische und" verwendet werden kann, ist durch folgende Eigenschaften für $x \in X$ und beliebige unscharfe Mengen $\tilde{A}, \tilde{B}, \tilde{C}, \tilde{D}$ mit den Zugehörigkeitsfunktionen $\mu_{\tilde{A}}(x), \mu_{\tilde{B}}(x), \mu_{\tilde{C}}(x), \mu_{\tilde{D}}(x)$ gekennzeichnet:

$$T(0,0) = 0$$
$$T(\mu_{\tilde{A}}(x),1) = T(1,\mu_{\tilde{A}}(x)) = \mu_{\tilde{A}}(x)$$
$$T(\mu_{\tilde{A}}(x),\mu_{\tilde{B}}(x)) \le T(\mu_{\tilde{C}}(x),\mu_{\tilde{D}}(x)) \quad \text{falls } \mu_{\tilde{A}}(x) \le \mu_{\tilde{C}}(x),\ \mu_{\tilde{B}}(x) \le \mu_{\tilde{D}}(x) \qquad \text{(Monotonie)}$$
$$T(\mu_{\tilde{A}}(x),\mu_{\tilde{B}}(x)) = T(\mu_{\tilde{B}}(X), \mu_{\tilde{A}}(x)) \qquad \text{(Kommutativität)}$$
$$T(\mu_{\tilde{A}}(x),T(\mu_{\tilde{B}}(x),\mu_{\tilde{C}}(x))) = T(T(\mu_{\tilde{A}}(x),\mu_{\tilde{B}}(x)),\mu_{\tilde{C}}(x)) \qquad \text{(Assoziativität)}$$

Beispiele für t-Normen findet der interessierte Leser in [2-2]. Beispiele für parametrisierte t-Normen sind die Operator-Familien T_D von Dubois [2-6], T_H von Hamacher [2-4] und T_Y von Yager [2-7].

$$T_D(\mu_{\tilde{A}}(x),\mu_{\tilde{B}}(x),\alpha) = \frac{\mu_{\tilde{A}}(x)\cdot\mu_{\tilde{B}}(x)}{\max(\mu_{\tilde{A}}(x),\mu_{\tilde{B}}(x),\alpha)}, \quad \alpha \in [0,1]$$

$$T_H(\mu_{\tilde{A}}(x),\mu_{\tilde{B}}(x),\gamma) = \frac{(\mu_{\tilde{A}}(x)\cdot\mu_{\tilde{B}}(x))}{\gamma + (1-\gamma)(\mu_{\tilde{A}}(x) + \mu_{\tilde{B}}(x) - \mu_{\tilde{A}}(x)\mu_{\tilde{B}}(x))} \quad \text{für } \gamma \ge 0$$

$$T_Y(\mu_{\tilde{A}}(x),\mu_{\tilde{B}}(x),p) = 1 - \min\left\{1,\left((1-\mu_{\tilde{A}}(x))^p + (1-\mu_{\tilde{B}}(x))^p\right)^{1/p}\right\} \quad \text{für } p \ge 1$$

Definition 2-10

Eine t-Conorm S, die für die Vereinigung und das "inklusive oder" verwendet werden kann, ist durch folgende Eigenschaften für $x \in X$ und beliebige unscharfe Mengen $\tilde{A}, \tilde{B}, \tilde{C}, \tilde{D}$ mit den Zugehörigkeitsfunktionen $\mu_{\tilde{A}}(x), \mu_{\tilde{B}}(x), \mu_{\tilde{C}}(x), \mu_{\tilde{D}}(x)$ charakterisiert:

$$S(0,0) = 0$$
$$S(\mu_{\tilde{A}}(x),0) = S(0,\mu_{\tilde{A}}(x)) = \mu_{\tilde{A}}(x)$$
$$S(\mu_{\tilde{A}}(x),\mu_{\tilde{B}}(x)) \le S(\mu_{\tilde{C}}(x),\mu_{\tilde{D}}(x)) \quad \text{falls } \mu_{\tilde{A}}(x) \le \mu_{\tilde{C}}(x),\ \mu_{\tilde{B}}(x) \le \mu_{\tilde{D}}(x) \qquad \text{(Monotonie)}$$
$$S(\mu_{\tilde{A}}(x),\mu_{\tilde{B}}(x)) = S(\mu_{\tilde{B}}(x), \mu_{\tilde{A}}(x)) \qquad \text{(Kommutativität)}$$

$$S\left(\mu_{\tilde{A}}(x), S\left(\mu_{\tilde{B}}(x), \mu_{\tilde{C}}(x)\right)\right) = S\left(S\left(\mu_{\tilde{A}}(x), \mu_{\tilde{B}}(x)\right), \mu_{\tilde{C}}(x)\right) \quad \text{(Assoziativität)}$$

In den bisherigen Ausführungen haben wir bereits angedeutet, daß in vielen Situationen ein **mittelnder** oder/und **kompensatorischer Operator** vorteilhaft ist. Im folgenden möchten wir als Beispiele für mittelnde Operatoren die Operatoren M_{W1} für das "fuzzy-und" und M_{W2} für das "fuzzy-oder" von Werners [2-8] sowie als Beispiel für kompensatorische Operatoren den γ-Operator K_Z [2-9] vorstellen.

$$M_{W1}\left(\mu_{\tilde{A}}(x), \mu_{\tilde{B}}(x), \gamma\right) = \gamma \min\left(\mu_{\tilde{A}}(x), \mu_{\tilde{B}}(x)\right) + (1-\gamma)\frac{\mu_{\tilde{A}}(x) + \mu_{\tilde{B}}(x)}{2}, \ \gamma \in [0,1]$$

$$M_{W2}\left(\mu_{\tilde{A}}(x), \mu_{\tilde{B}}(x), \gamma\right) = \gamma \max\left(\mu_{\tilde{A}}(x), \mu_{\tilde{B}}(x)\right) + (1-\gamma)\frac{\mu_{\tilde{A}}(x) + \mu_{\tilde{B}}(x)}{2}, \ \gamma \in [0,1]$$

$$K_Z\left(\mu_{\tilde{A}}(x), \mu_{\tilde{B}}(x), \gamma\right) = \left(\mu_{\tilde{A}}(x)\mu_{\tilde{B}}(x)\right)^{(1-\gamma)}\left(\mu_{\tilde{A}}(x) + \mu_{\tilde{B}}(x) - \mu_{\tilde{A}}(x)\mu_{\tilde{B}}(x)\right)^{\gamma}, \ \gamma \in [0,1]$$

Kriterien für die Auswahl von Operatoren

Die Vielzahl der in der Theorie der unscharfen Mengen zur Verfügung stehenden Operatoren mag zunächst verwirrend sein. Der Stärke der Fuzzy Set Theorie, die durch die Vielzahl der Modellierungsmöglichkeiten gegeben wird, steht der Zwang gegenüber, sich in einer speziellen Situation auch für einen bestimmten dieser Operatoren zu entscheiden und unter Umständen sogar noch den Parameter einzustellen. Welche Regeln können nun für die Auswahl eines dieser Operatoren angewandt werden? Die folgenden Kriterien, nach denen man einen Operator für eine spezielle Problemstellung auswählen kann, liefern in der Regel keine eindeutige Entscheidung. Sie geben jedoch hilfreiche Hinweise bei der Evaluierung gegebener Operatoren.

a) Formale Eigenschaften

Es wurde schon erwähnt, daß die Zusammenhänge zwischen dem "logischen und" ("oder"), dem Durchschnitt (Vereinigung) und dem sie abbildenden mathematischen Modell (Operator) rein formaler Natur sind. Beschreibt man daher formal eine dieser drei Komponenten, so können auf rein formale Weise die anderen mathematisch abgeleitet werden. Dies ist bereits in den siebziger Jahren auch für den Minimum- (Maximum-) Operator und für die sogenannten Hamacher-Operatoren geschehen [2-4; 2-10].

b) Reale Angemessenheit

Wenn Teile der Fuzzy Set Theorie als Modellierungssprache für reale Situationen oder Systeme benutzt werden, ist es offensichtlich nicht nur wichtig, daß die benutzten Operatoren gewisse Axiome erfüllen oder gewisse formale Eigenschaften (wie z. B. Assoziativität, Kommutativität etc.) haben. Diese sind sicherlich vom mathematischen Standpunkt aus wichtig, aber die Operatoren sollten in diesen Fällen auch in der Lage sein, z. B. das "linguistische und" angemessen abzubilden. Ob dies der Fall ist oder nicht, kann nur empirisch gezeigt werden. Hierfür existieren zwar auch schon gewisse wissenschaftliche Ergebnisse, gut abgesicherte und umfangreiche Erfahrung liegt in dieser Richtung allerdings noch nicht vor.

c) Anpassungsfähigkeit

Es ist relativ unwahrscheinlich, daß die Art der Aggregation unabhängig vom Kontext und der inhaltlichen Interpretation ist. D. h., es wird sicherlich eine Rolle spielen, ob die Aggregation im Rahmen eines menschlichen Entscheidungsmodelles eingesetzt wird, Teil eines unscharfen Reglers ist, zu einem medizinischen Diagnosesystem gehört oder zu einer speziellen Inferenzregel in der unscharfen Logik. Will man mit einer relativ kleinen Anzahl von Operatoren auskommen, so müssen diese Operatoren an den jeweils vorliegenden Kontext anpaßbar sein. Dies kann z. B. durch Parametrisierung geschehen. Minimum- und Maximum-Operatoren können z. B. gar nicht angepaßt werden. Der Minimum-Operator ist gewöhnlich dann angemessen, wenn es sich um Situationen handelt, in denen "das schwächste Glied der Kette ihre Stärke bestimmt". Auf der anderen Seite haben diese Operatoren andere Vorteile, wie z. B. hohe rechnerische Effizienz. Im Gegensatz dazu können z. B. der von Yager vorgeschlagene Operator oder der γ-Operator sehr gut an die verschiedenen Situationen angepaßt werden, indem man ihre Parameter entsprechend einstellt.

d) Rechnerische Effizienz

Vergleicht man den Minimum-Operator z. B. mit Yagers Durchschnitts-Operator oder mit dem γ-Operator, so wird unmittelbar klar, daß die letzteren zwei erheblich mehr rechnerischen Aufwand erfordern als der erste. Dies kann in der Praxis durchaus von Wichtigkeit sein, vor allem dann, wenn Operatoren in On-line-Systemen benutzt werden und wenn damit sehr große Probleme gelöst werden sollen. Auf der anderen Seite ist es gewöhnlich weniger relevant, wenn es sich um Expertensysteme handelt, die nicht zeitkritisch sind, jedoch eine große Güte bei der Abbildung empirischer Wissenstatbestände fordern.

e) Kompensation

Das "logische und" läßt keinerlei Kompensation zu, d. h., ein Element einer Schnittmenge zweier Mengen kann einen niedrigen Grad der Zugehörigkeit zu einer Menge nicht durch einen hohen Grad der Zugehörigkeit zu einer anderen Menge kompensieren; in der (dualen) Logik kann man fehlende Wahrheit einer Aussage nicht durch einen höheren Wahrheitsgrad einer anderen Aussage kompensieren, wenn diese beiden Aussagen durch "und" verbunden werden. Hierbei versteht man unter Kompensation im Zusammenhang mit den Aggregations-Operatoren von unscharfen Mengen das folgende: Ist der Grad der Zugehörigkeit zur aggregierten Menge gegeben als

$$\mu_{agg}(x_i) = f\left(\mu_{\tilde{A}}(x_i), \mu_{\tilde{B}}(x_i)\right) = K.$$

f ist dann kompensatorisch, wenn $\mu_{agg}(x_i) = K$ für verschiedene $\mu_{\tilde{A}}(x_i)$ durch eine Änderung in $\mu_{\tilde{B}}(x_i)$ möglich ist. In dem Sinne ist also der Minimum-Operator nicht kompensatorisch, während der γ-Operator kompensatorisch ist. Kompensatorische Operatoren, die zu den t-Normen gehören, bilden allerdings alle unterhalb des Minimums ab, erlauben daher in gewissem Sinne Kompensation nach unten.

f) Aggregationseigenschaften

Die Zugehörigkeitsfunktion der aggregierten unscharfen Mengen hängt sehr oft von der Anzahl der unscharfen Mengen ab, die kombiniert werden. Benutzt man zur Aggregation z. B. den Produkt-Operator, so wird jede zusätzliche unscharfe Menge, die der Aggregation zugefügt wird, normalerweise den resultierenden Zugehörigkeitsgrad verkleinern. Das kann durchaus eine wünschenswerte Eigenschaft sein. In den meisten Fällen ist dies allerdings nicht adäquat. Goguen argumentiert z. B. aus formalen Gründen dafür, daß der resultierende Grad der Zugehörigkeit nicht zunehmend sein solle [2-11].

g) Erforderliches Skalenniveau

Das Skalenniveau (Nominal-, Intervall-, Ratio- oder Absolut-Skalenniveau), auf dem die Zugehörigkeitsinformation erlangt werden kann, hängt von einer ganzen Anzahl von Faktoren ab. Verschiedene Operatoren sind nur dann zulässig, wenn verschiedene Skalenniveaus der Zugehörigkeitsinformation genutzt werden. (So ist z. B. der Minimum-Operator auch für ein ordinales

Skalenniveau zulässig, während Produkt-Operatoren dies nicht sind.) Wenn alle anderen Eigenschaften gleich sind, so gilt hier, daß der Operator gewählt werden sollte, der das niedrigste Skalenniveau erfordert, jedoch ohne dabei mathematisch unzulässig zu werden.

Bei der Auswahl der entsprechenden Operatoren können die folgenden Tabellen hilfreich sein.

Tabelle 2-5: Klassifizierung von Aggregationsoperatoren (Auswahl)

Parametrisiert	t-Normen	Mittelnde Operatoren	Referenz	t-Conormen
nein	Minimum, algebraisches Produkt		Zadeh 1965 [0-1]	Maximum, algebraische Summe
ja	Hamacher-Durchschnitt		Hamacher 1978 [2-4]	Hamacher-Vereinigung
nein	drastisches Produkt		Dubois, Prade 1980 [2-12]	drastische Summe
ja		γ-Operator	Zimmermann, Zysno, 1980 [2-9]	
ja	Yager-Durchschnitt		Yager 1980 [2-7]	Yager-Vereinigung
ja		Fuzzy und, Fuzzy oder	Werners 1984 [2-8]	
ja	Dubois-Prade-Durchschnitt		Dubois, Prade 1982 [2-6]	Dubois-Prade-Vereinigung

In Tabelle 2-5 werden einige Operatoren jeweils mit den Stellen zusammen erwähnt, an denen sie zuerst veröffentlicht wurden. Es wird dann angegeben, ob es sich um einen parameterfreien oder einen parametrisierten Operator handelt und ob er zu den t-Normen, t-Conormen oder zu den mittelnden Operatoren zu zählen ist. Der Leser wird aus der Tabelle ersehen, daß in den meisten Referenzen entweder eine t-Norm und eine t-Conorm angegeben ist, oder nur ein mittelnder Operator. Bei den mittelnden Operatoren wird eben nicht zwischen Durchschnitt und Vereinigung bzw. "und" und "oder" unterschieden, sondern die Aggregationsform liegt zwischen den beiden Extremen des "logischen und" und des "inklusiven oder". Dies bedeutetet mengentheoretisch zwischen dem Durchschnitt und der Vereinigung.

Tabelle 2-6: Einige Zusammenhänge zwischen parametrisierten und anderen Operatoren

Parameterfreie t-Normen und t-Conormen / Parametrisierte Operatoren	"drastische"		beschränkte		algebraische			
	Produkt	Summe	Summe	Differenz	Produkt	Summe	Minimum	Maximum
Hamacher Durchschnitt Vereinigung	$\gamma \rightarrow \infty$	$\gamma' \rightarrow \infty$			$\gamma = 1$	$\gamma' = 0$		
Yager Durchschnitt Vereinigung	$p \rightarrow 0$	$p \rightarrow 0$	p=1	p=1			$p \rightarrow \infty$	$p \rightarrow \infty$
Dubois Durchschnitt Vereinigung					α=1	α=1	α=0	α=0

Tabelle 2-6 ordnet parametrisierten Operatoren parameterfreie Operatoren zu. Die Tabelle ist wie folgt zu lesen: Der parametrisierte Hamacher-Operator ist in einer Form für den Durchschnitt und in einer anderen Form für die Vereinigung in der Literatur vorgeschlagen worden. In dem mathematischen Modell für den Durchschnitts-Operator wird der Parameter γ benutzt, in dem mathematischen Modell für die Vereinigung der Parameter γ'. Betrachten wir das Modell für den Durchschnitt: Hier wird dieser parametrisierte Operator zum "drastischen Produkt" für $\gamma \rightarrow \infty$; er wird zum algebraischen Produkt für γ=1. für Hamachers Vereinigungs-Operator gilt entsprechend: Er wird zur "drastischen Summe" für $\gamma' \rightarrow \infty$ und zur algebraischen Summe für γ'=0. Die Grenzfälle für die Yager-Operatoren sind offensichtlich drastisches Produkt bzw. drastische Summe, die beschränkte Summe bzw. Differenz oder der Minimum- bzw. Maximum-Operator.

2.4 "Fuzzy Logic"

2.4.1 Duale und unscharfe Logik

Die Zielsetzung der heute so oft zitierten "fuzzy logic" ist wohl am besten verständlich zu machen, wenn man sich zunächst einmal den Inhalt der klassischen zweiwertigen Logik ins Gedächtnis zurückruft. Für die Zwecke dieses Buches läßt sich dies am besten durch die in der folgenden Tabelle 2-7 dargestellte Wahrheitstafel erläutern.

Tabelle 2-7: Wahrheitstafel

A	B	∧ und	∨ inkl. oder	(x)∨ exkl. oder	⇒ Impli-kation	⇔ Äqui-valenz	?
1	1	1	1	0	1	1	1
1	0	0	1	1	0	0	1
0	1	0	1	1	1	0	0
0	0	0	0	0	1	1	0

In obiger Wahrheitstafel bedeuten A bzw. B elementare Aussagen der Art "es regnet", "die Straße ist naß", etc. Diese Aussagen können wahr oder falsch sein. Sind sie wahr, so erhalten sie den Wahrheitswert 1, sonst erhalten Sie den Wahrheitswert 0. Diese elementaren Aussagen sollen nun durch Operatoren miteinander verbunden werden, und man will feststellen, ob die so kombinierte (komplexere) Aussage als Funktion der Wahrheitswerte der verknüpften Elementar-Aussagen wahr oder falsch ist. Dazu müssen zunächst die Operatoren definiert werden. Auch ihr Inhalt wird über Wahrheitswerte festgelegt. Betrachten wir z. B. den "∧"-Operator: Die in obiger Wahrheitstafel unter diesem Symbol zu findende Spalte von Wahrheitswerten hat folgende Bedeutung: Sind die Elementar-Aussagen A und B beide wahr und werden sie durch "∧" verknüpft, so soll auch die verknüpfte Aussage wahr sein, d. h. die "∧-Verknüpfung" ist wahr und erhält einen Wahrheitswert von 1. Ist entweder die zweite Elementar-Aussage falsch oder die erste falsch oder sind beide falsch (zweite bis vierte Zeile), so sei die durch "∧" verknüpfte Aussage immer falsch und erhalte einen Wahrheitswert von 0, d. h. also, die Spalte der Wahrheitswerte, die unter der "∧-Verknüpfung" zu finden ist, definiert vollständig ihren Inhalt. So geschieht dies auch für alle anderen Operatoren, d. h. jede Spalte obiger Wahrheitstafel (mit Ausnahme der ersten beiden Spalten) definiert die Bedeutung und den Inhalt des darüber angezeigten Operators. Wieviele solcher Operatoren definiert werden können, ist ein rein kombinatorisches Problem. Bei zwei möglichen Wahrheitswerten ergibt dies 16 mögliche Spalten. Von diesen möglichen Spalten sind in obiger Tafel nur die angeführt, für deren Operatoren die Bezeichnungen üblicherweise bekannt sind. So ist der "∧"-Operator das "logische und", der "∨"-Operator das "inklusive oder" usw.

In der Praxis, und auch in diesem Buch, finden wir die Logik primär in der sogenannten Inferenz zum Schließen aufgrund gemachter Beobachtungen und eingespeicherten Wissens. Das "Wissen" wird in sogenannten wissensbasierten Systemen gewöhnlich in der "Wissensbasis" gespeichert, und die Schlüsse werden aufgrund gemachter Beobachtungen und des in der Wissensbasis gespeicherten Wissens in der sogenannten "Inferenzmaschine" gezogen. Anwendungen mit wissensbasierten Systemen werden weiter hinten noch detailliert vorgestellt. Beispielhaft wollen wir hier nur die üblichste Form der Wissensdarstellung betrachten, die sogenannte "regelbasierte" Wissensverarbeitung.

Eine Art der Wissensrepräsentation und des Schlußverhaltens ist der Modus Ponens:

Regel	Wenn A wahr ist, dann ist B wahr
Faktum (Beobachtung)	A ist wahr
	___
Schluß	B ist wahr.

Bei diesem Schließen wird eine Anzahl von Annahmen gemacht, von denen einige hier diskutiert werden.

- Sowohl für die Elementar-Aussagen wie auch für die zusammengesetzten Aussagen stehen nur zwei Wahrheitswerte zur Verfügung, nämlich "wahr" und "unwahr" (0 oder 1).
- Die Elementar-Aussagen A und B sowie die Regel müssen scharf definierte und deterministische Aussagen sein.
- Die Beobachtung (in diesem Falle also A) muß identisch zur ersten Komponente in der Regel sein.
- Es werden der All-Quantor (∀) und der Existenz-Quantor (∃) angewendet.

Diese Annahmen sind wohl der Kern dessen, auf das sich bereits Russell in dem in Kapitel 1 angeführten Zitat bezog, und von dem er behauptete, daß die darin enthaltenen Annahmen oder Forderungen sich nicht auf eine reale irdische Existenz beziehen können. Bei unserem Wissen oder unserer Kommunikation werden halt meist keine Aussagen gemacht, die nur absolut wahr oder nur absolut falsch sein können, sondern wir unterscheiden zwischen verschiedenen Graden der Wahrheit.

Die Annahme der scharfen Elementaraussagen (A, B) würde bedeuten, daß nur zweiwertig definierte Aussagen verarbeitet werden können.

Auch die dritte Annahme ist sehr einschränkend. Identität ist eine sehr starke Forderung, und sie unterscheidet sich ganz wesentlich von der Forderung nach Ähnlichkeit der Komponenten.

Die vierte Annahme umfaßt gerade die Quantoren ($\forall,\exists$), die wir in unserer Kommunikation kaum benutzen. Dafür sind die Quantoren, die wir meist benutzen, wie z. B. meist, gewöhnlich, üblicherweise, oft usw. in der dualen Logik überhaupt nicht vorhanden.

Das was heute mit "fuzzy logic" bezeichnet wird, sind Versuche oder Bestrebungen, die duale Logik in der Richtung menschlichen Schließverhaltens weiter zu entwickeln und wirklichkeitsnäher zu gestalten. Nach dem Grade der Relaxierung der genannten Forderungen kann man die folgenden drei Stufen unterscheiden:

Fuzzy Logic (unscharfe Logik)

Hier bleiben die Aussagen scharf und deterministisch (zweiwertig). Lediglich die **Wahrheitswerte** sind nicht mehr auf (wahr, unwahr) oder (0,1) beschränkt, sondern sie werden als Terme der linguistischen Variablen "Wahrheit" behandelt. Diese Terme könnten nun z. B. sein: unwahr, meist unwahr, halb wahr, meist wahr, immer wahr.

Approximate Reasoning (Approximatives Schließen)

Zusätzlich zu der bei der unscharfen Logik gemachten Relaxierung bezüglich der Wahrheitswerte können nun auch die Aussagen **unscharfe Komponenten** enthalten, d. h. also linguistische Variable, unscharfe Relationen, unscharfe Quantoren, wie "meist", "üblicherweise", "hin und wieder" etc.. Entsprechend werden auch die Schlußfolgerungen in der Form unscharfer Relationen, linguistischer Variabler etc. zur Verfügung stehen. Beibehalten wird allerdings weiterhin die Forderung nach Identität zwischen Komponenten der Regeln und der Beobachtungen.

Plausible Reasoning (Plausibles Schließen)

Dies ist die weitestgehende Relaxierung der dualen Logik. Zusätzlich zu den Modifikationen der unscharfen Logik und des approximativen Schließens wird nun auch auf die **Identität** zwischen Komponenten der Regeln und der Beobachtungen verzichtet. Die Identität wird nun durch **"Ähnlichkeit"** ersetzt. Dies ist ein sehr weiter Schritt, denn Ähnlichkeit bedeutet hier nicht "Fast-Identität", sondern Ähnlichkeit umfaßt den gesamten Bereich zwischen "Identität" und "Gegenteil".

Der in diesem Abschnitt gezeigte Modus Ponens hat nun für unscharfe Aussagen $\tilde{A}$, $\tilde{A}'$, $\tilde{B}$, $\tilde{B}'$ folgende generalisierte Form:

Regel	Wenn $x = \tilde{A}$ dann ist $y = \tilde{B}$
Faktum (Beobachtung):	$x = \tilde{A}'$
Schluß	$y = \tilde{B}'$

Beispiel 2-9

Man nehme an, daß man auf dem Wochenmarkt vor einem Stand mit sehr roten Tomaten stehe. Aufgrund unseres Erfahrungswissen ist uns bekannt, daß Tomaten, wenn sie rot sind, reif sind. Aufgrund der Erfahrung gilt weiterhin, daß für einen sehr weiten Bereich der Grad der Rötung einer Tomate ihren Reifegrad andeutet. Wir können somit schließen, daß eine Tomate, die sehr rot ist, auch sehr reif ist. Damit ergibt sich folgendes Schlußschema:

Regel	Wenn die *Tomate rot* ist, dann ist die *Tomate reif.*
Faktum (Beobachtung)	Die *Tomate* ist *sehr rot.*
Schluß	Die *Tomate* ist *sehr reif.*

Es sei in diesem Zusammenhang besonders darauf hingewiesen, daß das in der Regel genannte "rot" nicht identisch zu dem in der Beobachtung enthaltenen "sehr rot" ist, und daß damit aufgrund der dualen Logik kein Schluß möglich wäre. Es ist verständlich, daß beim plausiblen Schließen für derartige Schlüsse gewisses zusätzliches Wissen (Monotonie-Annahmen) notwendig sind.

2.4.2 Inferenzverfahren

Schon in Abschnitt 2.3 bei der Diskussion alternativer Definitionen der Inhalte des "linguistischen und" wurde darauf hingewiesen, daß die meisten von uns benutzten Wörter inhaltlich zunächst nicht definiert sind. Dies gilt auch für das regelbasierte Schließen.

Im vorigen Abschnitt haben wir die Repräsentation des Wissens (Regel) und die Inferenz (Schlußweise) eingeführt. Abgekürzt kann man die Regel "wenn A, dann B" folgendermaßen schreiben:

$$A \rightarrow B$$

"→" wird dabei als Implikation bezeichnet. Um mit formalen (mathematischen) Methoden Schlüsse zu ziehen, muß "A→B" bzw. der sprachliche Ausdruck "wenn A, dann B" inhaltlich eindeutig definiert werden. Ähnlich wie bei der inhaltlichen Definition der Operatoren kann dies auf verschiedene Weisen geschehen. Entweder wird versucht, empirisch die Bedeutung des linguistischen Ausdruckes "wenn A, dann B" zu definieren, oder der Inhalt bzw. die Bedeutung der Implikation ("→") wird auf formale Weise durch Axiome angegeben.

Empirische Arbeiten aus der Psycholinguistik über die bedeutungsmäßige Beschreibung liegen kaum vor [2-13]. Die Arbeiten zur Frage der axiomatischen Behandlung dieser Problemstellung sind so vielfältig, daß sie an dieser Stelle nicht im Detail darstellbar sind. Es werden im folgenden wichtige Deutungen der Implikation diskutiert und dargestellt.

Es ist sehr verbreitet, "A→B" als **materielle Implikation** zu deuten, wobei A als Prämisse und B als Konsequenz bezeichnet wird. Bezeichnet man nun den Wahrheitswert von A mit $v(A)$ und den Wahrheitswert der Implikation mit $v(A \rightarrow B)$, so darf in der dualen Logik dieser Wahrheitswert entweder wahr oder falsch (0 oder 1) sein. In der zweiwertigen Logik gilt gewöhnlich das $v(A \rightarrow B)$ falsch ist, wenn $v(A)$ wahr und $v(B)$ falsch ist. Dies entspricht der Vorstellung, daß die Implikation wahr ist, wenn immer die Konsequenz wenigstens so wahr ist, wie die Prämisse.

Aufgrund dieser grundsätzlichen Annahme sind nun verschiedene Implikationsoperatoren definiert worden. Wie man aus den Definitionen von "A→B" bereits sieht, wird sich die Bedeutung einer Implikationsdefinition danach richten, wie das "nicht", das "und" bzw. das "oder" inhaltlich definiert werden. Die Implikation A→B ist äquivalent zu der folgenden Schreibweise: $\neg A \vee B$. Dies kann beispielsweise aus der Wahrheitstafel abgeleitet werden:

A	B	¬A	¬A∨B	A→B
1	1	0	1	1
1	0	0	0	0
0	1	1	1	1
0	0	1	1	1

Aus den beiden rechten Spalten ist erkennbar, daß die jeweiligen logischen Ausdrücke äquivalent zueinander sind. Wie man aus der zur Implikation A→B äquivalenten Schreibweise ¬A∨B bereits sieht, wird sich die Bedeutung einer Implikation danach richten, wie die entsprechenden logischen Operatoren ("nicht", "oder") inhaltlich definiert werden.

Das einzige **axiomatische Anforderungssystem** an die Implikationen, das hier gezeigt und kurz besprochen werden soll, ist das von Smets und Magrez [2-14] bzw. Trillas [2-15]. Diese Autoren gehen davon aus, daß der Implikationsoperator "wahrheitsfunktional" ist, d. h., daß die Wahrheit von "A→B" nur von der Wahrheit von A und B abhängt. Sie haben die folgenden Axiome formuliert, die von einer Implikation zu erfüllen sind.

Axiom 1

$$v(A \to B) = v(\neg B \to \neg A) \qquad \text{Kontraposition}$$

Im Hintergrund steht hier das Verhältnis zwischen "Modus Ponens" und "Modus Tollens". Das bedeutet, daß wenn A weniger wahr ist als B, "nicht A" wahrer sein muß, als "nicht B". Es bedeutet auch, daß der Grad, zu dem B wenigstens so wahr ist wie A, gleich dem Grad zu dem "nicht A" wenigstens so wahr ist wie "nicht B" ist, falls $v(A) > v(B)$ ist.

Axiom 2

$$v(A \to (B \to C)) = v(B \to (A \to C)) \qquad \text{Austauschprinzip}$$

Axiom 3

$$v(A \to B) \geq v(C \to D) \quad \text{falls } v(A) \leq v(C) \text{ und / oder } v(B) \geq v(D) \qquad \text{Monotonie}$$

Dieses Axiom ist durch die Annahme begründet, daß die Konsequenz wahrer als die Prämisse ist. D. h., wenn die Wahrheit der Prämisse abnimmt und die Wahrheit der Konsequenz anwächst, dann darf die Wahrheit der Implikation nicht abnehmen.

Axiom 4

$$v(A \rightarrow B) = 1 \quad \Leftrightarrow \quad v(A) \leq v(B)$$ Grenzbedingung

Dieses Axiom ergibt sich aus der Annahme, daß die Implikation genau dann wahr ist, wenn die Konsequenz wenigstens so wahr ist wie die Prämisse.

Axiom 5

$$v(T \rightarrow A) = v(A)$$ Neutralitäts-Prinzip

T steht hier für "Tautologie". Das Axiom besagt lediglich, daß der Grad, zu dem die Tautologie A impliziert, dem Wahrheitswert von A entspricht. Hinter diesem Axiom steht die Einstellung, daß Unstetigkeiten nicht natürlich erscheinen. Eine kleine Veränderung der Wahrheit eines der Elemente der Implikation sollte nicht zu großen Änderungen in der Wahrheit der Implikation selbst führen.

Axiom 6

Der Wahrheitswert $v(A \rightarrow B)$ ist stetig in seinen Argumenten (Stetigkeitsprinzip).

Tabelle 2-8: Mögliche Min-Max-Implikationsoperatoren

Referenz	**$\nu(A \rightarrow B)$**
a) Zadeh, [0-1]	$\max(1-\nu(A), \min(\nu(A), \nu(B))$
b) Lukasiewicz, [2-17]	$\min(1, 1-\nu(A)+\nu(B))$
c) Mamdani, [2-18]	$\min(\nu(A), \nu(B))$
d) Kleene-Dienes, [2-19]	$\max(1-\nu(A), \nu(B))$
e) Yager, [2-20]	$(\nu(A))^{\nu(B)}$

In Tabelle 2-8 ist eine Auswahl von möglichen Implikationsoperatoren dargestellt [2-16]. Bei all diesen Definitionen wird lediglich die ursprüngliche Min-Max-Theorie zugrunde gelegt, d. h., "und" wird immer durch den Minimum-Operator, und "oder" wird immer durch den Maximum-Operator inhaltlich definiert. Der Leser kann leicht abschätzen, wieviele mögliche Implikations-Definitionen es gibt, wenn er sich vor Augen führt, daß die Minimums-Definition durch alle möglichen t-Normen ersetzt werden kann und die Maximums-Definition durch entsprechend alle t-Conormen.

Ruan [2-21] hat untersucht, inwieweit Implikationsdefinitionen, die von Smets und Magrez aufgestellten Axiome erfüllen. Die Ergebnisse seiner Untersuchungen für die Implikationen aus Tabelle 2-8 sind in Tabelle 2-9 zusammengefaßt.

Tabelle 2-9: Erfüllung der Axiome

	a	b	c	d	e
Axiom 1	nein	ja	nein	ja	nein
Axiom 2	nein	ja	ja	ja	ja
Axiom 3	nein	ja	nein	ja	ja
Axiom 4	nein	ja	nein	nein	nein
Axiom 5	ja	ja	ja	ja	ja
Axiom 6	ja	ja	ja	ja	nein

Wie man aus dieser Tabelle ersehen kann, werden die Axiome zum großen Teil für die in Tabelle 2-8 mit a) bis e) bezeichneten Definitionen für die Implikation nicht erfüllt. Ruan hat nun die Ergebnisse dieser Tabelle dazu benutzt, eine unscharfe Menge "gute Implikationsoperatoren" zu definieren, indem er als Zugehörigkeitsgrad für die einzelnen Operatoren jeweils den Anteil der Axiome gewählt hat, der durch die jeweilige Implikation erfüllt wird. Dies soll an dieser Stelle jedoch nicht weiter vertieft werden. Der interessierte Leser wird auf [2-21] verwiesen.

Für den praktischen Einsatz von Inferenzverfahren hat die vorhergehende Darstellung gezeigt, daß die Wahl bzw. Interpretation der Implikation bei der Erstellung von wissensbasierten Systemen nicht zu vernachlässigen ist. In praktischen Anwendungen werden bis heute vorwiegend aus rechentechnischen Gründen die vorgeschlagenen Interpretationen von Mamdani und Zadeh gewählt. Für eine leistungsfähige, dem Problem entsprechende Abbildung der Implikation ist die Weiterentwicklung bzw. der Einsatz besserer Interpretationen der Implikationen notwendig.

2.5 Anwendungsformen

Am häufigsten wird die Theorie unscharfer Mengen in algorithmischen oder wissensbasierten Ansätzen angewandt. Diese werden im folgenden näher betrachtet. Dabei wird bei der Beschreibung der algorithmischen Ansätze das unscharfe lineare Programmieren, das bei Planungs- und Zuordnungsproblemen eingesetzt wird, als eine konkrete Anwendungsform detailliert beschrieben, da in den folgenden Kapiteln wissensbasierte Ansätze im Vordergrund stehen. Die Grundlagen für die Anwendung wissensbasierter Systeme werden in Abschnitt 2.5.2 behandelt.

Die Verbindung von Fuzzy Ansätzen zu genetischen Algorithmen [2-22] und zur Chaos Theorie [2-23] werden in diesem Buch nicht diskutiert.

2.5.1 Algorithmische Ansätze

Fuzzy Ansätze können zur Relaxierung bestehender klassischer (zweiwertiger) Modelle oder Methoden und ihrer Anpassung an reale Gegebenheiten einer nicht dichotomen Struktur verwendet werden. Diese Art der Anwendung wurde im Prinzip schon bei der Fuzzyfizierung der zweiwertigen Logik beschrieben. Dies setzt gewöhnlich voraus, daß klassische zweiwertige und effiziente (numerische) Verfahren bzw. daß bekannte Modelltypen bestehen, die jedoch in ihrer zweiwertigen Ausprägung den realen Gegebenheiten nicht gerecht werden. Bei dieser Anwendung der Theorie unscharfer Mengen versucht man, durch die Verwendung unscharfer Modelle so viel wie möglich der in der Unschärfe der Realität liegenden Informationen in das Modell aufzunehmen. Bei einer zweiwertigen Approximation der Realität geht gewöhnlich ein großer Teil der Informationen verloren. Sollen für die so erstellten unscharfen Modelle spezielle (wie z. B. zulässige oder optimale) Lösungen ermittelt werden, so möchte man sich oft bestehender effizienter Verfahren bedienen. Dies wird dadurch ermöglicht, daß man die unscharfen Modelle durch entsprechende Transformationen in Modelle "übersetzt", die dann effizienten klassischen Methoden zugänglich sind.

Diese eben beschriebene Vorgehensweise wird im folgenden als "algorithmischer Ansatz" bezeichnet und exemplarisch anhand "unscharfer Entscheidungen" bei schlechtstrukturierten Problemen und des "unscharfen linearen Programmierens" dargestellt.

In klassischer normativer Entscheidungstheorie kann bei Sicherheitssituationen die Entscheidung für eine optimale Handlungsalternative als die Entscheidung für die Alternative angesehen werden, die sowohl der Menge der zulässigen (möglichen oder erlaubten) Lösungen angehört als der Menge der Alternativen mit höchstem Nutzen. Sie ist also die Schnittmenge der beiden Mengen: "Zulässige Lösungen" und "optimale Lösungen". Die zweite Forderung wird allerdings (bei eindeutiger optimaler Lösung) oft dadurch berücksichtigt, daß man in der Menge der zulässigen Lösungen nach der mit maximalem Nutzen sucht [0-3].

Analog dazu kann eine **unscharfe Entscheidung** definiert werden [2-24]:

Die **Zielvorstellung** (Zielfunktion) wird als unscharfe Menge formuliert und der **Lösungsraum** wird ebenfalls durch eine unscharfe Menge beschrieben. Hierbei kann sich diese Menge durchaus als Schnittmenge mehrerer unscharfer Mengen oder Restriktionen ergeben. Die **Entscheidung** ist dann die Schnittmenge aus den die Zielvorstellung und den Lösungsraum bildenden unscharfen Mengen. Geht man zunächst davon aus, daß die Zugehörigkeitsfunktion der Schnittmenge durch den Minimum-Operator bestimmt wird, so kann Definition 2-6 angewendet werden.

Die Zugehörigkeitsfunktion $\mu_{\tilde{E}}$ der Entscheidung bei gegebener unscharfer Zielvorstellung Z und Lösungsraum L ergibt sich dann zu:

$$\mu_{\tilde{E}}(x) = \mu_{\tilde{Z}\cap\tilde{L}}(x) = \min\left(\mu_{\tilde{Z}}(x), \mu_{\tilde{L}}(x)\right), \; x \in X$$

wobei $\mu_{\tilde{Z}}$ die Zugehörigkeitsfunktion ist, die die Erfüllung der Zielvorstellung angibt und $\mu_{\tilde{L}}$ die Zugehörigkeitsfunktion zum Lösungsraum ist.

Beispiel 2-10

Nehmen wir an, eine Anlage im Betrieb sei auf eine optimale Betriebstemperatur, die zwischen 100 und 500 °C liege einzustellen. Die Zielvorstellung der Betriebsleitung einer "niedrigen Temperatur" sei durch die in Bild 2-13 gezeigte unscharfe Menge $\tilde{Z}$ dargestellt. Hierbei liegt die Voraussetzung, daß die Energiekosten bei niedrigen Temperaturen minimiert werden, zugrunde.

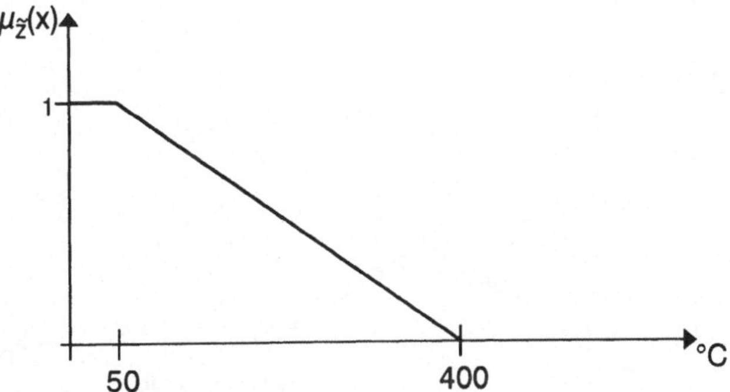

Bild 2-13: Unscharfe Menge "niedrige Temperatur"

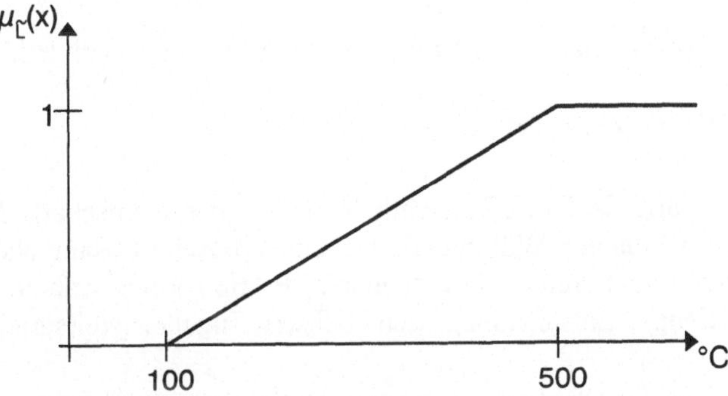

Bild 2-14: Unscharfe Menge "hohe Temperatur"

Die Entscheidung (optimale Temperatur unter Berücksichtigung der Zielsetzung der Unternehmensleitung und den anlagen- und prozesstechnischen Restriktionen) ist bei Benutzung des Minimum-Operators durch die unterbrochen gezeichnete Zugehörigkeitsfunktion in Bild 2-15 dargestellt.

Stellt man die Zugehörigkeitsfunktionen der beiden unscharfen Mengen $\tilde{Z}$ und $\tilde{L}$ algebraisch dar, so ergibt sich:

$$\mu_{\tilde{Z}}(x) = \begin{cases} 1 & x < 50 \\ \dfrac{400 - x}{350} & 50 \le x \le 400 \\ 0 & x > 400 \end{cases}$$

$$\mu_{\tilde{L}}(x) = \begin{cases} 0 & x < 100 \\ \dfrac{x - 100}{400} & 100 \le x \le 500 \\ 1 & x > 500 \end{cases}$$

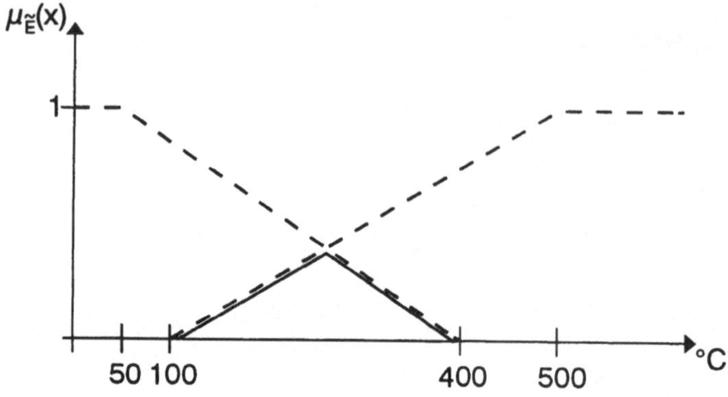

Bild 2-15: Unscharfe Entscheidung "optimale Temperatur"

Die Zugehörigkeitsfunktion der "**Entscheidung**" ist dann (vgl. Bild 2-15):

$$\mu_{\tilde{E}}(x) = \min\left(\mu_{\tilde{Z}}(x), \mu_{\tilde{L}}(x)\right),\ x \in X$$

Die "Entscheidung" ist hier offensichtlich wiederum eine unscharfe Menge mit mehr als einem Element. Will man daraus eine spezielle Lösung als "optimale Entscheidung" selektieren, so könnte man z. B. die Lösung wählen, die in der unscharfen Menge "Entscheidung" den höchsten Zugehörigkeitsgrad hat, d. h.

$$x_0 = \max_{x}\ \min\left(\mu_{\tilde{Z}}(x), \mu_{\tilde{L}}(x)\right),\ x, x_0 \in X$$

In unserem Beispiel ist die optimale Temperatur $x_0 = 260$ °C mit $\mu_{\tilde{E}}(x_0) = 0.4$ (vgl. Bild 2-15).

Die Zuordnung einer scharfen Entscheidung (oder einer scharfen Zahl) zu einer unscharfen Menge, wie sie hier durchgeführt wurde, bezeichnet man auch als "Defuzzyfizierung". Sie ist hier in einer speziellen Art angewendet worden und wird bei den Anwendungen in den nächsten Kapiteln noch öfter benutzt.

Eine spezielle jedoch sehr verbreitete Form eines Entscheidungsproblems stellt das **lineare Programmieren** dar. Zur Lösung verwendet man mathematische Verfahren, wie z. B. den Simplex Algorithmus, die eine scharfe Problemformulierung voraussetzen. Daher wird angenommen, daß Entscheidungsprobleme nur dann auf diese Weise gelöst werden können, wenn sie scharf formuliert sind.

Im folgenden wird gezeigt werden, daß dies nicht der Fall ist. Darüber hinaus bewirkt die unscharfe Formulierung beim Linearen Programmieren, daß die

Anzahl der Zielfunktionen sich nicht wesentlich auf den Lösungsaufwand auswirkt. Bei scharfer Formulierung linearer Programmierungsprobleme mit mehreren Zielfunktionen ist dies nicht der Fall [2-25].

Definition 2-11

Ein scharfes lineares Programm hat die Form [0-3]:

$$
\begin{array}{ll}
\text{maximiere} & z = \mathbf{c}^t \mathbf{x} \\
\text{so daß} & A\mathbf{x} \leq \mathbf{b} \\
& \mathbf{x} \geq 0 \\
& \mathbf{c},\mathbf{x} \in \Re^n,\ \mathbf{b} \in \Re^m,\ A \in \Re^{m \times n}
\end{array}
$$

In diesem Modell werden einige Annahmen gemacht, die oft nicht sehr realistisch sind, an die wir uns allerdings schon innerhalb der letzten 50 Jahre so gewöhnt haben, daß wir sie gar nicht mehr als unnatürlich empfinden:

- In vielen Fällen hat der Entscheidungsfäller gar nicht maximieren wollen, sondern sich an einem vorgegebenen Zielniveau (z. B. Budget) orientieren wollen.
- Die im Modell enthaltenen Koeffizienten von c, b und A sind sehr oft nicht als reelle Zahlen genau bekannt, sondern entsprechen eher unscharfen Zahlen.
- Die Restriktionen sind oft nicht in der Schärfe gemeint, wie sie hier geschrieben sind, sondern erlauben "gewisse Verletzungen".
- Die hinter den Restriktionen stehenden sachlichen Einschränkungen sind sehr oft nicht von gleicher Wichtigkeit. Man müßte eigentlich eine Gewichtung der einzelnen Restriktionen vornehmen.

Beispiel 2-11

Bei dem Bestreben, ihre Transportkosten zu senken, ergab sich bei einer Firma das Problem, wie viele Lastwagen unterschiedlicher Größe zu unterschiedlichen Kosten im eigenen Fuhrpark gehalten werden sollen und welche hinzu gemietet werden sollen. Voraussetzung war, daß alle Kundenwünsche prompt erfüllt werden und gleichzeitig die Transportkosten minimiert werden.

Im einzelnen waren folgende **Bedingungen** zu erfüllen:

- Die Kapazität des Fuhrparks, d. h., die mögliche Gesamttransportmenge sollte insgesamt mindestens so groß sein wie die Summe der prognostizierten Umsatzmengen von 1 700 000 cbm (Mengenbedingung).

- Eine vorgegebene Anzahl von Kunden muß jeden Tag besucht werden können (Routennebenbedingung). Insgesamt sind mindestens 1 300 Kunden zu besuchen.
- Von der kleinsten Transportgröße, d. h. vom kleinsten Lastwagen, sollten mindestens 6 Stück vorhanden sein, um auch andere Botenfahrten erledigen zu können.

Die notwendigen Daten sind in folgender Tabelle enthalten:

Tabelle 2-10: Fuhrparkbedingungen

	LKW 1	LKW 2	LKW 3	LKW 4
Kosten in DM	41 400	44 300	48 100	49 100
Kapazität in cbm	8,4	14,4	21,6	24
Anzahl besuchter Kunden	16	16	16	16

Ohne die Ganzzahligkeitserfordernis der Lösung zu berücksichtigen, ergab sich zunächst das folgende lineare Programm mit x_j = Anzahl der Lastwagen der Größe j, j = 1,...,4:

$$\begin{array}{llllll}
\min & z = 41\,400x_1 + & 44\,300x_2 + & 48\,100x_3 + & 49\,100x_4 & \\
\text{s.d.} & 8{,}4x_1 + & 14{,}4x_2 + & 21{,}6x_3 + & 24x_4 & \geq 1\,700\,000 \\
 & 16x_1 + & 16x_2 + & 16x_3 + & 16x_4 & \geq 1\,300 \\
 & x_1 & & & & \geq 6 \\
 & & x_j \geq 0, & j = 1,\ldots,4 & &
\end{array}$$

Die **optimale Lösung** lautete $x_1 = 6,\ x_2 = 16.29,\ x_3 = 0,\ x_4 = 58.95$ und die dadurch entstehenden (minimalen) Transportkosten waren DM 3 864 975,-.
Das Management war mit der errechneten Lösung für die Transportkosten zufrieden, hatte jedoch gewisse Bedenken bezüglich der vorgeschlagenen Lösung, da man die Nebenbedingungen aufgrund einer Prognose aufgestellt hatte und nun befürchtete, daß die errechneten Transportkapazitäten nicht ausreichen könnten, wenn die geschätzte Absatzmenge überschritten würde.

Die Entscheidungsfäller äußerten, daß die in den Nebenbedingungen abgebildeten Kapazitäten mit gewissen Puffern zu kalkulieren seien. Aufgrund weiterer Nachfragen stellte sich heraus, daß eigentlich nicht unbedingt ein Kostenminimum angestrebt werde, sondern daß im Budget Transportkosten in Höhe von 4,2 Millionen DM ausgewiesen waren, die man auf keinen Fall überschreiten wolle. Man war sehr daran interessiert "merkbar" unter diesem Kostenansatz zu bleiben.

Hier wird deutlich, daß die in Definition 2-11 beschriebene scharfe Formulierung eines linearen Programms in der Realität die oben genannten Nachteile hat. Die erste und die dritte wirklichkeitsfremde Eigenschaft soll durch den Einsatz unscharfer Mengen vermieden werden. Aus diesem Grunde wird nachfolgend das unscharfe lineare Programmieren eingeführt [2-26, 2-8, 2-27] und anschließend auf Beispiel 2-11 angewendet.

Formuliert man eine zu maximierende Zielfunktion mit dem Bestreben, lediglich eine bestimmte Budgetzahl nicht zu überschreiten, und stellt man die Restriktionen als unscharfe Relationen dar, so erhält man folgende Definition [2-27].

Definition 2-12

Ein unscharfes, lineares Programm hat die Form:

$$\mathbf{c}^t\mathbf{x} \underset{\sim}{\leq} z$$

$$A\mathbf{x} \underset{\sim}{\leq} \mathbf{b}$$

$$\mathbf{x} \geq 0$$

$$\mathbf{c},\mathbf{x} \in \Re^n,\ \mathbf{b} \in \Re^m,\ A \in \Re^{m \times n}$$

wobei das Zeichen "$\underset{\sim}{\leq}$" als "ungefähr oder möglichst nicht größer als" zu interpretieren ist.

Man sieht zunächst, daß das Modell im Gegensatz zum scharfen Modell symmetrisch ist, d. h. die Zielfunktion hat die gleiche Form wie die Nebenbedingungen. Die verschiedenen Zeilen dieses Systems werden als unscharfe Relationen dargestellt. Der Leser sei daran erinnert, daß die unscharfe Relation auch eine unscharfe Menge ist. Die Zugehörigkeitsfunktionen der einzelnen Restriktion sollen hier mit *f(Ax,cx)* bezeichnet werden, haben folgende Eigenschaften:

Sie sollen den in obigem Modell definierten Raum der Dimension m+1 so in das Intervall [0,1] abbilden, daß

$f(Ax,cx) = 0$, falls $A\mathbf{x} \leq \mathbf{b}$, $\mathbf{cx} < z$ "stark" verletzt wird

$f(Ax,cx) = 1$, falls $A\mathbf{x} \leq \mathbf{b}$, $\mathbf{cx} \leq z$ nicht verletzt wird.

In unserem speziellen Fall wollen wir lineare Zugehörigkeitsfunktionen der folgenden Form annehmen (zur Vereinfachung der Schreibweise fassen wir die Zielfunktion als die erste Zeile der m+1-Zeilen in der Matrix $B = \begin{pmatrix} \mathbf{c} \\ A \end{pmatrix}$ auf):

$$f_i((Bx)_i) = \begin{cases} 1 - \frac{t_i}{p_i} & \text{für } (Bx)_i = b_i + t_i \\ 1 & \text{für } (Bx)_i \leq b_i \end{cases}$$

Hierbei ist t_i die "Verletzung" der i-ten Bedingung für $0 \leq t_i \leq p_i$ und $p_i \geq 0$ die maximale Verletzung, die der Entscheidungsfäller in der i-ten Zeile akzeptiert. Akzeptieren wir den Minimum-Operator als "und"-Verknüpfung der m+1 Restriktionen und suchen wir die Lösung mit maximalem Zugehörigkeitsgrad zur unscharfen Menge "Entscheidung", so kann nun das unscharfe lineare Programm (vgl. Definition 2-12) geschrieben werden als

$$\begin{aligned} \max\ \mu(\mathbf{x}) &= \max_x \ \min_i \ f_i(Bx)_i \\ \text{s.d. } B\mathbf{x} - \mathbf{t} &\leq \mathbf{b} \\ \mathbf{t} &\leq \mathbf{p} \\ \mathbf{x}, \mathbf{t} &\geq \mathbf{0} \\ \mathbf{x} \in \Re^n,\ \mathbf{t},\ \mathbf{p},\ & \mathbf{b} \in \Re^{m+1},\ B \in \Re^{m+1 \times n} \end{aligned}$$

Eine dazu äquivalente Formulierung ist:

$$\begin{aligned} &\max\ \lambda \\ \lambda\mathbf{p} + \mathbf{t} &\leq \mathbf{t} \\ B\mathbf{x} - \mathbf{t} &\leq \mathbf{b} \\ \mathbf{t} &\leq \mathbf{p} \\ \mathbf{x}, \mathbf{t} &\geq \mathbf{0} \\ \lambda \in \Re,\ \mathbf{x} \in \Re^n,\ \mathbf{t},\ \mathbf{p},\ & \mathbf{b} \in \Re^{m+1},\ B \in \Re^{m+1 \times n} \end{aligned}$$

Beispiel 2-11 (Fortsetzung)

Für Beispiel 2-11 wurde nun aufgrund des soeben beschriebenen Modells das folgende unscharfe lineare Programm formuliert:

1. Für die **Nebenbedingungen** wurden die Zugehörigkeitsfunktionen so formuliert, daß sie den Wert Null annehmen, sobald die Mindestanforderungen erreicht oder unterschritten wurden, und den Wert Eins, sobald der gewünschte "Puffer", d. h. die gewünschten Reservekapazitäten, voll vorge-

sehen wurden. Dabei entsprechen die Intervalle p_i den Reservekapazitäten.

2. Für die **Zielfunktion** wurde für die Erreichung oder Überschreitung des Budgetansatzes ein Zugehörigkeitskoeffizient von Eins festgelegt.

Damit ergaben sich folgende Grenzen für die Zugehörigkeitsfunktionen:

	$f_i(Bx)_i = 0$	$f_i(Bx)_i = 1$
Zielfunktion	4 200 000	3 900 000
1. Nebenbedingung	1 700 000	1 800 000
2. Nebenbedingung	1 300	1 400
3. Nebenbedingung	6	12

Das unscharfe lineare Programm lautet damit:

$$
\begin{array}{lrrrrr}
\max & \lambda & & & & \\
& 300\,000\lambda + & & & t_0 \leq & 300\,000 \\
& 100\,000\lambda + & & & t_1 \leq & 100\,000 \\
& 100\lambda + & & & t_2 \leq & 100 \\
& 6\lambda + & & & t_3 \leq & 6 \\
41\,400x_1 + & 44\,300x_2 + & 48\,100x_3 + & & 49\,100x_4 - t_0 \leq & 3\,900\,000 \\
-8,4x_1 - & 14,4x_2 - & 21,6x_3 - & & 24x_4 + t_1 \leq & -1\,800\,000 \\
-16x_1 - & 16x_2 - & 16x_3 - & & 16x_4 + t_2 \leq & -1\,400 \\
-x_1 & & & & +t_3 \leq & -12 \\
& & & & t_0 \leq & 300\,000 \\
& & & & t_1 \leq & 100\,000 \\
& & & & t_2 \leq & 100 \\
& & & & t_3 \leq & 6
\end{array}
$$

$$x_j \geq 0,\ j = 1,\ldots,4,\ t_i \geq 0,\ i = 0,\ldots 3,\ \lambda \in \Re$$

Als optimale Lösung ergab sich $x_1 = 9.45$, $x_2 = 13.67$, $x_3 = 0$, $x_4 = 61.71$ und Kosten in Höhe von DM 4 027 447,-.

Erweiterungen des unscharfen, linearen Programmierungsmodells sind nun nicht schwierig. Sind neben den unscharfen Nebenbedingungen auch scharfe Nebenbedingungen der Form $A'x \leq b'$ zu berücksichtigen, so brauchen diese dem Modell einfach nur hinzugefügt werden. Treten zu der schon bisher berücksichtigten unscharfen Zielfunktion weitere hinzu, so sind im Modell lediglich weitere Zeilen hinzuzufügen. Hier ergibt sich jedoch die Schwierigkeit der Bestimmung oberer und unterer Anspruchsniveaus. Eine naheliegende Vorgehensweise soll an folgendem numerischen Beispiel illustriert werden.

Beispiel 2-12

Ein Unternehmen produziere zwei Güter 1 und 2 auf gegebenen Kapazitäten. Produkt 1 habe einen Deckungsbeitrag von DM 2,- pro Stück und Produkt 2 einen Stückdeckungsbeitrag von DM 1,-. Während Produkt 2 exportiert werden kann und dann einen Devisenerlös von DM 2,- pro Stück erzielt, erfordert Produkt 1 importiertes Rohmaterial im Werte von DM 1,- pro Stück. Als Zielsetzungen sind die Deckungsbeitragsmaximierung und die Maximierung des positiven Einflusses auf die Zahlungsbilanz (d. h. Maximierung der Differenz zwischen Exporten und Importen) relevant.
Damit ergeben sich folgende Zielfunktionen:

$$\max\ \mathbf{z}(\mathbf{x}) = \begin{pmatrix} -1 & 2 \\ 2 & 1 \end{pmatrix} \begin{pmatrix} x_1 \\ x_2 \end{pmatrix}$$

Ausgehend von dem durch die Resourcen gegebenen Restriktionensystem

$$\begin{aligned} -x_1 + \quad 3x_2 &\leq 21 \\ 4x_1 + \quad 3x_2 &\leq 45 \\ 3x_1 + \quad x_2 &\leq 30 \\ x_1, x_2 &\geq 0 \end{aligned}$$

erhält man die beiden **individuellen Maxima** der Zielfunktionen 1 und 2. Die Zielfunktionswerte sind 14 und 21 für die Lösungen (0,7) bzw. (9,3). Die Lösung (3.4, 0.2) ergibt für Zielfunktion 1 einen Wert von $z_1 = -3$ und für Zielfunktion 2 den Wert $z_2 = 7$. Dies sind die niedrigsten Werte, die für die beiden Zielfunktionen rechtfertigbar sind, da dann die jeweils andere ihr Maximum erreicht. Wir wollen nun den Zugehörigkeits- oder Zufriedenheitsgrad bezüglich der beiden Zielfunktionen jeweils mit 0 für die niedrigsten Werte (also -3 bzw. 7) und 1 für die individuellen Maxima (also 14 bzw. 21) festlegen und sie dazwischen linear ansteigen lassen. Darüber hinaus kommt als weitere Anforderung die unscharfe Nebenbedingung $x_1 + 3x_2 \leq 27$ hinzu. Die höchste akzeptable "Verletzung" dieser Restriktion ist p=3.

Die Problemformulierung lautet nun:

$$
\begin{array}{lrcrcrcl}
\max & \lambda & & & & & & \\
& 17\lambda & & & + & t_1 & \leq & 17 \\
& 14\lambda & & & + & t_2 & \leq & 14 \\
& 3\lambda & & & + & t_3 & \leq & 3 \\
& -x_1 & + & 2x_2 & + & t_1 & \geq & 14 \\
& 2x_1 & + & x_2 & + & t_2 & \geq & 21 \\
& x_1 & + & 3x_2 & - & t_3 & \leq & 24 \\
& -x_1 & + & 3x_2 & & & \leq & 21 \\
& 4x_1 & + & 3x_2 & & & \leq & 45 \\
& 3x_1 & + & x_2 & & & \leq & 30 \\
& & & t_1 & & & \leq & 17 \\
& & & t_2 & & & \leq & 14 \\
& & & t_3 & & & \leq & 3
\end{array}
$$

$$x_j \geq 0,\ j = 1,2,\ t_i \geq 0,\ i = 1,\ldots,3,\ \lambda \in \Re$$

Die **optimale Lösung** dieses Problems ist $x_1 = 4.88$, $x_2 = 6.69$ mit $\lambda_0 = 0.67$.

Zusammenfassend kann man für das prinzipielle Vorgehen bei algorithmischen Anwendungen der Theorie der unscharfen Mengen festhalten: Das Ausgangsmodell enthält die Unschärfe, die der Entscheidungsfäller in seiner Problemvorstellung beobachtet. Durch Einführung der Zugehörigkeitsfunktionen wird diese Unschärfe in einem scharfen Modell so modelliert, daß vorhandene, effiziente, scharfe Algorithmen auf dieses transformierte Modell angewandt werden können. In diesem Fall wäre dies z. B. die seit 1948 bestehende Simplex-Methode. Im Fall des hier gezeigten Modells des linearen Programmierens wird wieder eine scharfe Lösung als optimale Lösung ermittelt, d. h. die Operation der "Defuzzyfizierung" wurde bereits im Algorithmus berücksichtigt. Dies bietet sich hier aus numerischen Gründen an, muß allerdings nicht immer so sein.

Praktische Anwendungen zum unscharfen linearen Programmieren sind in den folgenden Bereichen vorgeschlagen worden:

- Optimierung des Einsatzes von Containerschiffen [2-28].
- Personaleinsatzplanung [2-29]
- Produktionsprogrammplanung für flexible Fertigungssysteme [2-30]

2.5.2 Wissensbasierte Ansätze

Bei wissensbasierten Ansätzen benutzt man unscharfe Mengen primär zur inhaltsdefinierten, formalen Abbildung menschlichen Wissens. Damit wird es möglich, menschliches Erfahrungswissen auf elektronischen Datenverarbeitungsanlagen zu verarbeiten. Hierzu gehören im wesentlichen folgende Funktionen:

- **Wissensakquisition** (aus Menschen, Büchern oder maschinell)
- **Wissensdokumentation** (dies geschieht gewöhnlich in Regeln in der sogenannten Wissensbasis)
- Inhaltserhaltende **Wissensverarbeitung** (dies geschieht gewöhnlich in einer Inferenzmaschine, die in der Lage sein muß, linguistisches Wissen inhaltserhaltend (und nicht symbolisch) zu verarbeiten)
- **Übersetzung** (dies umfaßt auf der Eingabe-Seite eine mögliche Übersetzung numerischer Information in eine linguistische Information - Fuzzyfizierung genannt. Auf der Output-Seite bedeutet dies, bestimmte Zugehörigkeitsfunktionen entweder in Zahlen (Defuzzyfizierung) oder in linguistische Ausdrücke zu übersetzen, was gewöhnlich mit **linguistischer Approximation** bezeichnet wird).

Bei wissensbasierten Ansätzen wird versucht, einen fehlenden oder ineffizienten algorithmischen Ansatz durch die Verwendung menschlichen Wissens zu ersetzen. Die Grundidee des wissensbasierten Ansatzes ist sicherlich Ende der fünfziger Jahre in den Anfängen der künstlichen Intelligenz zu suchen, als man vor allem in Pittsburgh Anstrengungen unternahm, einen "allgemeinen Problemlöser" (general problem solver, GPS) zu bauen [2-31]. Hierunter stellte man sich ein EDV-Programm vor, das die allgemeinen Problemlösungseigenschaften und -strategien des Menschen besaß, so daß man es als Ersatz eines menschlichen Problemlösers einsetzen konnte. Dieser GPS wurde nie verwirklicht, und zwar primär aus zwei Gründen: Zum einen war zu der damaligen Zeit die zur Verfügung stehende Hardware und Software bei weitem nicht so leistungsfähig wie heute und zweitens wurde man sich bewußt, daß der Mensch bei Problemlösungen zweierlei Arten von Wissen einsetzt, nämlich das sogenannte Domänenwissen und das Weltwissen. Unter dem (relativ begrenzten) Domänenwissen verstand man das Wissen, das bezogen auf ein bestimmtes Problem zu dessen Lösung notwendig ist. Unter "Weltwissen" verstand man das allgemeine nicht zweckbestimmte Wissen, das sich der Mensch im Laufe seines Lebens aneignet. Dieses ganz allgemeine nicht kontextabhängige Wissen wird vom Menschen sehr oft durch Analogschlüsse zur Problemlösung eingesetzt. Dieses Weltwissen, das offensichtlich wenig definiert und in seinem Umfang extrem groß ist, konnte nicht in Rechnern verarbeitet werden. Daher gab man zunächst die Idee eines allgemeinen Problemlösers auf.

In der Zwischenzeit wurde die Idee in leicht modifizierter Form wieder aufgegriffen. Da man keine Möglichkeit sah, das "Weltwissen" in Rechnern abzubilden, schränkte man den Anwendungsbereich der jeweiligen wissensbasierten Systeme so weit ein, daß das "Domänenwissen" weitgehend zur Problemlösung ausreichte und man nicht auf "Weltwissen" zurückgreifen mußte. Diese neue Art der "Problemlöser" wird gewöhnlich als **"Expertensystem"** bezeichnet. Heutzutage findet man hiervon primär zwei Arten, die im Charakter doch sehr unterschiedlich sind:

1. EDV-Systeme zur Lösung gutstrukturierter und vollkommen definierter Problemstellungen, die aus rein programmiertechnischen Gründen "regelbasiert" strukturiert und programmiert sind. Diese Form, ein EDV-Programm zu erstellen, hat sicherlich einige Vorteile, auf die hier allerdings nicht im Detail eingegangen werden soll.

2. Expertensysteme im zunächst beschriebenen Sinne. Diese laufen aller dings heutzutage - im Gegensatz zu der oben genannten anderen Art von Expertensystemen - noch nicht zufriedenstellend. Für Expertensysteme existieren eine große Anzahl verschiedener Definitionen, die hier sicherlich nicht um eine weitere ergänzt werden soll. Stattdessen sei zur Klarstellung nur eine Anzahl von Eigenschaften erwähnt, die für die zweite Art von Expertensystemen gewöhnlich als unbestritten gilt:

- Das jeweilige Anwendungsgebiet ist äußerst eingeschränkt, schlecht strukturiert und unsicher.
- Lösungsansätze basieren auf Expertenwissen, das in geeigneter Weise so formuliert ist, daß es von einer EDV-Anlage verarbeitet werden kann.
- Das System enthält gewisse Schlußfolgerungsfähigkeiten (Inferenzmaschine).
- Gewöhnlich besteht ein direktes Nutzer- bzw. Experteninterface.
- Ein Expertensystem hat keinen optimierenden, sondern heuristischen Charakter. Hieraus wird gewöhnlich die Notwendigkeit einer Erklärungskomponente abgeleitet.

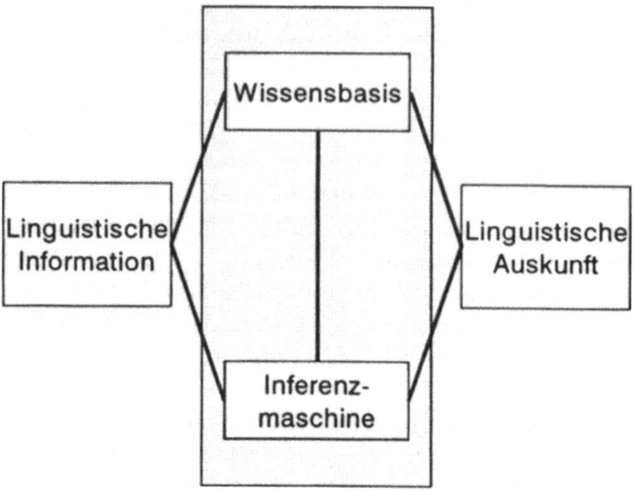

Bild 2-16: Grundstruktur eines Expertensystems

Die oben gezeigte Struktur beruht im wesentlichen auf der Vorstellung, daß menschliches Wissen unter Zugrundelegung von Methoden der dualen Logik verarbeitet werden kann. Unabhängig von der Art der Wissensrepräsentation führt dies gewöhnlich zur "Symbolverarbeitung". Hier wird das Wissen entweder in Form von Regeln, semantischen Netzen oder Frames in deterministischer Form eingegeben. Die gesamte Wissensverarbeitung wird aufgrund gemachter Informationen ebenfalls in deterministischer Weise durchgeführt. Ist man sich darüber im klaren, daß die Problemdomäne auch Unsicherheiten enthält, so benutzt man bei klassischen Expertensystemen gewöhnlich entweder sogenannte "Unsicherheitsfaktoren", die als Zahl zwischen 0 und 1 etwas über die Unsicherheit der erhaltenen Schlüsse aussagen sollen. Diese Unsicherheitsfaktoren sind gewöhnlich weder empirisch noch axiomatisch in irgendeiner Weise gerechtfertigt und daher eher irreführend als aussagekräftig. Eine andere Vorgehensweise ist es, parallel zum deterministischen Schließen, Wahrscheinlichkeits-Netze abzuarbeiten und auf Bayes'sche Art Wahrscheinlichkeiten oder Glaubwürdigkeiten der Schlüsse zu erreichen. Auf die Nachteile dieser Vorgehensweisen soll hier nicht im Detail eingegangen werden. Es sei allerdings an dieser Stelle nocheinmal auf den Anfang dieses Kapitels verwiesen, in dem bereits auf unrealistische Annahmen hingewiesen wurde, die im Rahmen der dualen Logik gemacht werden.

Nachdem was in den vorherigen Abschnitten über linguistische Unsicherheit gesagt wurde, dürfte offensichtlich sein, daß die oben beschriebene Vorgehensweise für menschliches Wissen nicht ausreichend ist. Will man Wissen **inhaltserhaltend** verarbeiten, so ist Voraussetzung, daß man es vor der Eingabe in ein EDV-System inhaltlich definiert, daß man das Wissen inhaltserhaltend in der Wissensbasis speichern kann, daß die Inferenzmaschine in der Lage ist, inhaltserhaltend Wissen zu verarbeiten, und daß schließlich die Ergebnisse des Expertensystems dem Benutzer wieder in einer quasi-natürlichen Sprache zur Verfügung gestellt werden. Fuzzy Ansätze stellen hier Potentiale zur inhaltserhaltenden Wissensverarbeitung zur Verfügung. Abgesehen von den auch bei klassischen Expertensystemen bereits bestehenden Schwierigkeiten, z. B. der Wissensakquisition und einer sinnvollen Erklärungskomponente, treten bei "Fuzzy-Expertensystemen" die im folgenden dargestellten Schwierigkeiten auf.

Wissens- und Dateneingabe:

Bei der Wisseneingabe sei hier zunächst davon ausgegangen, daß das Wissen in Form von Produktionsregeln erhoben und abgespeichert werden soll. Diese Regeln machen gewöhnlich primär von linguistischen Variablen, wie sie in Abschnitt 2.2 beschrieben und definiert wurden, und von unscharfen Relationen Gebrauch. Scharfe Begriffe können leicht als spezielle unscharfe Mengen berücksichtigt werden. Bei der Eingabe von Beobachtungen (den sogenannten Prämissen) liegen die Informationen entweder schon in linguistischer Form vor, oder sie müssen auf irgendeine Weise in das System überführt (fuzzyfiziert) werden. Allerdings wird hier nur in den seltensten Fällen garantierbar sein, daß die Beobachtungen in identischer Form bereits in den Regeln enthalten sind. Dies ist offensichtlich bei unscharfen Begriffen sehr viel weniger wahrscheinlich als bei scharfen Ausdrücken. Wir treffen also sofort auf den Fall, der oben im Zusammenhang mit dem plausiblen Schließen bereits beschrieben wurde. Sollen in diesem Fall Schlüsse gezogen werden, so ist der Grad der Ähnlichkeit zwischen Komponenten der Regeln und Beobachtung zu bestimmen. Obwohl mathematisch der Begriff der Ähnlichkeit eindeutig und ohne Schwierigkeiten definiert werden kann, ist die tatsächliche **operationale** Messung und Angabe eines Ähnlichkeitsgrades in der Praxis sehr schwierig. Vorschläge für operationale Definitionen des Begriffes der Ähnlichkeit sind sehr zahlreich und ca. 20 von Ihnen sind bereits im Jahre 1990 von amerikanischen Wissenschaftlern auf ihre Angemessenheit empirisch untersucht worden [2-32].

Bisher wurde nur von der lexikalen (linguistischen) Unsicherheit gesprochen. Es wurde jedoch am Anfang dieses Buches bereits darauf hingewiesen, daß heutzutage eine ganze Anzahl von Unsicherheiten gesehen wird, die alle in der ihnen eigenen Art zu verarbeiten sind. D. h. jedoch, daß bei der Eingabe des Wissens oder auch der Beobachtungen, die mit diesen Größen verbundene Unsicherheit (fehlende oder widersprüchliche Evidenz, Zufälligkeit, fehlende Glaubwürdigkeit des Aussagesenders usw.) gemessen und angegeben werden müssen, damit sie für den Inferenzprozeß zur Verfügung stehen. Auf die Formen der Unsicherheitsrepräsentation soll noch einmal näher eingegangen werden, wenn über den Output eines Expertensystems gesprochen wird.

Inferenz

Wie schon erwähnt, muß die Inferenzmaschine in der Lage sein, wissenserhaltend das zu verarbeiten, was in der Wissensbasis gespeichert ist und was als zusätzliche Beobachtungen eingegeben wird. Die Form der Wissensrepräsentation muß nicht unbedingt regelbasiert sein, sondern je nach Art des Expertensystems bieten sich auch andere Repräsentationsformen, wie z. B. Netze, Hierarchien etc. an. Im Gegensatz zum Forward-Chaining und Backward-Chaining (Vorwärts- und Rückwärtsverkettung), die bei klassischen Inferenzverfahren normalerweise benutzt werden, ist bei der Fuzzy-Inferenz nicht nur ein Pfad durch die Regeln zu bewerten, sondern es sind alle Regeln zu aktivieren. Normalerweise tragen mehrere der Schlußpfade zum Endergebnis bei, und diese müssen am Ende in irgendeiner Weise aggregiert werden (siehe hierzu die detailliert dargestellte Vorgehensweise bei den Anwendungen zu Fuzzy Control und zur Datenanalyse im folgenden Kapitel).

Der bei der Inferenz zu betreibende Aufwand (und die damit zu erreichende Effizienz) hängt neben der Art des Inferenzverfahrens auch davon ab, in welcher Form die zu verarbeitende Information vorliegt. So wird man sicherlich bei der Eingabe linguistischer Terme bemüht sein, Zugehörigkeitsfunktionen zu verwenden, deren Verarbeitung nicht zu aufwendig ist. Bei diskreten unscharfen Mengen als Eingabeinformation läßt sich die Inferenz unter Umständen sogar auf klassische arithmetische Rechenoperationen reduzieren. Es sei in diesem Zusammenhang noch einmal darauf hingewiesen, daß die Wahl des zu benutzenden Inferenzverfahrens bei weitem keine triviale Aufgabe ist. In den meisten Fällen wird sie heutzutage noch normativ (axiomatisch, formal) zu treffen sein. Wünschenswert wäre natürlich, daß man gerade in Inferenzmaschinen von Expertensystemen (im Gegensatz zur Fuzzy Control) empirisch die am besten geeigneten Inferenzverfahren ermittelt.

Output

Will man erreichen, daß ein Expertensystem die Ausgabe in quasi-natürlicher Sprache und unter Angabe der involvierten Unsicherheit zur Verfügung stellt, so sind im wesentlichen folgende Probleme zu lösen:

Linguistische Approximation: Als Ergebnis der Inferenz in der Inferenzmaschine werden zunächst Zugehörigkeitsfunktionen von Termen linguistischer Variabler zur Verfügung gestellt. Diese Zugehörigkeitsfunktionen sind natürlich für einen menschlichen Betrachter wenig aussagefähig. Sie müssen zunächst in das Vokabular des Benutzers übersetzt werden. Hierzu werden zunächst die linguistischen Variablen definiert, in denen das Ergebnis des Expertensystems dem Benutzer zur Verfügung gestellt werden soll. Wenn irgend möglich, sind die Zugehörigkeitsfunktionen der Terme dieser linguistischen Variablen empirisch so zu ermitteln, daß sie denen gut entsprechen, die der Benutzer des Expertensystems tatsächlich benutzt.

Unter **linguistischen Approximationen** versteht man die "Übersetzung" der von der Inferenzmaschine errechneten Zugehörigkeitsfunktion in Terme der linguistischen Variablen, in denen der Output präsentiert werden soll. Dies kann auch als eine Form von (fuzzy) Klassifikationsproblemen angesehen werden, wie sie im folgenden Kapitel beschrieben werden. Bild 2-17 verdeutlicht die Problematik der linguistischen Approximation [2-33].

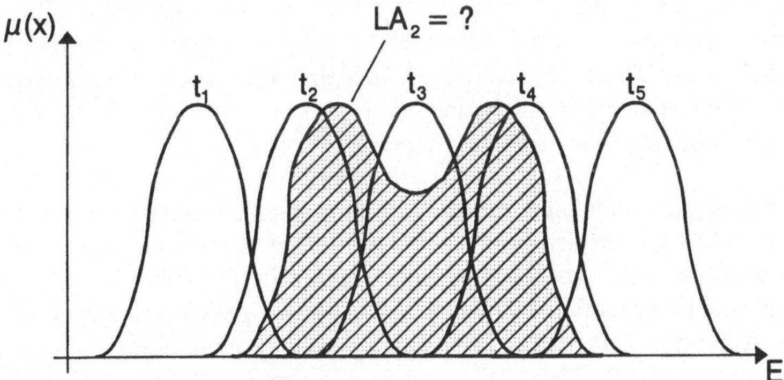

Bild 2-17: Linguistische Approximation

In Bild 2-17 sei LA_2 die errechnete Zugehörigkeitsfunktion und t_1 bis t_5 seien die Terme der linguistischen Variablen, die der Benutzer gebraucht. Der einfachste Weg der linguistischen Approximation ist nun, die Ähnlichkeit der errechneten Zugehörigkeitsfunktion mit den Zugehörigkeitsfunktionen der zur Verfügung stehenden Terme zu berechnen und die Zugehörigkeitsfunktion dem Term zuzuordnen, der den höchsten Grad der Ähnlichkeit zeigt. Hierbei treten selbstverständlich die gleichen Probleme der operationalen Definition von "Ähnlichkeit" auf, wie sie bereits im Abschnitt "Input" erwähnt wurden.

In Bild 2-17 wird deutlich, daß diese einfache Strategie der Bestimmung einer Ähnlichkeit nicht zu besonders guten Ergebnissen führen wird. Zu einem besseren Ergebnis kann man sicherlich gelangen, wenn man entweder die errechnete Zugehörigkeitsfunktion zerlegt (z. B. in unimodale Teile, die den Formen der bekannten Terme entsprechen), dann die Ähnlichkeiten bestimmt und unter Umständen anschließend eine zusammengesetzte Aussage aus mehreren Termen konstruiert. Die Bestimmung der Ähnlichkeit kann sowohl auf algorithmische oder auch auf wissensbasierte Weise geschehen. Näheres hierzu wird in dem Kapitel über Fuzzy Datenanalyse gesagt.

Unsicherheitsaggregation und Darstellung: Geht man davon aus, daß in dem Expertensystem nicht nur eine Art der Unsicherheit, sondern mehrere Arten der Unsicherheit erfaßt und verarbeitet werden, so steht man vor der Frage, ob diese Unsicherheiten bei der Ausgabe zu einem Unsicherheitsmaß aggregiert werden sollen oder ob man sie in disaggregierter Form darstellt. Falls die Unsicherheitsformen wie zufällige Unsicherheit, linguistische Vagheit, widersprüchliche Evidenz und unvollständige Identität der Komponenten Berücksichtigung finden sollen, so würde bei der Aggregation lediglich jeweils ein Unsicherheitsmaß repräsentiert werden, während bei einer nicht-aggregierten Darstellung vier Maße zu repräsentieren wären. In beiden Fällen kann die Angabe als Skalar (wie bei den Unsicherheitsfaktoren), als Intervall, als Verteilung oder in linguistischer Form geschehen.

Es dürfte offensichtlich sein, daß die aggregierte Darstellung von Unsicherheiten zwar für den Entscheidungsfäller leichter zu übersehen ist, auf der anderen Seite erheblich weniger Aussagekraft besitzt (der Benutzer weiß nicht, worauf die Gesamtunsicherheit eigentlich zurückzuführen ist). Außerdem hat man bei der aggregierten Darstellungsform natürlich das zusätzliche Problem, die Aggregationsoperatoren für verschiedene Unsicherheiten zu bestimmen. Weniger problematisch und wahrscheinlich dennoch aussagefähiger ist die disaggregierte Form der Darstellung. Am benutzerfreundlichsten ist sicherlich die disaggregierte linguistische Form; sie wird aber den höchsten rechnerischen Aufwand erfordern.

Als Konsequenz der Diskussion ergibt sich, daß die Struktur eines (Fuzzy) Expertensystems, das die oben beschriebenen Probleme sachgemäß löst, komplizierter sein wird, als die in Bild 2-16 dargestellte Struktur eines klassischen Expertensystems. Hier soll auf eine detaillierte Darstellung dieser Struktur verzichtet werden, da sie sich je nach Kontext in verschiedenen Komplexitätsausprägungen zeigen wird. Die hier beschriebene Idee des Expertensystems ist auch in Abhängigkeit von der Einsatzumgebung des jeweiligen Systems zu modifizieren. So wird z. B. der Leser im nächsten Kapitel, in dem Fuzzy Ansätze zur Steuerung und Regelung dargestellt sind, feststellen, daß das Grundmodell der "Fuzzy Control" bei dem die Eingangsgrößen reelle Zahlen sind und auch die Ausgangsgrößen als reelle Zahlen vorzuliegen haben, erheblich einfacher sein kann als die Struktur des hier geschilderten Expertensystems. Außerdem wird die Validierung des Wissens bei einem solchen "Fuzzy Control" System sehr viel einfacher im Sinne einer ingenieurmäßigen Validierung durch Vergleich des Ergebnisses des Systems mit dem gewünschten Ergebnis geschehen. Bei Expertensystemen, die tatsächliche menschliche Experten unterstützen oder abbilden wollen (wie z. B. Expertensysteme für strategische Planung, für medizinische Diagnose etc.) ist die Validierung sehr viel aufwendiger, da man die Ergebnisse der Inferenz nicht einfach mit einem Prozeßmodell oder mit einem laufenden Prozeß vergleichen kann, sondern sie sich an der Güte der Beschreibung des Experten durch das Expertensystem orientieren muß. In dieser Beziehung befinden wir uns allerdings heute noch am Anfang, und es bleibt zu hoffen, daß in den nächsten Jahren erhebliche Fortschritte in dieser Richtung erzielt werden können.

3 Potentiale und Anwendungen der Fuzzy Technologien

3.1 Einführung

Die in Kapitel 2 vorgestellten Prinzipien der Fuzzy Technologien haben mittlerweile zu einer beachtlichen Zahl von industriellen Anwendungen geführt. In diesem Kapitel werden insbesondere die Potentiale und Anwendungen der entsprechenden Systeme in den Bereichen Datenanalyse, Regelungstechnik, Produktionsmanagement und Konfigurierung dargestellt. Dabei werden aus didaktischen Gründen in den dazugehörenden Teilabschnitten die jeweiligen Grundlagen, Methoden und Anwendungsbeispiele beschrieben. Tiefergehende Methoden- und Anwendungsdarstellungen entnehme der interessierte Leser der an den entsprechenden Stellen angegebenen Literatur.

Der Fuzzy Boom wurde in Deutschland Anfang der neunziger Jahre im wesentlichen durch Fuzzy Control Realisierungen ausgelöst. Dabei konnten - wie im Kapitel über Fuzzy Control gezeigt wird - zahlreiche Fuzzy Methoden zur Lösung von Problemen aus dem Bereich der Regelungstechnik verwendet werden. Die anderen der beschriebenen Gebiete verwenden zum Teil weitergehende methodische Ansätze oder weisen ein größeres Anwendungspotential von Fuzzy Technologien auf. Dies trifft insbesondere auf die Fuzzy Datenanalyse zu, die - wie auch die herkömmliche Datenanalyse - ein sehr breites Anwendungsspektrum besitzt. Daher erfolgt als erstes eine einführende Darstellung allgemeiner Aussagen, wie sie auch in der allgemeinen Form der Datenanalyse gelten. Daran schließen sich in Kapitel 3.2 spezielle Aussagen zur Fuzzy Datenanalyse an.

Datenanalyse bezeichnet eine Klasse von Anwendungen, bei der aus bestehenden Daten Informationen gewonnen werden. Diese Informationen können unterschiedlicher Art sein. Sie werden im wesentlichen nach den beiden folgenden Kategorien unterschieden.

Einerseits dient Datenanalyse in komplexen Entscheidungssituationen, in denen sehr umfangreiche Datenmengen anfallen, zur **Strukturfindung**. Dabei existiert häufig kaum explizit formuliertes Wissen über die Zusammenhänge der vorliegenden Daten. Andererseits kann in überschaubaren Anwendungsbereichen eine **Zuordnung der vorliegenden Daten zu bekannten Struktu-**

ren erfolgen. In diesen Situationen liegt üblicherweise (Erfahrungs-) Wissen über Ursache-Wirkungszusammenhänge vor, das u. U. schlecht strukturiert und unscharf formuliert ist. Dieses Wissen kann entweder von einem erfahrenen Anwender explizit formuliert werden oder in Form von Beispielen implizit angegeben werden. Die zu verarbeitenden Datenmengen sind in der Regel überschaubar. Aufbauend auf diesen beiden Teilaufgaben ergibt sich die **Vorbereitung effizienter Entscheidungen** als wesentliche Aufgabe der Datenanalyse.

Ziele der Datenanalyse sind je nach Anwendungsschwerpunkt:

- Die vorgenommene Datenreduktion, bei der unüberschaubare Datenbestände zu verwertbaren Informationen verdichtet werden, führt gleichzeitig zu einer **Komplexitätsreduktion** in der betrachteten Problemstellung.
- Wissen über Ursache-Wirkungszusammenhänge wird erworben, explizit in einem System abgebildet und damit der computerunterstützten Entscheidungsfindung zugänglich gemacht.

Aufgaben	Ziele
• Strukturfindung	• Komplexitätsreduktion
• Zuordnung zu (bekannten) Strukturen	• Erfassung und Verarbeitung von Erfahrungswissen
• Vorbereitung von Entscheidungen	

Bild 3-1: Aufgaben und Ziele der Datenanalyse

Die weiter unten gezeigten, einführenden Anwendungsbeispiele konkretisieren diese abstrakten Aussagen und veranschaulichen damit auch die praktischen Potentiale der Datenanalyse. Zuvor wird jedoch die Terminologie der Datenanalyse eingeführt.

Bei der Datenanalyse betrachtet man **Objekte**, die durch **Merkmale** (Attribute) beschrieben sind. Die **Ausprägungen** dieser Merkmale sind die zu analysierenden Daten, die üblicherweise in einer Datenmatrix dargestellt sind.

Beispiel 3-1

In Tabelle 3-1 ist eine Datenmatrix angegeben. Es seien die betrachteten Fahrzeuge die Objekte, die durch die Merkmale "Höchstgeschwindigkeit" (in km/h), "Farbe", "Gewicht" (in Kg) und "Luftwiderstand" (c_W-Wert) charakterisert werden.

Tabelle 3-1: Datenmatrix

Fahrzeug	Höchstgeschwindigkeit	Farbe	Luftwiderstand	Gewicht
A1	220	rot	0.30	1300
A2	230	schwarz	0.32	1400
A3	260	rot	0.29	1500
A4	140	grau	0.35	800
A5	155	blau	0.33	950
A6	130	weiß	0.4	600
A7	100	schwarz	0.5	3000
A8	105	rot	0.6	2500
A9	110	grau	0.55	3500

Beschreibt man die Objekte durch zwei dieser Merkmale, so können die betrachteten Objekte auch graphisch im sogenannten **Merkmalsraum** dargestellt werden, den die beschreibenden Merkmalen erzeugen. Dabei ist jedes Objekt durch einen Punkt im Merkmalsraum repräsentiert. Eine **Klasse** ist eine Zusammenfassung von untereinander "möglichst ähnlichen" Objekten [3-1]. Objekte, die zueinander unähnlich sind, sollten sich in unterschiedlichen Klassen befinden. Diese Zusammenfassung von Objekten zu Klassen ist - wie weiter hinten ausführlicher gezeigt wird - ein Mittel zur Strukturfindung.

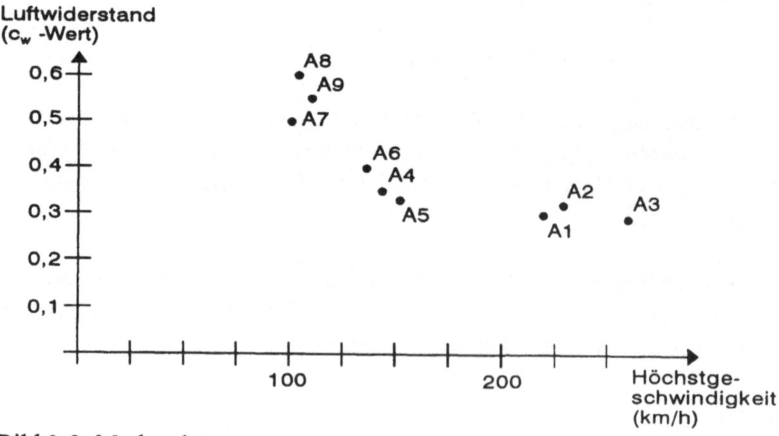

Bild 3-2: Merkmalsraum

Es ist zu erkennen, daß Anhäufungen der betrachteten Objekte (repräsentiert durch Punkte im Merkmalsraum) existieren. Diese "Klassen" lassen sich inhaltlich interpretieren. Beispielsweise könnte es sich bei den Fahrzeugen A1, A2, A3 um die Klasse "Sportwagen" handeln. Analog könnten die Objekte A4, A5, A6 Repräsentanten der "Mittelklassewagen" und A7, A8, A9 "Nutzfahrzeuge" sein. Damit ist aus den oben tabellarisch angegebenen Daten eine Struktur in der Menge der Objekte erzeugt worden.

Unabhängig von den Methoden, die weiter unten detailliert beschrieben sind, gilt der nachfolgend angegebene **Prozeß zur Datenanalyse** [3-2].

Als erstes erfolgt eine **Problemanalyse**. Dazu gehört u. a. die Beantwortung der Fragen:

- Wie sind die Objekte, die Eigenschaften zu deren Beschreibung und deren Ausprägungen angegeben?
- Gibt es Vergangenheitsdaten, die zur Beschreibung der Problemstellung herangezogen werden können?
- Sind die Klassen vorher explizit gegeben oder sollen diese als Ergebnis der Datenanalyse hervorgehen?
- Existiert explizit formulierbares Wissen über Ursache-Wirkungszusammenhänge für die Analyse der Daten in der betrachteten Aufgabenstellung?
- Können Beispiele angegeben werden, die jeweils die Entscheidung für eine spezielle Aufgabenstellung enthalten?

Als nächstes erfolgt die sogenannte **Merkmalsauswahl**. In der ersten Phase dieser Auswahl werden alle erfaßbaren Eigenschaften der Objekte betrachtet. Dies stellt den ersten Schritt der Komplexitätsreduktion dar, bei dem u. U sehr komplexe Objekte durch jeweils einen Vektor repräsentiert werden, dessen Komponenten die Ausprägungen der betrachteten Eigenschaften sind. Da dieser Eigenschaftsvektor in den meisten praxisrelevanten Fällen zu umfangreich sein wird, erfolgt eine weitere Komplexitätsreduktion. Dabei werden aus der Menge aller Eigenschaften die vom Anwender als merkenswert eingeschätzten ausgewählt. Diese Merkmale können im sogenannten Merkmalsvektor dargestellt werden.

In der nächsten Phase der Merkmalsauswahl wählt der Anwender zur weiteren Komplexitätsreduktion aus diesen Merkmalen diejenigen aus, die die betrachteten Objekte "am besten" charakterisieren. Dies ist insbesondere in Aufgabenstellungen wichtig, bei denen eine sehr große Zahl von Merkmalen vorliegt, da diese zu einem hohen Rechenaufwand bei den folgenden Schritten führt. Der Vorgang der Merkmalsauswahl stellt einen sehr wichtigen und zugleich komplizierten Abschnitt innerhalb des Gesamtprozesses der Datenanalyse dar. Zur Unterstützung der Merkmalsauswahl gibt es eine umfangreiche methodische Unterstützung, die weiter unten näher angegeben ist. Die erfolgversprechende Anwendung dieser Ansätze setzt im Einzelfall jedoch ein sehr gutes Verständnis der Problemstellung und der zur Verfügung stehenden Methoden voraus.

In Beispiel 3-2 wird gezeigt, welche Probleme bei der Merkmalsauswahl auftreten können. Dieses gibt damit Hinweise auf zu beachtende Aspekte.

Beispiel 3-2

Ausgehend von Beispiel 3-1 seien die Merkmale "Höchstgeschwindigkeit" und "Farbe" zur Darstellung im Merkmalsraum gewählt.

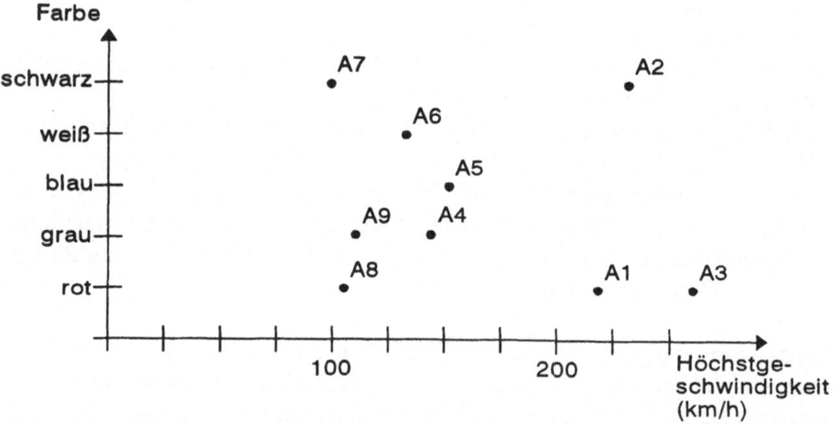

Bild 3-3: Problematik bei der Merkmalsauswahl

Man erkennt, daß die so entstehenden Klassen nicht zu einem Ergebnis führen, das wie in dem weiter oben angeführten Bild 3-2 intuitiv erklärt werden kann.

Nachdem die zu untersuchenden Objekte und die Merkmale zu deren Beschreibung festgelegt sind, erfolgt im nächsten Schritt die **Klassenbildung**, die den eigentlichen Kern der hier dargestellten Datenanalyse bildet. Dies ist der letzte Schritt der vorgenommenen Komplexitätsreduktion, bei dem die u. U. sehr komplex gestalteten Objekte einer in der Regel relativ geringen Anzahl von Klassen zugewiesen werden. Zur Klassenbildung sind zahlreiche Verfahren vorgeschlagen worden. Je nachdem, welche Problemklasse und welches Datenmaterial vorliegt, können hier algorithmische, neuronale oder wissensbasierte Ansätze Verwendung finden. Diese sind wiederum weiter unten ausführlich beschrieben. Ergebnis der Klassenbildung ist eine Klasseneinteilung bei der untereinander "ähnliche" Objekte in einer Klasse enthalten sind und "unähnliche" Objekte sich möglichst in unterschiedlichen Klassen befinden. Falls die Datenanalyse zur Strukturfindung eingesetzt wurde, so muß der Anwender die gefundenen Klassen anschließend inhaltlich interpretieren. In Beispiel 3-1 bedeutet dies konkret, daß der Anwender die Klasse mit den Objekten A1, A2 und A3 als Klasse "Sportwagen" bezeichnen muß.

Daran anschließend erfolgt die **Klassifikation (Klassifizierung)**. Während bei der zuvor durchgeführten Klassenbildung im wesentlichen mit bekannten Objekten aus Anwendungssituationen der Vergangenheit gearbeitet wird, erfolgt hier die Bestimmung der Klassenzugehörigkeiten neuer, d. h. noch nicht verwendeter Objekte.

Bild 4 zeigt den Prozeß der Datenanalyse im Überblick.

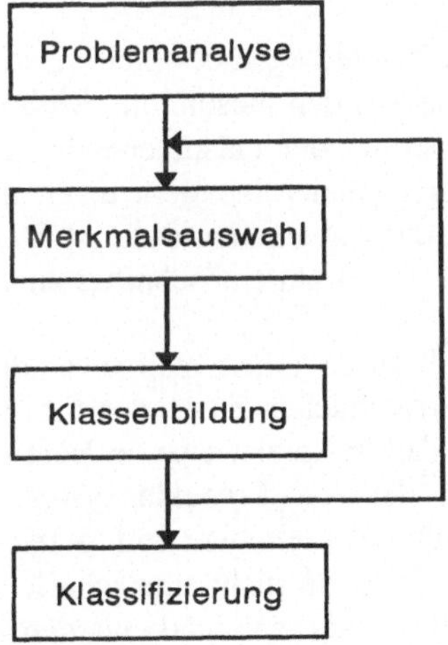

Bild 3-4: Prozeß der Datenanalyse

Das Ergebnis der Klassifikation kann als Abschluß der eigentlichen Datenanalyse betrachtet werden und stellt damit gleichzeitig eine Entscheidungsgrundlage für die folgenden Handlungsempfehlungen dar. Abhängig von der betrachteten Problemstellung kann es sich hierbei beispielsweise um eine

- Steuerempfehlung an einer komplexen Anlage,
- um eine Reparaturanweisung (Therapie) bei Diagnoseaufgaben oder
- um konkrete Anweisungen bei Konfigurierungsaufgaben handeln.

3.2 Fuzzy Systeme zur Datenanalyse

3.2.1 Grundlagen und Potentiale

Vor der Darstellung einiger typischer Anwendungen zur Fuzzy Datenanalyse, die zur Motivation der folgenden Kapitel dient, werden unterschiedliche Formen für Objekte, Merkmalsausprägungen und Klassen vorgestellt. Dabei wird auf die Einbeziehung von Fuzzy Aspekten, auf unterschiedliche Klassenformen und auf das Skalenniveau der Merkmalsausprägungen eingegangen.

Im beschriebenen Prozeß der Datenanalyse spielen verschiedene Formen der Unsicherheit von Merkmalen und Klassen eine wichtige Rolle. Diese können jeweils scharf oder unscharf formuliert sein. Ein Objekt wird dabei unscharf bezeichnet, falls mindestens ein Merkmal unscharf formuliert ist.

Beispiele für unscharfe Objekte liegen beispielsweise dann vor, wenn bei der Beurteilung von Prozeßzuständen bestimmte Meßwerte (Merkmalsausprägungen) zur Charakterisierung der entsprechenden Zustände nicht deterministisch angegeben werden können, sondern u. U. mit Meßungenauigkeiten behaftet sind. Eine konkrete Anwendung dazu ist für den Bereich der intelligenten Sensorik am Ende dieses Unterabschnittes angegeben.

Beispiele für unscharfe Klassen erhält man u. a. dann, wenn eine strenge Abgrenzung zwischen verschiedenen Zuständen für die Objekte nicht möglich ist. Konkret liegt dieser Fall beispielsweise im Bereich der Prozeßleittechnik vor, wo aus den Daten, die vom Prozeßleitsystem zur Verfügung gestellt werden, auf mögliche Prozeßstörungen und deren Ursachen geschlossen werden kann. Auch dabei kann oft nicht eine scharfe Zuweisung zu der einen oder der anderen Fehlerklasse vorgenommen werden. Dieser Fall ist ebenfalls weiter hinten detaillierter dargestellt.

Rein kombinatorisch ergeben sich aus den unterschiedlichen Ausprägungen von Objekten und Klassen bezüglich der Unsicherheitsdarstellung vier mögliche Kategorien.

1. Scharfe Objekte / scharfe Klassen

Die betrachteten Objekte seien alle deutschen Unternehmen. Als Merkmale seien hier angenommen: Jahresumsatz und Rechtsform. Die Klassen seien gegeben durch folgende Auflistung: Aktiengesellschaften mit mehr als 1 Mrd.

DM Jahresumsatz, Aktiengesellschaften mit weniger als 1 Mrd. DM Jahresumsatz, alle GmbH's und alle sonstigen Unternehmen. In diesem Fall liegen scharf beschriebene Objekte und scharf formulierte Klassen vor.

2. Scharfe Objekte / unscharfe Klassen

Im Bereich der Instandhaltung sollen Motoren bezüglich ihrer Tauglichkeit beurteilt werden. Dazu dienen die (scharfen) Meßwerte Abgastemperatur und Treibstoffverbrauch. Die Tauglichkeitsbeurteilung soll durch eine Zuordnung der Objekte zu den (unscharfen) Klassen "einsatzfähig" bzw. "verschlissen" erfolgen. Da ein kontinuierlicher Übergang von der einen in die andere Klasse stattfindet, kann keine eindeutige Grenze zur Trennung der Klassen gezogen werden. Es kann vorkommen, daß ein spezielles Objekt als "noch so gerade einsatzfähig" aber auch schon "ein wenig verschlissen" bezeichnet wird.

3. Unscharfe Objekte / scharfe Klassen

In der Qualitätskontrolle werden Endprodukte geprüft und es findet eine gut/schlecht-Entscheidung statt. Die Endprodukte sind hier die Objekte, die beispielsweise durch die Merkmale "Geräusch" und "Vibrationsentwicklung" charakterisiert seien. Diese Attribute sind mit Unschärfe behaftet, da einerseits Meßungenauigkeiten vorliegen und andererseits die Beurteilungen solcher Kriterien oft von erfahrenen Anwendern subjektiv und vage vorgenommen werden. Die zu treffende Entscheidung, ob ein Endprodukt ausgeliefert werden kann oder nicht, ist scharf zu formulieren.

4. Unscharfe Objekte / unscharfe Klassen

Die Unterstützung des Störungsmanagements mittels Prozeßleittechnik setzt u. a. eine intelligente Auswertung von Prozeßdaten voraus. Die zu betrachtenden Objekte sind dabei bestimmte Prozeßzustände, die z. B. durch die Merkmale "Temperatur" und "Druck" beschrieben seien. Diese können aus unterschiedlichen Gründen unscharf ausgeprägt sein (Meßungenauigkeit, subjektive Beurteilung, ...). Zur Unterstützung des Störungsmanagements kann eine Zuordnung zu unterschiedlichen Fehlerklassen erfolgen. Diese Klassen lassen sich u. U. nicht scharf trennen. Es können sogar mehrere Fehler gleichzeitig auftreten.

Zusätzlich dazu kann für jede der vier gezeigten Situationen auch die Zuordnung von Objekten zu Klassen scharf oder unscharf sein. Beispielsweise kann in bestimmten Situationen die Zuordnung eines scharfen Objekts zu einer scharfen Klasse selbst unscharf sein. Dies liegt dann vor, wenn im Schritt der

Klassifikation eines Objekts nicht alle Merkmale auf die Zugehörigkeit zu dieser Klasse hinweisen. In diesem Fall, bei dem nur ein Teil der in den Merkmalsausprägungen enthaltenen Information auf die entsprechende Klasse hindeutet, wird die jeweilige Klassenzugehörigkeit nur unscharf gegeben sein. Entsprechende Verallgemeinerungen können auch für die anderen der vier oben gezeigten Situationen formuliert werden.

Bild 3-5 zeigt im Überblick die unterschiedlichen Ausprägungen von Objekten und Klassen bezüglich der dargestellten Unsicherheitsformulierung.

Objekte \ Klasse	scharf		unscharf	
scharf	**Objekte:**	Unternehmen	**Anwendung:**	Instandhaltung
	Merkmale:	Jahresumsatz, Rechtsform	**Objekte:**	Motoren
	Klassen:	AG mit Umsatz > 1 Mrd DM AG mit Umsatz ≤ 1 Mrd DM GmbH Sonstige	**Merkmale:**	Abgastemperatur, Treibstoffverbrauch
			Klassen:	einsatzfähig, verschlissen
unscharf	**Anwendung:**	Qualitätskontrolle	**Anwendung:**	Störungsmanagement
	Objekte:	Produkte	**Objekte:**	Prozeßzustände
	Merkmale:	Geräusch, Vibration	**Merkmale:**	Temperatur, Druck
	Klassen:	gut/schlecht	**Klassen:**	Normalklasse, verschiedene Fehlerklassen

Bild 3-5: Beispiele für scharfe / unscharfe Klassen und Objekte

Weiterhin lassen sich die Klassen nach möglichen Klassenformen unterscheiden. Im einfachsten Fall nehmen die Klassen nur die Form von Kugeln im Merkmalsraum an. Daneben können natürlich auch andere Klassenformen auftreten, wie beispielsweise Ellipsen [3-3], nicht-zusammenhängende Klassen und nicht-konvexe Klassen wie beispielsweise Kurvenverläufe und Konturen, die im Bereich der Bilderkennung relevant sind [3-4].

Ein weiterer wichtiger Aspekt bei der Objektbeschreibung ist das Skalenniveau der Merkmalsausprägungen. Dabei kann man unterscheiden zwischen: Nominalskala, Ordinalskala, Intervallskala, Ratioskala und Absolutskala. Da diese Unterscheidung im folgenden nicht mehr explizit aufgegriffen wird, sei zu diesem Aspekt auf die entsprechende Literatur verwiesen [2-25].

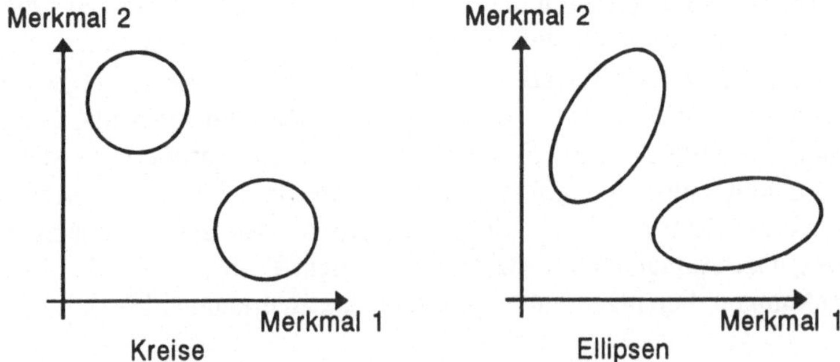

Bild 3-6: Beispiel für kreisförmige und ellipsenförmige Klassen

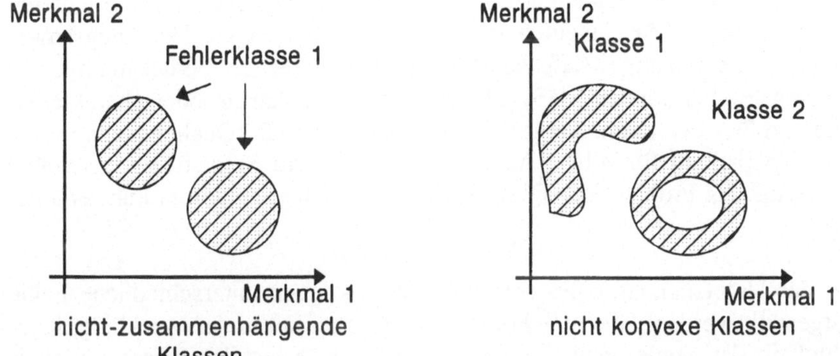

Bild 3-7: Beispiele für nicht zusammenhängende und nicht konvexe Klassenformen

Bevor Methoden zur Datenanalyse und insbesondere zur Fuzzy Datenanalyse vorgestellt werden, erfolgt an dieser Stelle eine kurze Beschreibung von drei typischen Aufgabenstellungen aus diesem Bereich. Damit werden die eingeführten Bezeichnungen konkretisiert und es erfolgt eine Motivation für die weiteren Betrachtungen.

1. Alarmmanagement und Überwachung in verfahrenstechnischen Prozessen

Chemische Großanlagen werden in immer größerem Maße von modernen Prozeßleitsystemen überwacht und zum Teil gesteuert. Die Prozeßdatenströme der Anlage laufen dabei zentral im Prozeßleitstand zusammen und werden dort als Grundlage für Regelung und Alarmierung verwendet. Dabei basiert die Alarmierung im allgemeinen auf einem Soll-Ist-Vergleich der Prozeßgrößen. Dieser Vergleich setzt einen vorgegebenen Betriebszustand der

Anlage voraus. Beim Anfahren der Anlage beispielsweise erhält der Operator eine Fülle von Alarmmeldungen. Diese Meldungen beruhen auf dem nicht stabilen Prozeßzustand während dieser Zeit. Bei einer großen Anlage sind die Zusammenhänge so komplex, daß das Prozeßleitsystem nicht alle Möglichkeiten berücksichtigen kann. Die Entscheidung, ob alarmiert werden muß oder nicht, muß meist in Echtzeit getroffen werden. Für eine Überprüfung aller denkbaren Möglichkeiten, die zu diesem Alarm geführt haben, bleibt keine Zeit. Der Anlagenfahrer steht nun vor dem Problem, aus der Flut von Alarmmeldungen diejenigen mit ernster Ursache zu erkennen [3-5].

2. Diagnose

Im Bereich der Instandhaltung ist die technische Diagnose, d. h. die Untersuchung etwaiger Maschinenfehler und daraus abgeleiteter Handlungsanweisungen, eine wichtige Aufgabenstellung. Die dabei zu berücksichtigenden Eingangsgrößen können Meßwerte der jeweiligen Anlage oder charakteristische Größen der damit hergestellten Produkte (z. B. Qualitätskenngrößen) sein. Beispielhaft für solche Anwendungen aus dem Bereich der Instandhaltung wird das Problem der Diagnose eines Gleichstrommotors kurz erläutert [3-6].

Bei der Untersuchung eines solchen Motors können unterschiedliche Fehler festgestellt werden. Hierzu gehören u. a.: Kurzschluß in der Wicklung, Kurzschluß in der Spule, usw. Ein erfahrener Experte hat das Wissen über die Ursache-Wirkungszusammenhänge der möglichen Fehler. Nachfolgend seien beispielhaft die Beziehungen zwischen einem Fehler und dessen Ursachen dargestellt. Die dabei auftretende Variable V_i ist keine gemessene Merkmalsausprägung des Motors, sondern eine intern berechnete Größe.

Die in Bild 3-8 enthaltenen Zusammenhänge können in Form von Wenn-Dann-Regeln angegeben werden:

Regel 1:

Wenn	Spulenwiderstand	erniedrigt
und	Spuleninduktion	stark erniedrigt
und	Kurzschlußstrom	aufgetreten
und	magnetisches Ungleichgewicht	aufgetreten
dann	Fehler =	Kurzschluß in der Wicklung

Regel 2:

Wenn	V_i	stark erhöht
und	Temperatur	erhöht
dann	Fehler =	Kurzschlußstrom aufgetreten

Regel 3:

Wenn	Trägheitsmoment	erhöht
dann	Fehler =	magnetisches Ungleichgewicht aufgetreten

Regel 4:

Wenn	Spulenwiderstand	erniedrigt
und	Teta	stark erniedrigt
dann	V_i =	stark erhöht

Regel 5:

Wenn	Spulenwiderstand	stark erniedrigt
dann	V_i	stark erhöht

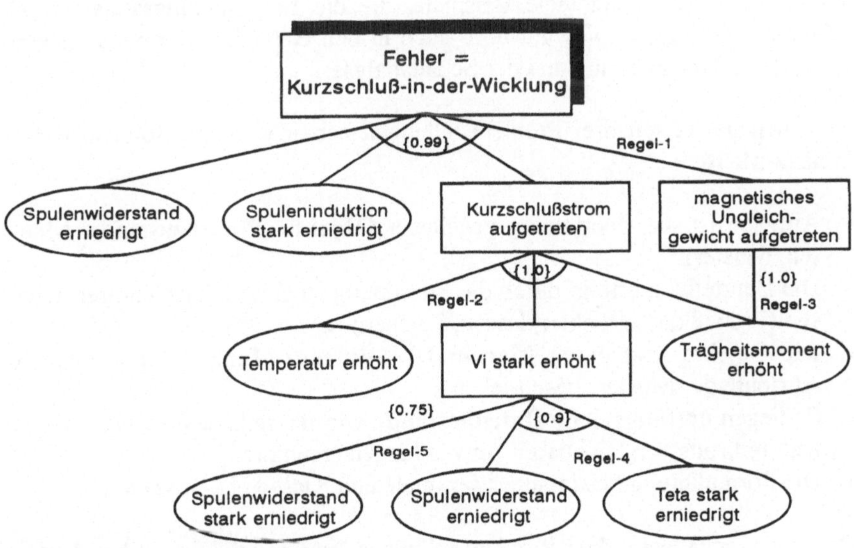

Bild 3-8: Fehlerbaum zu "Kurzschluß in der Wicklung, Quelle: [3-6]

Diese Zusammenhänge erscheinen auf den ersten Blick plausibel und könnten in der angegebenen Form auch von mehreren Fachleuten aus dem mit solchen Aufgaben betrauten Bereich akzeptiert werden. Da das so beschriebene Wissen jedoch nicht mathematisch exakt sondern mit unscharfen Formulierungen vorliegt, ergibt sich ein Problem bei der wissensbasierten Analyse der den Motor beschreibenden Daten.

Neben der kurz skizzierten technischen Diagnose sind u. a. auch im medizinischen Bereich und im Umweltschutzsektor Anwendungspotentiale von wissensbasierten Systemen zur Datenanalyse zu nennen [3-7].

3. Zeichenerkennung

Bei der automatischen Erkennung handgeschriebener Dokumente ergibt sich das Problem der Zuordnung eines vorkommenden Musters zu einem Standardzeichen (aus dem Alphabet beispielsweise) [3-8]. Ein jedes solches Zeichen weist bestimmte Eigenschaften auf, die auch in dessen handschriftlicher Wiedergabe vorkommen. Diese Zusammenhänge sind in der Regel nicht explizit formuliert. Durch die Angabe einer Vielzahl von Beispielen für die Zuordnung von Handschrift zu Zeichen ist jedoch implizit Wissen über die entsprechenden Beziehungen angegeben. In solchen Fällen ist es wünschenswert, das in den bekannten Beispielen vorhandene Wissen für neue Zuordnungsentscheidungen nutzbar zu machen. Eine ähnliche Problemstellung liegt immer dann vor, wenn viele Beispiele, die die Entscheidungssituation beschreiben, vorliegen. Dies gilt u. a. auch in den Bereichen der Spracherkennung, der Bildauswertung und der Schallanalyse.

Die oben genannten drei Problemstellungen haben u. a. die folgenden **Gemeinsamkeiten**:

- Aufgabe ist die Beurteilung gegebener **Objekte** (Prozeßzustände, Motoren, Muster).
- Die Beurteilung erfolgt durch die Zuordnung zu einer oder mehreren **Klassen** (Prozeßklasse, Fehlerklassen, Zeichen)
- Die Objekte sind durch **Merkmale** (Attribute) (Temperatur, Spannung, Attribute der Muster) beschrieben.
- Es liegen **umfangreiche Datenbestände** vor, die teils aus der Vergangenheit, teils aus vergleichbaren Anwendungen resultieren.
- Die Formulierung bestimmter Merkmale und Klassen ist **unscharf**.

Die oben genannten drei Problemstellungen weisen die folgenden **Unterschiede** auf:

- Bei der Analyse von Prozeßdaten komplexer Prozesse zur Unterstützung des Störungsmanagements existieren sehr viele Daten aus der Vergangenheit. Dagegen wird i. d. R. kein Erfahrungswissen über den Zusammenhang dieser Daten explizit formuliert vorliegen, bzw. nur sehr aufwendig vom Operator erfaßt werden können. Ähnliche Problemstellungen findet man bei der Analyse und Steuerung zahlreicher industrieller Prozesse, die weiter unten angegeben sind.

- Die Diagnose technischer Systeme basiert häufig auf Erfahrungswissen, das ein Experte in der jeweiligen Anwendung erworben hat. Die oben bereits dargestellten Ursache-Wirkungszusammenhänge der angegebenen Diagnose hat ein erfahrener Anwender explizit formuliert. Eine Übertragung ist auch auf den Bereich der medizinischen Diagnose und der Überwachung (Monitoring) komplexer Anlagen möglich. Dies ist im Abschnitt über Anwendungen der Datenanalyse ausführlicher beschrieben.
- Bei der dargestellten Zeichenerkennung existiert kein explizit formuliertes Wissen über den Zusammenhang von einzelnen Merkmalen, die den Schriftzug charakterisieren, zu dem zu erkennenden Zeichen. Dennoch können zahlreiche Beispiele für diese Zuordnung angegeben werden, die das entsprechende Wissen implizit enthalten. Eine vergleichbare Problemstellung liegt immer dann vor, wenn aus Daten der Vergangenheit Beispiele für die jeweilige Zuordnung explizit angegeben werden können.

Aus diesen Unterschieden der zuvor exemplarisch gezeigten Problemstellungen ergibt sich ein Bedarf an unterschiedlichen Methodenklassen. Diese sind im folgenden Abschnitt beschrieben.

3.2.2 Methoden

In diesem Abschnitt werden wesentliche Methoden zur Fuzzy Datenanalyse betrachtet. Da in vielen praktischen Problemstellungen eine Vorverarbeitung der gemessenen Daten notwendig ist werden die hier betrachteten Methoden im ersten Schritt in zwei Gruppen unterteilt.

- Ansätze zur Datenvorverarbeitung,
- Methoden zur Fuzzy Datenanalyse im engeren Sinn.

Ansätze zur Datenvorverarbeitung dienen u. a. der oben dargestellten Merkmalsauswahl. Die Methoden zur Datenanalyse im engeren Sinn werden zur Klassenbildung und Klassifikation eingesetzt. Diese lassen sich in die drei Bereiche der algorithmischen, der wissensbasierten und der neuronalen Methoden unterteilen. Zur Vereinfachung der Terminologie werden diese - falls nichts anderes explizit angegeben ist - als Methoden zur Datenanalyse bezeichnet.

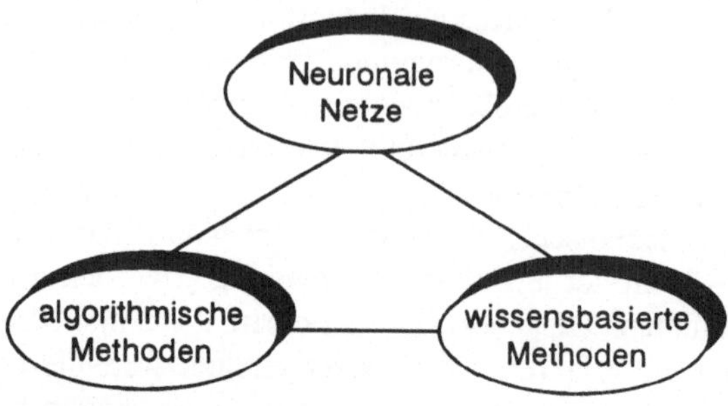

Bild 3-9: Methodenklassen der Datenanalyse

Die Methoden zur Datenvorverarbeitung sind sehr vielfältig und in der Literatur hat sich keine eindeutige Abgrenzung herausgebildet. Weitergehende Darstellungen entsprechender Ansätze findet man beispielsweise in [3-9], [3-10], [3-11]. Zur Vorverarbeitung von Daten zählen u. a. die nachfolgend angegebenen Verfahren [3-12].

- **Filterung von Eingangssignalen**
  Die Filterung eines Eingangssignals bewirkt die Abschwächung oder Verstärkung gewisser Frequenzanteile dieses Signals.
- **Fourier-Transformation**
  Mittels der Fourier-Transformation werden die gemessenen, zeitabhängigen Signale vom Zeitbereich in deren Frequenzbereich übertragen. Dies ermöglicht in vielen Fällen eine bessere Analyse der vorliegenden Situation, da beispielsweise stark gestörte Signale im Zeitbereich durch unübersichtliche Kurvenverläufe gekennzeichnet sind. Im Frequenzbereich dagegen ist eine bessere Auswertung möglich.
- **Datenvervollständigung**
  Sind die gemessenen Daten nicht vollständig (z. B. wegen ausgefallener oder fehlender Sensoren), so setzt die Auswertung der Daten eine vorgeschaltete Vervollständigung voraus.
- **Statistische Methoden** zur Untersuchung von Zusammenhängen in den vorliegenden Daten. Hierzu gehören beispielsweise Regressions- und Korrelationsuntersuchungen.

Mit den genannten Methoden der klassischen Statistik können Zusammenhänge in Datenfeldern aufgedeckt werden. Dies kann u. a. zur Unterstützung der Merkmalsauswahl angewendet werden. Beispielsweise gibt der Korrelationskoeffizient zwischen zwei Attributausprägungen eines Objektes die Stärke deren Zusammenhangs an. Nimmt dieser Wert, der auf das Intervall [-1,1] beschränkt ist, betragsmäßig große Ausprägungen an, so ist der Informationsgehalt der beiden Attribute tendenziell gleich hoch.

Analog zum Zusammenhang, der zwischen zwei Attributen besteht, kann auch ein Zusammenhang zwischen Ausprägungen nur eines Attributes bestehen. Falls die betrachteten Attributausprägungen einen zeitlich immer wiederkehrenden, periodischen Verlauf aufweisen, so kann dies durch die sogenannte Autokorrelation herausgefunden werden. Damit bestimmt man die Abhängigkeit der Werte zu einem bestimmten Zeitpunkt t_1 von Werten zu einem früheren oder späteren Zeitpunkt t_2. Interessiert die entsprechend zeitlich versetzte Abhängigkeit der Werte eines Attributes von Werten eines anderen Attributes, so läßt sich diese mit der sogenannten Kreuzkorrelation bestimmen. Eine weitere Verallgemeinerung stellt die mehrdimensionale Korrelationsrechnung dar, bei der Aussagen über den Zusammenhang mehrerer Merkmalsausprägungen gemacht werden können.

Neben der Korrelationsrechnung, die den **Grad des Zusammenhangs** von Daten bestimmt, können Regressionsansätze Auskunft über die **Art dieses Zusammenhangs** geben. Im einfachsten Fall der linearen Regression zwischen zwei Merkmalen wird eine Ausgleichsgerade im Merkmalsraum bestimmt, so daß der Abstand der Geraden zu den Attributausprägungen minimiert wird. Als Fehlerfunktion dient dabei die Summe der Fehlerquadrate. Verallgemeinerungen dieses Konzeptes beschäftigen sich mit nichtlinearer und mehrdimensionaler Regression. Neuere Ansätze behandeln den Fall der Fuzzy Regression [3-13], wobei auch Vorschläge zur Verwendung neuronaler Netze zur Bestimmung der Regressionsfunktion bestehen [3-14].

Einige der dargestellten Verfahren zur Datenvorverarbeitung können zur Unterstützung der Merkmalsauswahl eingesetzt werden. Dabei werden aus der Menge aller erfaßten Merkmale, die ein Objekt beschreiben, diejenigen herausgesucht, die für die zu treffende Entscheidung eine "möglichst gute" Aussagekraft besitzen. Ein Beispiel für die Relevanz einer geeigneten Merkmalsauswahl wurde bereits in diesem Kapitel angegeben. Dabei konnte eine Korrelationsanalyse Auskunft über den Informationsgehalt zweier Merkmale liefern. Außerdem dienen auch die nachfolgend dargestellten Verfahren zur Unterstützung der Merkmalsauswahl.

Mittels einer Hauptkomponentenanalyse können Merkmale identifiziert werden, die den wesentlichen Anteil der Information der gesamten Datenmatrix enthalten [3-15]. Weiterführende Arbeiten beschäftigen sich u. a. mit Verallgemeinerungen der Hauptkomponentenanalyse um Fuzzy Ansätze [3-16].

Darüber hinaus existieren auch Fuzzy Ansätze zur Merkmalsauswahl, die erfolgreich bei der Analyse medizinischer Daten eingesetzt wurden [3-17].

Von den Methoden zur Datenanalyse (im engeren Sinn) kann abhängig von der betrachteten Problemstellung ein geeignetes Verfahren aus den drei angegebenen Methodenklassen bzw. eine Kombination dieser Verfahren gewählt werden. Eine vergleichende Darstellung verschiedener Methoden findet man beispielsweise in [3-18].

Falls ein Anwender über Erfahrungswissen zur Auswertung der Daten verfügt, so sollte dieses Wissen in den Analyseprozeß einbezogen werden. Die Klasse der wissensbasierten Methoden stellt entsprechende Ansätze zur Verfügung. Trotz der bereits erzielten Fortschritte im Bereich der automatischen Erstellung solcher Systeme wird in den meisten Fällen eine explizite Formulierung des Expertenwissens vorausgesetzt.

Falls ein Experte sein Wissen zur Datenauswertung zwar nicht explizit formulieren kann, dieses aber in seinen Entscheidungen zur Lösung konkreter Problemstellungen erwiesenermaßen einsetzt, so können neuronale Ansätze zur Datenanalyse gewählt werden. In solchen Fällen dienen diese Entscheidungen als Beispiele mit denen entsprechende Netzstrukturen trainiert werden können.

Algorithmische Verfahren zur Datenanalyse bieten sich an, falls Erfahrungswissen weder explizit formuliert werden kann noch in Form von Beispielen implizit vorliegt. In solchen Fällen dienen die entsprechenden Ansätze zur Informationsgewinnung aus den Daten. Im Gegensatz zu den ersten beiden Methodenklassen wird also kein Wissen (explizit formuliert oder implizit in Form von Beispielen) über Ursache-Wirkungszusammenhänge zur Analyse benötigt. Statt dessen generieren diese Verfahren das Wissen, das in den Daten vorhanden ist.

Nach dieser einleitenden Übersicht über Methoden zur Datenanalyse werden einige spezielle Verfahren aus den drei Bereichen angegeben. Der Schwerpunkt der Betrachtungen liegt dabei auf den jeweiligen Fuzzy Ansätzen.

3.2.2.1 Algorithmische Ansätze zur Datenanalyse

Zu den algorithmischen Methoden der Datenanalyse zählen beispielsweise Clusterverfahren. Dabei wird unterschieden zwischen hierarchischen Methoden, graphentheoretischen Ansätzen und Verfahren mit Zielfunktion [2-2].

Generelles Ziel bei der Anwendung dieser Ansätze ist es, Objekte zu Klassen zusamenzufassen. Jedes Objekt kann dabei eine Zugehörigkeit zu den jeweiligen Klassen aufweisen.

Hierarchische Methoden erzeugen eine Hierarchie möglicher Klasseneinteilungen [3-19]. Dabei gibt es zwei mögliche Vorgehensweisen:

- Alle Objekte gehören einer Klasse an. Sukzessiv werden nun neue (Teil-) Klassen erzeugt, die zu einer "sinnvolleren" Klassenbildung führen. Bei diesem Vorgehen, das divisive hierarchische Clusterung heißt wird [3-20], werden also bestehende Klassen in neue Klassen geteilt.

- Jedes Objekt repräsentiert eine Klasse. Es werden nun sukzessiv Klassen miteinander verschmolzen, bis die gewünschten Klassen vorliegen. Dieses Vorgehen wird agglomerative hierarchische Clusterung genannt. Ein spezieller Ansatz zu dieser Vorgehensweise ist in [3-21] dargestellt.

Beispiel 3-3 illustriert das Vorgehen beim agglomerativen hierarchischen Clustern.

Beispiel 3-3

Gegeben seien 5 Objekte, die durch die Punkte A, B, C, D und E im Merkmalsraum repräsentiert seien.
Die Zahlen in Bild 3-10 geben Abstände zwischen jeweils zwei Punkten an. Sind keine Angaben vorhanden, so bedeutet dies, daß der Abstand zwischen den zugehörigen Objekten als unendlich (∞) interpretiert wird.

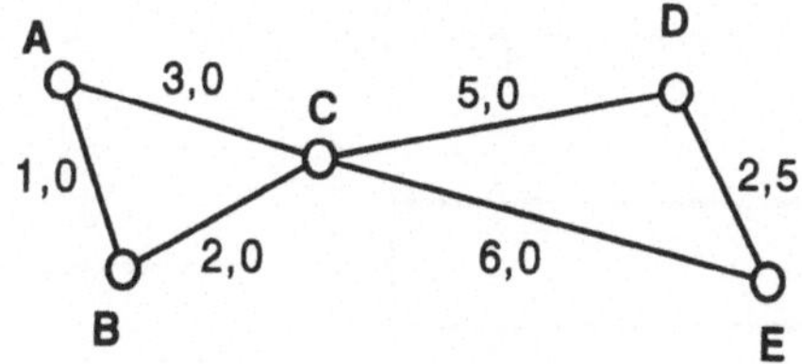

Bild 3-10: Beziehungen zwischen den Objekten

Das Ergebnis einer hierarchischen Clusterung kann graphisch in Form eines sogenannten Dendrogramms dargestellt werden. Eine mögliche Anwendung hierarchischer Verfahren ist die Bestimmung einer geeigneten Klassenzahl.

An diesem Fall werden zwei Verfahren der agglomerativen hierarchischen Clusterung vorgestellt:

- Single Linkage (Einfache Verbindung)
- Complete Linkage (Vollständige Verbindung)

In beiden Fällen werden sukzessiv jeweils zwei Klassen verschmolzen.

Single Linkage

Es werden die zwei Klassen vereinigt, für die der **minimale** Abstand zwischen je zwei Objekten aus unterschiedlichen Klassen minimal ist.

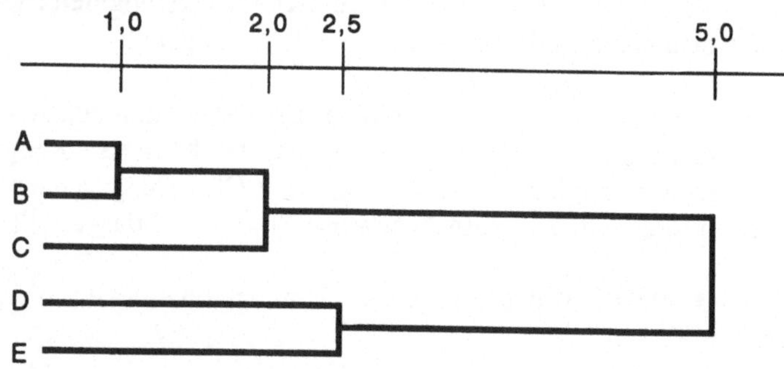

Bild 3-11a: Dendrogramm für Single Linkage

Complete Linkage

Es werden die zwei Klassen vereinigt, für die der **maximale** Abstand zwischen je zwei Objekten aus unterschiedlichen Klassen minimal ist.

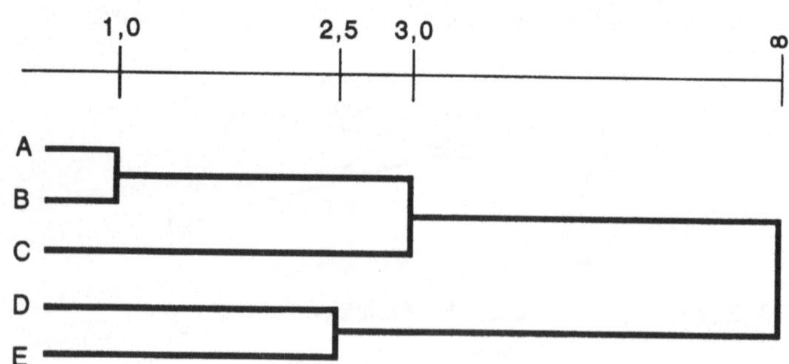

Bild 3-11b: Dendrogramm für Complete Linkage

Graphentheoretische Ansätze stellen die Beziehungen zwischen Objekten in Form eines Graphen dar. Die entsprechenden Ansätze zur Klassenbildung werden an dieser Stelle nicht ausführlicher beschrieben. Eine Darstellung findet man beispielsweise in [3-22].

Verfahren mit Zielfunktion führen zu Klassen, die eine geeignet gewählte Funktion minimieren [3-23]. Dabei können unterschiedliche Kriterien betrachtet werden. Häufig wird der Abstand der Objektdarstellungen im Merkmalsraum als Zielgröße herangezogen. Ein spezieller Ansatz, der über eine solche Zielfunktion gesteuert wird, ist der sogenannte Fuzzy c-means Algorithmus (FCM) [3-23], der im folgenden angegeben wird.

FCM-Verfahren (Fuzzy c-means)

Dieser Algorithmus, der auf dem klassischen Isodata-Verfahren von Ball und Hall [3-24] aufbaut, ist selbst heute, fast 20 Jahre nach seiner Entwicklung, noch Gegenstand zahlreicher Veröffentlichungen [3-25, 3-26]. Das Verfahren hat sich in vielen Aufgabenstellungen bewährt und vermeintlich neuere Verfahren bestehen lediglich aus einer geringfügigen Modifikation des FCM.

Schritt 1
Man gibt die Klassenzahl c vor, wobei c größer als zwei und kleiner als die Objektzahl I sein muß. Weiterhin müssen die Zugehörigkeiten μ_{ij} des j-ten Objekts zur i-ten Klasse angegeben werden. Außerdem muß der Parameter m für die Gleichungen (1) und (2) bestimmt werden. Auf dessen Bedeutung wird später noch eingegangen.

Schritt 2
Mit Gleichung (1) werden aus den vorgegebenen Zugehörigkeiten μ_{ij} die Klassenschwerpunkte v_i der Klassen bestimmt.

(1) $$v_i = \frac{\sum\limits_{j=1}^{I} (\mu_{ij})^m X_j}{\sum\limits_{j=1}^{I} (\mu_{ij})^m}, \qquad \forall i = 1,\ldots,c$$

Schritt 3
Aus den neu berechneten Klassenzentren v_i werden mit (2) die neuen Zugehörigkeiten ermittelt.

(2) $$\mu_{ij} = \frac{1}{\sum\limits_{k=1}^{c} \left(\frac{d_{ij}}{d_{kj}} \right)^{\frac{2}{m-1}}}, \qquad \forall i = 1,\ldots,c \quad \forall i = 1,\ldots,I$$

Schritt 4
Durch den Vergleich der neuen Zugehörigkeitsmatrix $\Theta^{(t+1)}$, deren Elemente die neuen Zugehörigkeitswerte μ_{ij} sind, mit der alten Matrix $\Theta^{(t)}$ wird der Abbruch des Verfahrens nach (3) gesteuert. Ist der Euklidische Abstandswert der Matrizen kleiner als ein vorgegebener Wert e_t, so stoppt der Algorithmus. Im anderen Fall wird beginnend bei Schritt zwei ein neuer Iterationszyklus gestartet.

(3) $$\left\|\Theta^{(t+1)} - \Theta^{(t)}\right\| \leq e_t$$

Um die Konvergenzeigenschaft des Algorithmus sicherzustellen, müssen zwei Nebenbedingungen erfüllt sein:
Die Summe der Zugehörigkeitswerte eines Objekts muß eins ergeben, d. h.

(4) $$\sum_{i=1}^{c} \mu_{ij} = 1, \quad \forall j = 1,\ldots,I$$

und für die Zugehörigkeitswerte muß gelten: $\mu_{ij} \in [0,1]$ für alle $i = 1,\ldots,c$ und $j = 1,\ldots,I$.
Der FCM liefert neben der Lage der Klassenschwerpunkte mit Hilfe von (2) Zugehörigkeitswerte der einzelnen Objekte zu den verschiedenen Klassen. Diese Resultate können dann als Grundlage einer Klassifikation neuer unbekannter Objekte dienen.

Das Ergebnis des Algorithmus kann mit zwei Parametern beeinflußt werden. Das Abbruchkriterium e_t bestimmt die Zahl der Iterationen und damit verbunden die Genauigkeit des Ergebnisses. Es empfiehlt sich unter Berücksichtigung der Genauigkeit der Eingangsdaten e_t nur so klein wie nötig (i. a. $e_t \approx 0.01$) zu wählen. Die Zahl der Iterationen und damit die Rechenzeit steigt mit der Verkleinerung von e_t spürbar an.

Der Parameter m in den Exponenten der Gleichungen (1) und (2) bestimmt den Grad der Unschärfe der Resultate. Für $m \rightarrow 1$ nähert man sich dem scharfen Clusterergebnis, das auch der klassische Isodata liefert. Für $m \rightarrow \infty$ streben die Zugehörigkeitswerte μ_{ij} der Objekte gegen den reziproken Wert 1/c der Klassenzahl.

Bis jetzt ist noch kein theoretisches Konzept zur optimalen Wahl des Parameters m entwickelt worden. Eine kürzlich erschienene Arbeit verwendet die Fuzzy Decision Theory als Grundlage zur optimalen Parameterbestimmung [3-25]. In vielen Fällen hat sich zwei als Wert für m bewährt [3-23].

Vorteile hat die Wahl des Euklidischen Distanzmaßes zur Bestimmung der Abstände d_{ij}, da die Ergebnisse leichter interpretierbar sind.

Ein Nachteil des Verfahrens ist es, daß nur bei einer hyperkugeligen Struktur der Klassen sinnvolle Ergebnisse erzielt werden. Langgestreckte Klassen werden durch diesen Algorithmus nicht erkannt. Liegen solche Klassenformen vor, empfiehlt sich die Verwendung verallgemeinerter Cluster-Algorithmen [3-3].

Die mittels der angegebenen Methoden erzeugten Klassen sollten nach Möglichkeit eine sinnvolle inhaltliche Interpretation zulassen. Aus diesem Grund müssen die gefundenen Klassen mittels geeigneter Gütekriterien beurteilt werden. In der Literatur sind zu diesem Zweck u. a. die folgenden Maßzahlen vorgeschlagen worden [3-28]:

- Partitionskoeffizient
- Partitionsentropie
- Proportionsexponent

Zur Vorstellung dieser Größen seien die folgenden Bezeichnungen vorausgesetzt:
Es liegen I Objekte vor, die in c Klassen eingeteilt wurden. μ_{ij} sei die Zugehörigkeit von Objekt j zu Klasse i (j = 1,...,I; i = 1,...,c). m_k sei dabei die größte ganze Zahl kleiner oder gleich $\frac{1}{\mu_k}$ mit

$$\mu_k := \max \{\mu_{jk}; i = 1,...,c\}.$$

Partitionskoeffizient (pk): $$pk = \sum_{j=1}^{I}\sum_{i=1}^{c}\frac{(\mu_{ij})^2}{I}$$

Partitionsentropie (pe): $$pe = -\frac{1}{I}\sum_{j=1}^{I}\sum_{i=1}^{c}\mu_{ij}\log_e \mu_{ij}$$

Partitionsexponent (pex): $$pex = -\log_e \prod_{j=1}^{I}\sum_{i=1}^{m_k}(-1)^{i+1}\binom{c}{i}(1-\mu_{ij})^{c-1}$$

Für diese Größen existieren die folgenden Beziehungen:

$$\frac{1}{c} \leq pk \leq 1,\ 0 \leq pe \leq \log_e c,\ 0 \leq pex < \infty.$$

3.2.2.2 Wissensbasierte Methoden zur Datenanalyse

Die Grundlagen der wissensbasierten Systeme sind bereits in Kapitel 2 dargestellt worden. Hier wird gezeigt, wie mit solchen Systemen eine Analyse von Daten vorgenommen werden kann, falls ein erfahrener Anwender das Wissen über die entsprechende Auswertung besitzt. Dabei werden die Begriffe wissensbasiertes System und Expertensystem synonym benutzt. Für eine Abgrenzung dieser Ausdrücke sei auf Kapitel 2 verwiesen.

Im Bereich der wissensbasierten Datenanalyse entspricht die Wissensakquisition, die zur Erstellung eines wissensbasierten Systems durchgeführt wird, der Klassenbildung. Dabei wird das Wissen über Ursache-Wirkungszusammenhänge erfaßt und in der Wissensbasis eines wissensbasierten Systems abgelegt. Dies ermöglicht die Abbildung von Objekten zu Klassen. Die eigentliche Klassifikation erfolgt danach durch den Schritt der Inferenz in einer speziellen Anwendungssituation. Dabei wird ein Objekt wissensbasiert den zuvor hergeleiteten Klassen zugeordnet. Die Grundlagen der Inferenz sind bereits in Kapitel 2 angegeben worden. Daher wird hier im wesentlichen nur auf Methoden zur Erstellung wissensbasierter Systeme hingewiesen.

Wissensakquisition besteht aus dem Wissenserwerb und der Implementierung dieses Wissens in der Wissenbasis. Im folgenden werden die in der Literatur genannten fünf Phasen der Wissensakquisition dargestellt [3-30].

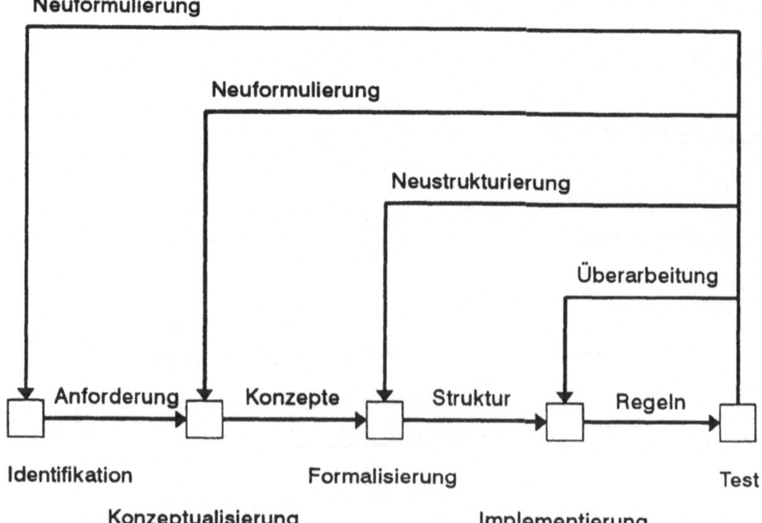

Bild 3-12: Phasen der Wissensakquisition, Quelle: [3-30]

Zu den nicht-automatischen Verfahren des Wissenserwerbs zählt beispielsweise das **Interview.** Diese wichtigste Methode des Wissenserwerbs kann sowohl als Einstieg in die Expertensystementwicklung als auch zur Klärung von im Verlauf der Implementierung entstehenden Problemen sinnvoll angewendet werden. Daher eignet sich das Interview besonders in den ersten Stufen des oben dargestellten Phasenmodells der Wissensakquisition zum Erwerb des Expertenwissens.

Außer dieser Methode des Wissenserwerbs existieren noch einige andere Ansätze zur Unterstützung der nicht-automatischen Akquisition [3-29]. Diese weisen neben den bekannten Vorteilen u. a. die folgenden Nachteile auf. Einerseits verursachen sie einen hohen Aufwand bei der Erstellung eines wissensbasierten Systems. Andererseits kann damit nur das vom Experten explizit formulierte Wissen erworben werden. Die Akquisition neuen Wissens ist also nicht möglich.

Vorschläge zur Verbesserung dieser Nachteile stammen aus dem Bereich des maschinellen Lernens. Nachfolgend wird ein solcher Ansatz zur automatischen Wissensakquisition und dessen Verallgemeinerung um Fuzzy Konzepte beschrieben. Einen Überblick über weitere Ansätze aus dem Bereich der Wissensakquisition gibt z. B. [3-31].
Der hier betrachtete Algorithmus ID3 erzeugt Wenn-Dann-Regeln aus Beispielen von Expertenentscheidungen. Damit kann zum einen der Aufwand bei der Erstellung des wissensbasierten Systems verringert werden und zum anderen besteht die Möglichkeit, neues Wissen zu erfassen. Der Algorithmus ID3 gehört zur Klasse der Induktionsalgorithmen, bei denen induktiv vom Speziellen (Beispielen) aufs Allgemeine (Wenn-Dann-Regeln) geschlossen wird. Dieses Verfahren erzeugt einen Entscheidungsbaum, der in die entsprechenden Regeln transformiert werden kann. Dabei enthalten die Knoten des Entscheidungsbaums jeweils eine Teilmenge der zugrundegelegten Trainingsbeispiele. Ein solches Beispiel besteht aus den Ausprägungen der Merkmale und der Entscheidung, die ein Experte in der jeweiligen Situation getroffen hat. Es handelt sich dabei also um das sogenannte überwachte Lernen. Ein Knoten wird **homogen** genannt, falls er nur Beispiele mit identischer Konzeptzuordnung enthält; sonst heißt ein Knoten **nicht-homogen** [3-32].

Algorithmus zum Baumaufbau

Fasse alle Beispiele in einem Knoten - der Wurzel des aufzubauenden Baumes - zusammen.

Solange der vorliegende Entscheidungsbaum noch nicht-homogene Blätter enthält, führe die folgenden vier Schritte aus.

(1) Nimm ein beliebiges nicht-homogenes Blatt und bezeichne dieses als **aktuelles Blatt**.
(2) Lege die Menge der Attribute fest, nach denen auf dem Weg von der Wurzel bis zu dem aktuellen Blatt noch nicht aufgespalten wurde, und bezeichne diese als **aktuelle Attributmenge**.
(3) Wähle aus der aktuellen Attributmenge ein Attribut aus, nach dem am aktuellen Blatt weiter aufgespalten werden soll und bezeichne dieses Attribut als **aktuelles Attribut**. Das Kriterium für diese Auswahl ist in den folgenden Bemerkungen angegeben.
(4) Führe am aktuellen Blatt die Aufspaltung bezüglich des aktuellen Attributes durch, indem:
   - für jede mögliche Ausprägung des aktuellen Attributes ein neues Blatt das aktuelle Blatt angehängt wird und
   - alle Beispiele aus dem aktuellen Blatt entsprechend ihrer Ausprägung bezüglich des aktuellen Attributes in die neuen Blätter übergeben werden.

In Bild 3-13 ist das Vorgehen und Ergebnis dieses Induktionsalgorithmus' veranschaulicht. Dabei ist die dargestellte Anwendungsdomäne dadurch charakterisiert, daß ein Experte über den Kauf eines Autos entscheidet. Diese Kaufentscheidung basiert auf den Ausprägungen der betrachteten Attribute "Farbe" und "Autotyp" und kann die Ergebnisse "kaufen" oder "nicht-kaufen" annehmen.

Das Kriterium für die Auswahl des aktuellen Attributs, das in Schritt (3) in obigem Algorithmus benutzt wird, basiert auf dem Begriff der Entropie eines Knotens.

Für den betrachteten Fall ist die zugehörige Entropie E gegeben durch [3-33]:

$$E(\mathrm{K}) = - p_1 * \log_2 p_1 - p_2 * \log_2 p_2$$

Dabei ist K der betrachtete Knoten, p_1 die relative Häufigkeit der positiven Beispiele in Knoten K und p_2 die relative Häufigkeit der negativen Beispiele in Knoten K. Es gilt also: $p_1 + p_2 = 1$. Der Ausdruck $0*\log_2 0$ wird als 0 festgelegt.

Beispiel	Farbe	Autotyp	Entscheidung
A 1	weiß	L	ja
A 2	weiß	S	nein
A 3	rot	L	ja
A 4	blau	L	nein
A 5	blau	L	nein
A 6	weiß	L	ja
A 7	blau	S	nein
A 8	rot	S	ja

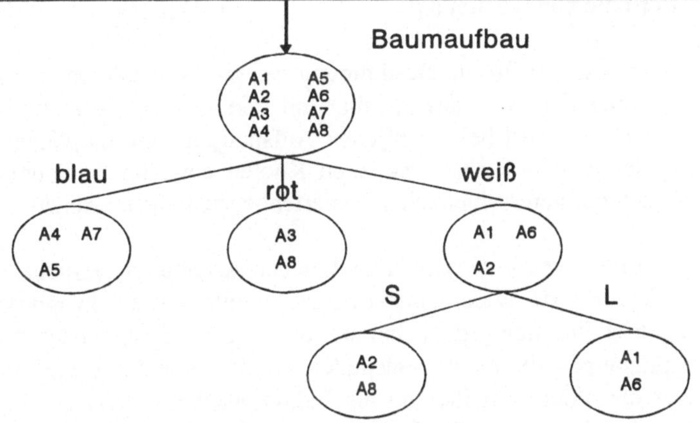

Bild 3-13: Baumaufbau mittels ID3, Quelle: [3-29]

Mit der so definierten Entropie gilt für einen beliebigen Knoten K:

- $E(\mathrm{K}) \geq 0$ und
- $E(\mathrm{K}) = 0 \Leftrightarrow p_1 = 0$ oder $p_2 = 0$.
  Insbesondere gilt: Die Entropie eines homogenen Knotens ist 0.
- Die Entropie von K ist maximal, genau dann wenn K gleich viele positive wie negative Beispiele enthält, d. h. falls $p_1 = p_2$ gilt.

Falls beim Aufbau eines Entscheidungsbaumes für einen betrachteten nicht-homogenen Knoten K mehrere Attribute für eine Aufspaltung in Frage kommen, so wird basierend auf der oben eingeführten Entropie eines Knotens der Informationsgehalt (IG) eines jeden Attributes bestimmt.

$$\mathrm{IG} = \sum_{i=1}^{M} P_i * E(K_i)$$

Dabei ist:

M	Anzahl der Ausprägungen des betrachteten Attributes
P_i	Wahrscheinlichkeit dafür, daß ein beliebiges Beispiel des Knotens K die i-te Ausprägung des betrachteten Attributes annimmt. Diese Größe wird als relative Häufigkeit der i-ten Ausprägung des betrachteten Attributes aller Beispiele im Knoten K angenommen. $i = 1,\ldots,M$
K_i	i-ter Folgeknoten des Knotens K $\quad i = 1,\ldots,M$
$E(K_i)$	Entropie von Knoten K_i $\quad i = 1,\ldots,M$

Die Entscheidungsregel für die Bestimmung des zur Aufspaltung zu verwendenden Attributes sieht vor, das Attribut mit minimalem Informationsgehalt auszuwählen. Damit wird bei einer jeden Aufspaltung eine möglichst starke Separierung der in dem nicht-homogenen Knoten enthaltenen Trainingsbeispiele bezüglich der unterschiedlichen Expertenbeurteilungen erreicht.

Dieser Algorithmus wurde bereits in zahlreichen Arbeiten untersucht, bei denen mittels ID3 scharfe Wenn-Dann-Regeln erzeugt werden. In industriellen Anwendungen stellte sich jedoch heraus, daß die Forderung nach scharfen Attributausprägungen oft nicht eingehalten werden konnte. Daher wird an dieser Stelle die Verallgemeinerung als Induktionsalgorithmus zur Generierung entsprechender unscharfer Regeln kurz angegeben; eine ausführliche Darstellung findet man in [3-29].

Der Algorithmus ID3 fordert sowohl für die Merkmale (Attribute), die eine Entscheidungssituation beschreiben, als auch für die Ergebnisse der jeweiligen Expertenentscheidungen endlich viele, nominal beschriebene Ausprägungen.

Hier werden induktive Lernverfahren beschrieben, die in Entscheidungssituationen mit numerischen Attributausprägungen und nominal ausgeprägten Ergebnissen angewendet werden können. Daran anschließend erfolgt die Erweiterung auf den Fall numerisch ausgeprägter Ergebnisse der Expertenentscheidungen. Damit können beispielsweise Wenn-Dann-Regeln für eine Fuzzy Control Anwendung automatisch erzeugt werden.

Wie bisher angesprochen, können sowohl die eine Entscheidungssituation charakterisierenden Merkmale (Attribute) als auch die Ergebnisse einer Entscheidung nominal bzw. numerisch ausgeprägt sein. Daraus ergeben sich rein kombinatorisch vier verschiedene Ansätze, die in Bild 3-14 systematisch dargestellt sind.

Ausprägung der ... Ergebnisse / Attribute	nominal	numerisch
nominal	ID 3 [Quinlan 1979]	F - ID 3
numerisch	F - ID 3 für Fuzzy XPS	F - ID 3 für Fuzzy Control

Bild 3-14: Darstellung der Klasse Fuzzy ID3, Quelle: [3-29]

Der Übergang von nominal zu numerisch ausgeprägten Attributen erfolgt durch eine Generalisierung des bei ID3 verwendeten Wahrscheinlichkeitsbegriffs. Statt der Wahrscheinlichkeit für das Eintreten der nominal ausgeprägten Attribute wird hier die entsprechende Wahrscheinlichkeit unscharfer Ereignisse betrachtet. Die Verarbeitung numerischer Ergebnisausprägungen erfordert die entsprechende Verallgemeinerung der verwendeten Entropie.

Damit sind einige Methoden und Vorgehensweisen zur Wissensakquisition vorgestellt. Diese können zur Klassenbildung in der wissensbasierten Datenanalyse eingesetzt werden. Ansätze aus dem Bereich der Inferenz, die der Klassifikation von Objekten dient, sind in Kapitel 2 vorgestellt (vgl. auch [3-6]).

3.2.2.3 Neuronale Ansätze zur Datenanalyse

Sowohl die Neuronalen Netze, als auch die Fuzzy Logik kommen meist da zum Einsatz, wo das zur Problemlösung benötigte Wissen nur sehr ungenau ist oder, bedingt durch die Komplexität des betrachteten Systems, unstrukturiert vorliegt. Beide Systeme verzichten auf eine mathematische Modellierung des Problems und versuchen vielmehr das menschliche Entscheidungsverhalten nachzubilden. Sie werden daher auch unter der Bezeichnung "model free estimators" zusammengefaßt [3-33], die versuchen, für eine bestimmte

Eingabe eine Ausgabe abzuschätzen, ohne dabei ein geschlossenes mathematisches Modell zu verwenden.

Während Fuzzy Systeme die heuristische Abbildung menschlichen Wissens zur Problemlösung erlauben, benutzen Neuronale Netze Beispiele bestimmter Problemlösungen, um daraus das zugrundeliegende Wissen abzuleiten. Ansätze aus dem Bereich der Neuronalen Netze sollen an dieser Stelle nicht weiter vertieft werden; ein detaillierte Darstellung der entsprechenden Konzepte findet man beispielsweise bei [3-34], [3-35], [3-36].

Es werden einige der für dieses Buch wichtigsten Verbindungen von Neuronalen Ansätze und Fuzzy Systemen kurz angegeben.

- Optimierung von Fuzzy Systemen durch Neuronale Netze
- Verbesserung Neuronaler Netze durch Fuzzy Logik
- Erstellen von hybriden Systemen

Optimierung von Fuzzy Systemen durch Neuronale Netze

Zum einen kann das Verhalten von Fuzzy Systemen durch neuronale Techniken optimiert werden. In diesem Bereich liegt auch der Schwerpunkt der bisherigen Arbeiten. Neuronale Netze werden dabei vorwiegend zur Modellierung der Zugehörigkeitsfunktion, zur Adaption der Regelgewichte aber auch zur Regelgenerierung eingesetzt [3-37].

Verbesserung Neuronaler Netze durch Fuzzy Logik

Der zweite Entwicklungspunkt zur Verbindung beider Systeme ist der Einsatz von Fuzzy Logik in Neuronalen Netzen. Hierbei wird im wesentlichen versucht das Lernverhalten Neuronaler Netze zu verbessern [3-38]. Mit Hilfe von Fuzzy Regeln kann beispielsweise eine Anpassung der Lernrate vorgenommen werden. Fuzzy Logik kann auch zur Vorverarbeitung der Daten benutzt werden um so die Leistung des Netzes zu verbessern. Ein wichtiger Kritikpunkt an den Neuronalen Netze ist das sogenannte "black box" Verhalten. Auch hier wird Fuzzy Logik eingesetzt um das Verhalten der Netze zu interpretieren und so deren Arbeitsweise übersichtlicher zu gestalten. Ein weiterer Ansatzpunkt ist die Verarbeitung unscharf formulierter Information in neuronalen Netzen. Beispielsweise könnten auch Terme linguistischer Variabler als Input bzw. Output entsprechender Netzstrukturen verwendet werden [3-39].

Erstellen von hybriden Systemen

Als dritte mögliche Verbindung werden beide Systeme oft unabhängig voneinander in Systeme integriert. Dies geschieht durch den parallelen oder seriellen Einsatz der beiden Techniken. Möglich ist auch der Einsatz Neuronaler Netze zur Simulation von Maschinenverhalten, wodurch Fuzzy Control Anwendungen leicht getestet werden können.

Spezielle Fuzzy Neuro-Ansätze aus den genannten Bereichen sind beispielsweise zur Verallgemeinerung des Kohonen-Netzwerks [3-40] und der Adaptiven Resonanz Theorie (ART) [3-41] vorgeschlagen worden.

Zum Abschluß der Methodendarstellung gibt Bild 3-15a einen Überblick über die beschriebenen Ansätze.

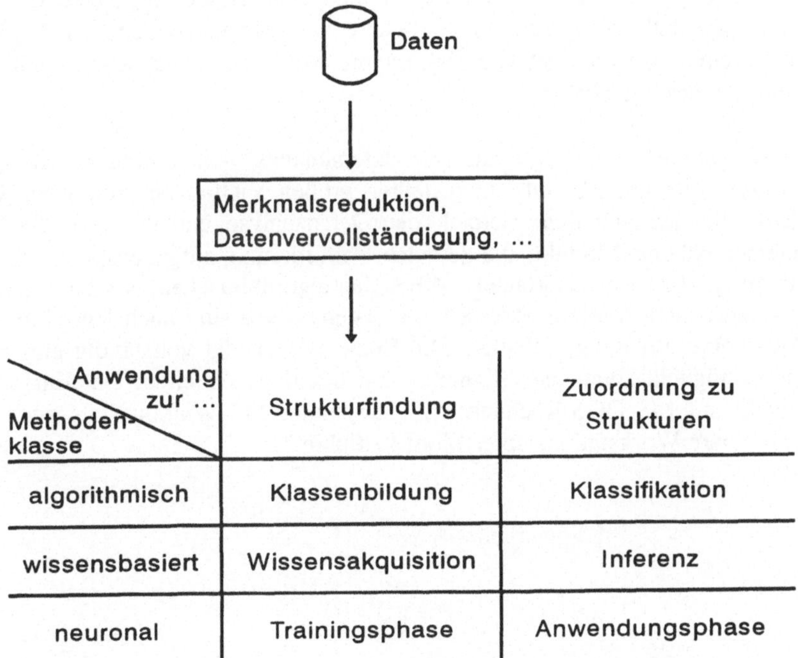

Bild 3-15a: Zuordnung von Methoden zu Bereichen der Datenanalyse

Weiterführende Informationen zur Fuzzy Datenanalyse sind beispielsweise in [3-42], [3-43] enthalten.

3.2.3 Anwendungen und Werkzeuge zur Datenanalyse

In diesem Abschnitt werden industrielle Realisierungen aus dem Bereich Datenanalyse vorgestellt. Typische Anwendungen der Fuzzy Datenanalyse sind z. B.:

- Erkennung von Ölverunreinigungen [3-44],
- Spezifikation von Prüfmerkmalen und Prüfentscheidungen [3-45],
- Störgrößenausblendung [3-46],
- Ultraschall-Füllstandsmessung [3-47].

Diese Anwendungen zu Fuzzy Technologien beschreiben einen Teil der zur Zeit laufenden Projektrealisierungen. Im folgenden werden zwei Anwendungen zur Datenanalyse ausführlicher beschrieben. In der ersten dieser beiden Anwendungen wurde die Software-Toolbox DataEngine eingesetzt, die hier kurz vorgestellt wird; eine ausführlichere Darstellung ist gegeben in [3-7]. Eine weitere Anwendung von DataEngine wurde zur akustischen Qualitätskontrolle durchgeführt [3-48].

DataEngine ist ein Programm zur Unterstützung von Datenauswertungen. Aufgrund der oben bereits dargestellten großen Vielfalt bei möglichen Problemstellungen aus dem Bereich der Datenanalyse enthält diese Toolbox unterschiedliche Module, die je nach Anforderung aufgabenspezifisch zusammengestellt werden können. Neben den algorithmischen, wissensbasierten und neuronalen Methodenklassen zur Datenanalyse sind auch Verfahren zur Datenvorverarbeitung enthalten. Die Bedienung erfolgt vollständig graphisch und ermöglicht somit ein effizientes und intuitives Arbeiten. DataEngine ist sowohl auf MS-DOS-Rechnern (ab 386) unter MS-Windows als auch auf SUN Sparc Workstations unter Motif lauffähig.

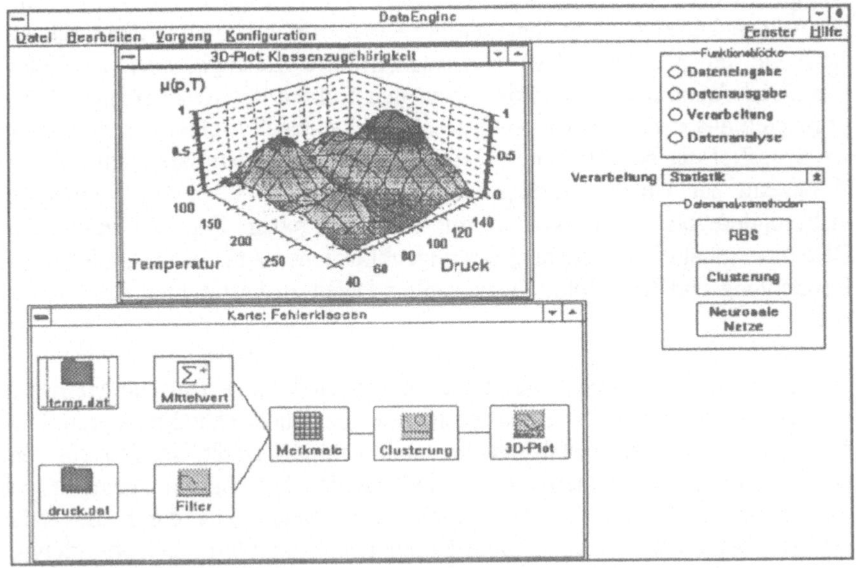

Bild 3-15b: Bildschirmfoto von DataEngine

3.2.3.1 Störungsmanagement in verfahrenstechnischen Anlagen

Diese Anwendung der Fuzzy Datenanalyse wurde in einem Unternehmen der petrochemischen Industrie durchgeführt. Detailliertere Ergebnisse sind in [3-49] dargestellt. Eine Übertragung auf allgemeine Problemstellungen des Störungsmanagements läßt sich leicht vornehmen.

Problembeschreibung

Die hier betrachtete Anlage dient der Verarbeitung von Naphtha (Leichtbenzin). Dieses Eingangsprodukt wird bei Temperaturen über 800° C im sogenannten Krackofen in unterschiedliche Kohlenwasserstoffe gespalten (gekrackt). Bei diesem Prozeß neigt das Naphtha dazu, an den Rohren des Ofens zu verkoken. Dieses Verkokungsphänomen führt zu einem schlechteren Wärmeübergang und damit zu einem höheren Energieverbrauch. Dieses hat eine erhöhte Materialbelastung der Krackrohre zur Folge. Deshalb sind die Rohre regelmäßig zu entkoken, was eine Trennung der jeweiligen Teilanlage vom Verfahrensfluß bedingt.

Die gemessenen Verfahrenswerte enthalten Abhängigkeiten, die den beteiligten Anlagenbetreibern trotz langjähriger Krackererfahrung noch nicht bekannt sind. Ziel einer Datenanalyse ist zunächst, diese Abhängigkeiten zu finden. Der Grad der aktuellen Verkokung an den Rohren der Krackanlage könnte prinzipiell aus einer solchen Analyse der vorhandenen Meßwerten gewonnen werden. Ziel der beschriebenen Datenanalyse war es, dem Anlagenfahrer ein Werkzeug zur Unterstützung seiner Entscheidungen beim Anlagenbetrieb, insbesondere bei der Entkokung zur Hand zu geben. Zur Zeit nimmt das Bedienpersonal die Beurteilung des augenblicklichen Anlagenzustandes durch Betrachtung und Bewertung ausgewählter Daten zu bestimmten Zeitpunkten vor.

Grundlage der hier vorgestellten Datenanalyse sind einige Tausend Meßwerte die den Anlagenzustand in einem bestimmten Zeitpunkt charakterisieren. Diese werden in kurzen Zeitabständen wiederkehrend erfaßt, so daß ein sehr umfangreiches Datenmaterial als Grundlage des Störungsmanagements zur Verfügung steht. Statt der oben geschilderten Beurteilung durch die Anlagenbetreiber könnte eine Software-Komponente zur On-Line Datenanalyse, die in das vorhandene Prozeßleitsystem integriert wird, eine effizientere Auswertung der Meßdaten vornehmen.

Lösungsansatz

In der hier beschriebenen Anwendung wurden die oben vorgestellten algorithmischen Verfahren zur Fuzzy Cluster-Analyse eingesetzt. Objekte der Datenanalyse sind die Anlagenzustände zu bestimmten Meßzeitpunkten. Die Merkmale sind durch die Meßwerte gegeben, die in einer vorgeschalteten Betrachtung auf ihre Relevanz untersucht wurden. Die beiden aus der Klassenbildung resultierenden unscharfen Klassen geben den inhaltlich beschriebenen Zustand der Anlage ("verkokt", "nicht verkokt") wieder.

Die Zugehörigkeitswerte der Objekte zu diesen Klassen können über die Zeit des Ofenbetriebs dargestellt werden. Daraus erkennt man, daß mit zunehmender Produktionsdauer die Zugehörigkeitswerte der Ofenzustände zu der Klasse "verkokt" ansteigen. Diese Zugehörigkeitswerte sind demnach ein Maß für den Verkokungsgrad des Ofens. Mit Hilfe der Fuzzy Klassifikation wurde demnach ohne Aufstellung eines starren mathematischen Modells, das zwangsläufig mit entsprechenden Näherungen arbeitet, eine Zielgröße für den Anlagenzustand erhalten. Anhand dieser Zielgröße läßt sich absehen, wann ein Ofen zur Entkokung vom Verfahrensfluß getrennt werden muß. Insgesamt erhält der Anlagenbetreiber damit verdichtete Information über den Zustand der Anlage. Für die regelmäßig durchzuführenden Entkokungsmaßnahmen an den Öfen kann aus den sehr umfangreichen und daher kaum noch zu überschauenden Prozeßdaten auf den Grad der Verkokung geschlossen werden. Diese Information ist komprimiert darstellbar und dient damit u. a. als Grundlage für die zu treffenden Entscheidungen wie beispielsweise kurzfristige Personaleinsatzplanung der zur Verfügung stehenden Mitarbeiter.

3.2.3.2 Optimierung des Betriebszustands einer Erdölraffinierungsanlage

In dieser Anwendung wird gezeigt, wie die Analyse der Prozeßdaten einer Erdölraffinierungsanlage zur Optimierung des Betriebszustands beiträgt, die detaillierte Darstellung ist enthalten in [3-50]. Während in der obigen Realisierung zum Störungsmanagement in verfahrenstechnischen Anlagen ein Lösungsansatz mit algorithmischen Methoden der Fuzzy Datenanalyse gewählt wurde, erfolgt hier der Einsatz entsprechender wissensbasierter Konzepte.

Problembeschreibung

Über 30 verschiedene Rohölsorten können als Eingangsstoffe der Raffinerie auftreten. Diese werden in Rohöltanks gelagert, wobei es auch zur Mischung der unterschiedlichen Ölsorten kommt. Daher können sich die Spezifikationen des Öls täglich ändern. Anschließend wird das Rohöl entsalzen bevor es in die Fraktionierkolonne gelangt. Zwischen dem Entsalzer und der Fraktionierkolonne befindet sich eine Pumpe und ein Ofen. An der Pumpe ist die Förderrate des Rohöls einzustellen. Danach muß die geeignete Temperatur des Ofens festgelegt werden. Diese beiden Größen haben Einfluß auf den Austrag und die Qualität der verschiedenen Fraktionen (Naphtha, Kerosin, Benzin, ...) der Kolonne. Ziel ist die optimale Bestimmung dieser beiden Größen "Rohölförderrate der Pumpe" und "Heiztemperatur des Ofens". Dabei müssen bestimmte Kapazitätsbeschränkungen der einzelnen Teilanlagen, die Rohölförderkapazität und die Austragskapazitäten berücksichtigt werden. Bild 3-16 gibt einen schematischen Überblick der beschriebenen Anlage.

Lösungsansatz

Aufgrund der oben kurz geschilderten sehr komplexen Situation konnte kein geschlossenes mathematisches Modell aufgestellt werden. Diese Erkenntnis führte zur Entwicklung eines wissensbasierten Fuzzy Systems, das die Erfahrungen der Anlagenbediener zur Lösung des beschriebenen Problems verwendet. Dazu diente die Untersuchung zahlreicher Betriebszustände der vergangenen zwei Jahre. Zu jedem dieser Zustände gab ein Anlagenfahrer, der die Erdölraffinierungsanlage aufgrund seiner Erfahrungen sehr gut steuern konnte, seinen Vorschlag zur Einstellung der Rohölförderrate und der Heiztemperatur. Aus diesen Beispielen zur Fahrweise wurde ein wissensbasiertes Fuzzy Modell zur Steuerung der Anlage erstellt. Der konkrete Aufbau erfolgte mittels des in Kapitel 3.2.2.2 dargestellten Algorithmus ID3, der aus speziellen Beispielen von Expertenentscheidungen allgemeingültige Regeln generiert.

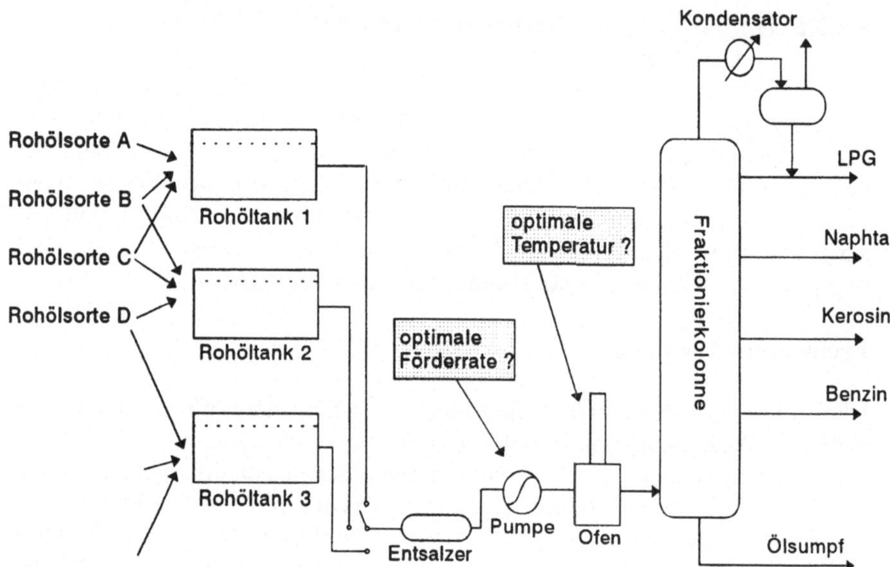

Bild 3-16: Struktur der Erdölraffinierungsanlage

Das aufgestellte System wurde an 170 Fällen getestet. Aussagen zur Güte der festgelegten Entscheidungen liegen für die Bestimmung der Heiztemperatur vor, die Werte um 300 °C annimmt. Es konnte gezeigt werden, daß die vom Fuzzy System vorgeschlagene Temperatur in über 80% der Fälle um weniger als 5 °C vom gewünschten Wert abweicht. Das System wird seit über einem Jahr in einer Raffinerie in Chiba (Japan) angewendet. Die im praktischen Betrieb erzielten Ergebnisse sind sehr vielversprechend und deuten eindrucksvoll auf weitere Anwendungspotentiale entsprechender Fuzzy Systeme hin.

3.3 Fuzzy Control

Fuzzy Control bezeichnet den Teilbereich der Fuzzy Technologie, der sich mit der Lösung regelungstechnischer Problemstellungen beschäftigt. Die folgende Einführung zeigt dessen Entwicklung und Motivation auf. In den darauf folgenden Abschnitten werden die grundlegenden Methoden und einige erweiterte Fuzzy Control Ansätze vorgestellt. Der darauf aufbauende Reglerentwurf zeigt eine Methodik zum Erstellen eines Fuzzy Reglers. Damit wird ein systematisches und ingenieurmäßiges Herangehen an die Realisierung entsprechender Problemlösungen ermöglicht. Die in Kapitel 3.3.6 dargestellten Anwendungen von Fuzzy Control geben dem Leser Hinweise zur Realisierung vergleichbarer Lösungsansätze mit Fuzzy Methoden in seinem Umfeld.

3.3.1 Einführung

Anfang der siebziger Jahre griff eine Gruppe von Wissenschaftlern um Professor Mamdani am Queen Mary College in London die 1965 veröffentlichte Idee der Fuzzy Sets auf, um sie zur Lösung regelungstechnischer Fragestellungen einzusetzen [3-51]. Es wurden Fuzzy Ansätze erarbeitet, die die Lösung komplexer Regelungsprobleme vereinfachen bzw. ermöglichen sollten.

Motiviert wurde dieser Ansatz durch die Tatsache, daß zahlreiche Prozesse, die aufgrund ihrer hohen Komplexität und vorkommender Nichtlinearitäten im Übertragungsverhalten nicht zufriedenstellend mit konventionellen Ansätzen geregelt werden konnten, von erfahrenen Anlagenfahrern recht gut beherrscht wurden [3-52]. Diese Beobachtung legte es nahe, den bis dahin eingeschlagenen Weg der immer weiterführenden Verfeinerung der mathematischen Modelle zu verlassen. Statt dessen wurde versucht, das menschliche Erfahrungswissen zur Prozeßregelung nutzbar zu machen. Ziel war also nicht eine möglichst realitätsnahe Beschreibung der Regelstrecke, sondern eine möglichst gute Modellierung des Verhaltens erfahrener Anwender.

Beim Versuch, das Expertenwissen exakt abzubilden und damit in eine für den Computer verarbeitbare Form zu bringen, machte man die Erfahrung, daß die Handlungsempfehlungen des Anlagenfahrers unscharfe Formulierungen enthielten. Beispielhaft dazu könnten Aussagen der folgenden Form zur Regelung einer Ventilstellung genannt werden:

"Wenn die Temperatur zu hoch ist und der Druck stark ansteigt, dann muß das Ventil leicht geöffnet werden."

Zur Abbildung solcher Anweisungen können die in Kapitel 2 beschriebenen Methoden herangezogen werden, die Mamdani für den Bereich der Fuzzy Control eingeführt hat [3-51].

Diese in England begonnenen Forschungsarbeiten wurden weiter verfeinert und haben 1978 zu ersten industriellen Anwendungen von Fuzzy Control im Bereich der Zementindustrie geführt [3-53]. Obwohl diese in Dänemark installierte Steuerung eines Zementdrehrohrofens wirtschaftlich und technisch erfolgreich verlaufen ist, stießen die verwendeten Fuzzy Konzepte in Europa auf kein nennenswertes Interesse. Erst als Anfang der achtziger Jahre japanische Wissenschaftler und Praktiker anfingen, zur Lösung regelungstechnischer Problem Fuzzy Methoden einzusetzen, kam es zu einer größeren Anzahl entsprechender Anwendungen. Ein Meilenstein in der Entwicklung ist die Steuerung der U-Bahn in der japanischen Stadt Sendai [3-54].

Mittlerweile sind Fuzzy Control Konzepte in einer Vielzahl von Industrieprojekten, aber auch in Haushalts- und Konsumgütern umgesetzt worden [3-55], [3-56]. Diese Entwicklung hat Anfang der neunziger Jahre zu einer Verstärkung der Fuzzy Aktivitäten in Europa und insbesondere in Deutschland geführt. Die nachfolgenden Abschnitte beschreiben die Methoden der Fuzzy Control und ihre Anwendungspotentiale.

3.3.2 Methoden

Bild 3-17 zeigt den prinzipiellen Aufbau eines Fuzzy Controllers.

Die hier dargestellte Aufteilung eines Fuzzy-Reglers in die Bestandteile Wissensbasis, Fuzzyfizierung, Inferenz und Defuzzyfizierung wird dadurch motiviert, daß linguistisch formuliertes Wissen verarbeitet werden soll. Die Grundlage hierzu besteht in einem Expertensystem-Kern. Dieser setzt sich aus der entsprechenden Wissensbasis, die durch linguistische Regeln repräsentiert wird und dem zugehörigen Schlußfolgerungsmechanismus zusammen. Um konkrete Meßwerte verarbeiten zu können, ist es notwendig, den Grad der Übereinstimmung dieser Werte mit den in den linguistischen Regeln formulierten Aussagen zu bestimmen. Dieser Schritt wird als Fuzzyfizierung bezeichnet. Nachdem daraus im Inferenzschritt eine unscharfe Stellanweisung abgeleitet wurde, muß diese wieder in eine scharfe Größe zurücktransformiert (defuzzyfiziert) werden.

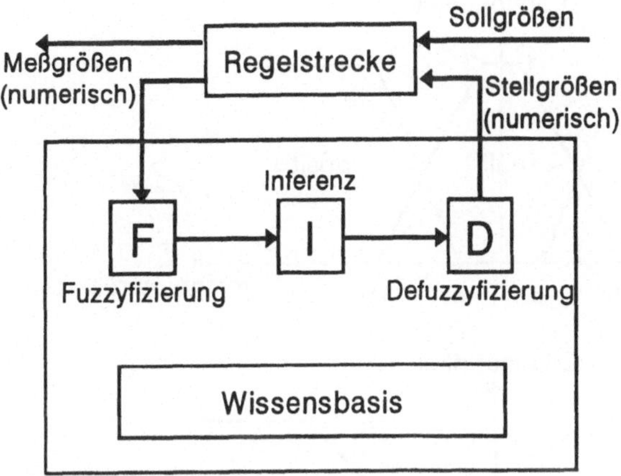

Bild 3-17: Fuzzy Controller

Im folgenden werden die Bestandteile des Fuzzy-Reglers näher erläutert.

Fuzzyfizierung

Als Fuzzyfizierung wird das Feststellen der Übereinstimmung eines Eingangswertes (im allgemeinen eines scharfen Meßwertes) mit einem unscharfen Zustand bezeichnet. Hierzu wird die Zugehörigkeit des scharfen Wertes zu jedem Term der entsprechenden linguistischen Variablen bestimmt.

Beispiel 3-4

Betrachtet sei ein Fuzzy Controller zur Temperaturregelung. Eingangsgrößen seien die Werte für Temperaturabweichung und Änderung der Temperaturabweichung, Stellgröße sei die Änderung der Heizleistung. Dieses einfache Modell soll sowohl zur Darstellung der Wissensbasis als auch zur Veranschaulichung der folgenden Schritte dienen. Es sei angenommen, daß der Anwender die genannten Größen durch folgende unscharfe Terme beschreibe:

Temperaturabweichung:	negativ, null, positiv
Änderung der Temperaturabweichung:	negativ, null, positiv
Änderung der Heizleistung:	negativ, null, positiv

Die Zugehörigkeitsfunktionen zu den genannten Termen sind in Bild 3-18 angegeben.

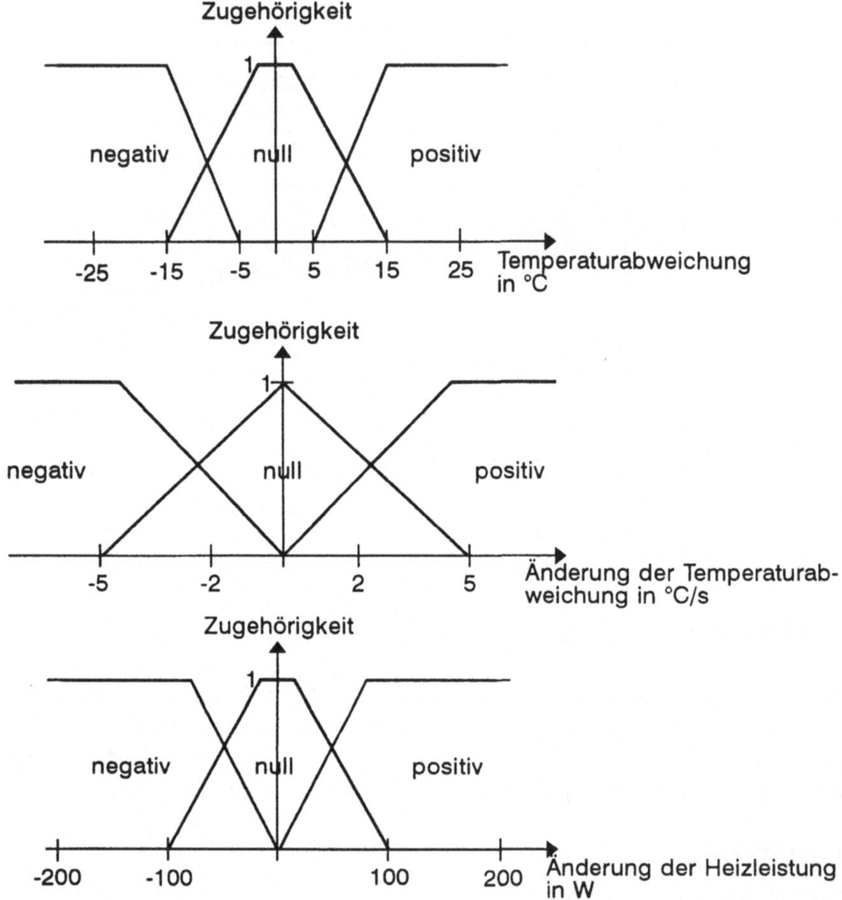

Bild 3-18: Zugehörigkeitsfunktionen zum Beispiel der Temperaturregelung

Bei Zugrundelegung der in diesem Beispiel eingeführten Zugehörigkeitsfunktionen werden einer Temperaturabweichung von -12° C folgende Zugehörigkeitswerte zugewiesen: {negativ: 0.75; null: 0.25; positiv: 0.0}.

Die Ergebnisse der Fuzzyfizierung sind offensichtlich stark abhängig von der Definition der Zugehörigkeitsfunktionen. Deren wesentliche Parameter sind die Lage ihres Maximalwertes (es wird von unimodalen Zugehörigkeitsfunktionen ausgegangen), ihre Ausdehnung und ihre Form.

Ein zusätzlicher Aspekt ergibt sich bei Betrachtung unscharfer Eingangsgrößen. Eine solche Vorgehensweise kann beispielsweise zur Modellierung von Meßfehlern oder nur ungenau geschätzten Zustandsgrößen eingesetzt werden.

In diesem allgemeineren Fall bedeutet die Fuzzyfizierung nicht mehr die Feststellung der Zugehörigkeit eines scharfen Wertes zu einem linguistischen Term sondern vielmehr das Messen des Grades der Übereinstimmung zweier unscharfer Mengen.

Wissensbasis

Die Wissensbasis enthält das Wissen eines erfahrenen Anwenders, der mit der durchzuführenden Regelung vertraut ist. Dabei dienen die in Kapitel 2 bereits eingeführten unscharfen Produktionsregeln zur Wissensdarstellung. In den Prämissen dieser Regeln werden unscharfe Ausdrücke zur Beurteilung des aktuellen Zustandes verwendet. Da - wie oben bereits erwähnt - menschliche Vorgehensweisen zur Prozeßregelung herangezogen werden sollen, ist es notwendig, diese Einschätzung der aktuellen Situation durch den Experten zu erfassen (Wissensakquisition).

Andererseits müssen auch die Handlungsempfehlungen (Konklusionsteil der Regeln) eine möglichst gute Repräsentation der menschlichen Steuerungshandlungen darstellen. Zu diesem Zweck werden auch in den Konklusionen unscharfe Formulierungen auf Basis linguistischer Variablen verwendet.

Die Wissensbasis eines Fuzzy Reglers kann aus Gründen der Übersichtlichkeit, der Wartbarkeit oder auch zur Generierung von wichtigen Zwischengrößen in mehrere kleinere Regelmengen unterteilt werden.

Für das obige Beispiel ergeben sich rein kombinatorisch 3 x 3 x 3 = 27 mögliche Regeln. Jede Kombination von Termen der drei linguistischen Variablen ist durch eine Regel repräsentiert. Natürlich widersprechen sich dabei Regeln mit gleichem Bedingungsteil und verschiedener Konklusion. Werden alle Regeln als vollständig gültig angenommen, so kann nur je eine dieser Alternativen verwendet werden. Es besteht jedoch die Möglichkeit, jeder Regel einen Relevanzfaktor zuzuweisen, der eine Einschränkung ihrer Gültigkeit darstellt, so daß auch mehrere Regeln mit gleichen Prämissen und unterschiedlicher Konklusion gleichzeitig aktiv sein können.

Im Beispiel zur Temperaturregelung lautet eine mögliche Regel:

Wenn "Temperaturabweichung ist positiv" **und** "Änderung der Temperaturabweichung ist null" **dann** "Änderung der Heizleistung ist negativ".

Inferenz

Nach der Fuzzyfizierung erfolgt die Inferenz, die aus den drei Schritten Aggregation, Implikation und Akkumulation besteht. Diese Schritte sind im wesentlichen durch den Einsatz bestimmter Operatoren bestimmt. Auch die "klassischen" Inferenzmethoden des Fuzzy Control Bereiches - Mamdani, Larsen und Mizumoto [3-57] - unterscheiden sich primär in ihren Operatoren. Nachfolgend wird genauer auf die drei oben angeführten Schritte eingegangen.

Als erstes wird für jede Regel aus der Wissensbasis festgestellt, zu welchem Grad die Prämisse erfüllt ist. Die Prämisse jeder Regel besteht aus einer Verknüpfung von unscharfen Ausdrücken, deren Erfülltheitsgrad durch die Fuzzyfizierung bestimmt wird. Im obigen Beispiel wäre ein solcher Ausdruck etwa

Wenn "Temperaturabweichung ist positiv " **und** Änderung der Temperaturabweichung ist null" **dann** ...

Die Aggregation dieser Einzelwerte ergibt den Erfülltheitsgrad der gesamten Prämisse der betrachteten Regel. Um diese Verknüpfung durchzuführen kann prinzipiell jeder der in Kapitel 2.3 angegebenen Operatoren eingesetzt werden. Die Auswahl eines konkreten Operators ist dabei abhängig vom jeweiligen Anwendungsfall. Ausgehend von den verwendeten Eingangsgrößen muß darauf geachtet werden, daß der Operator die sprachlich formulierte Verknüpfung tatsächlich abbilden kann. Die Inferenzstrategien nach Mamdani, Larsen und Mizumoto verwenden als Aggregationsoperatoren das Minimum für "und" und das Maximum für "oder".

Tabelle 3.2: Aggregationsoperatoren

	Aggregationsoperator	
	"und"	"oder"
Mamdani	Minimum	Maximum
Larsen	Minimum	Maximum
Mizumoto	Minimum	Maximum

Für bestimmte Klassen von Eingangsgrößen ist es notwendig, die Aussagen der Prämissen gegeneinander abwägen zu können. Zu diesem Zweck werden mittelnde (kompensatorische) Operatoren eingesetzt. Allerdings sind hierbei Rechenzeitnachteile und ungünstigere mathematische Eigenschaften in Kauf zu nehmen. Beispielsweise erfüllt ein mittelnder Operator nicht mehr notwendigerweise die Forderung nach Assoziativität, so daß die Reihenfolge der Verknüpfungen beachtet werden muß.

Im nächsten (zweiten) Schritt wird - aufbauend auf dem zuvor errechneten Erfülltheitsgrad der Prämisse - der Erfülltheitsgrad der zugehörigen Konklusion ermittelt. Dieser Schritt bildet wenn A dann B ab. Die Wirkung einer Regel wird durch die unvollständige Erfüllung ihrer Prämisse eingeschränkt.
Die besten Ergebnisse können mit Minimum, Produkt, beschränktem Produkt oder drastischem Produkt erreicht werden. Andere Operatoren, wie etwa die Gödel Implikation, können im Fuzzy Control Bereich keine Konvergenz des Regelungsergebnisses gegen den Sollwert gewährleisten [3-58].

Die verbreitetsten Inferenzstrategien verwenden für die Implikation folgende Operatoren:

	Implikationsoperator
Mamdani	Minimum
Larsen	Produkt
Mizumoto	Produkt

Die Wirkungsweise dieser Operatoren ist in Bild 3-19 dargestellt.

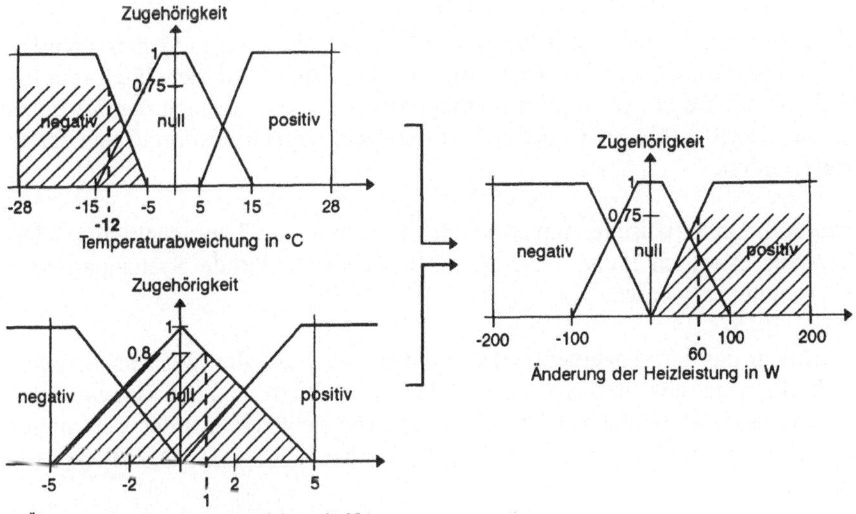

Bild 3-19: Inferenz innerhalb einer Regel

In dem gewählten Beispiel wurde die folgende Regel betrachtet:

Wenn "Temperaturabweichung ist negativ" **und** "Änderung der Temperaturabweichung ist null" **dann** "Änderung der Heizleistung ist positiv".

Als Meßgrößen seien angenommen:

Temperaturabweichung = -12 °C,
Änderung der Temperaturabweichung = +1 °C.

Zur Aggregation der Regelprämissen wird der Minimum-Operator benutzt. Bisher wurde implizit unterstellt, daß alle Regeln als gleich relevant angesehen werden. Häufig muß allerdings das Maß der Relevanz einer speziellen Regel eingeschränkt werden, um den realen Entscheidungsprozess abbilden zu können. Zu diesem Zweck werden den einzelnen Regeln Relevanzfaktoren zwischen Null und Eins zugeordnet.

Damit ist es möglich, Regeln in der Wissensbasis nicht nur entweder ein- oder auszuschalten. Vielmehr kann man einen kontinuierlichen Übergang zwischen der Existenz einer Regel (Gewicht = 1) und deren Nicht-Existenz (Gewicht = 0) in der Wissensbasis modellieren. Dadurch eröffnen sich zusätzliche Möglichkeiten zur Feineinstellung des Fuzzy Controllers.

Sind die Regeln mit einem Relevanzfaktor versehen, so muß dies natürlich beim Inferenzvorgang berücksichtigt werden. Aufgrund der Interpretation, daß sowohl die in der Prämisse enthaltenen Aussagen als auch das Vertrauen in die Regel erfüllt sein müssen, erfolgt diese Operation durch eine UND-Verknüpfung.

Durch die automatische Anpassung der Regelrelevanz kann auch eine Adaption des erstellten Fuzzy Controllers an sich verändernde Systemparameter vorgenommen werden.

Nachdem das Inferenzergebnis einer jeden Regel aus der Wissensbasis feststeht, führt der abschließende (dritte) Schritt der Inferenz diese Einzelresultate zusammen (Akkumulation). Das Gesamtergebnis entsteht aus der Vereinigung der Einzelergebnisse, d. h. die Regeln werden über Oder-Operatoren verknüpft.

Die oben erwähnten Inferenzstrategien verwenden für die Akkumulation folgende Operatoren:

	Akkumulationsoperator
Mamdani	Maximum
Larsen	Maximum
Mizumoto	Bounded Sum

Die in den Inferenzmethoden nach Mamdani bzw. Larsen verwendeten Implikations- und Akkumulationsoperatoren führten zur Einführung der Kurzbezeichnungen MaxMin- bzw. MaxProd-Inferenz.

Ergebnis der Inferenz ist eine unscharfe Menge für die Stellgröße (Ausgangs-Fuzzymenge). Im betrachteten Fall der Temperaturregelung ist ein unscharfes Ergebnis für die einzustellende Heizleistung in der folgenden Abbildung angegeben.

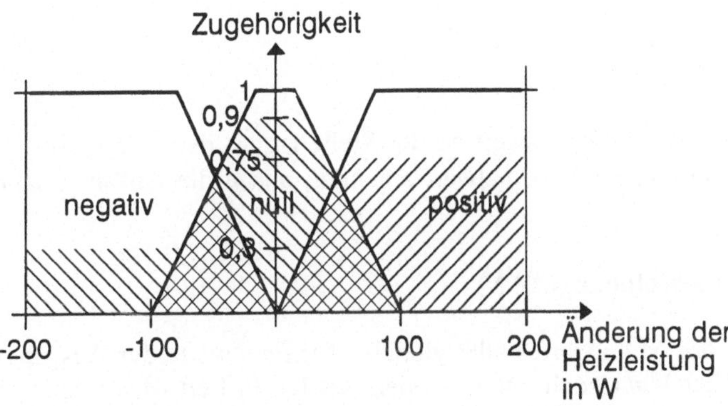

Bild 3-20: Unscharfes Ergebnis der Inferenz

Defuzzyfizierung

Das unscharfe Inferenzergebnis muß nun wieder in eine scharfe Stellgröße zurücktransformiert werden. Dieser Vorgang wird als Defuzzyfizierung bezeichnet. Ziel ist es, eine scharfe Zahl zu finden, die eine möglichst gute Repräsentation der in der Ausgangs-Fuzzymenge enthaltenen Information darstellt. Zur Operationalisierung der Rücktransformation wurden in der Vergangenheit zahlreiche Vorgehensweisen vorgeschlagen, von denen nachfolgend einige angegeben sind. In Bild 3-21 sind beispielhaft die Ergebnisse der COA- und MOM-Verfahren dargestellt.

Center Of Area (COA)

Berechnung des Flächenschwerpunkts des unscharfen Inferenzergebnisses:

$$\bar{y} = \frac{\int_a^b y\,\mu_{Out}(y)\,dy}{\int_a^b \mu_{Out}(y)\,dy}$$

Hierbei ist $\bar{y}$ der defuzzyfizierte Ausgangswert, $\mu_{Out}(y)$ die Zugehörigkeitsfunktion der Ausgangs-Fuzzymenge in den Grenzen a und b.

Mean Of Maxima (MOM): Mittelwert der Maximalwerte

$$\bar{y} = \frac{1}{n}\sum_{i=1}^{n} y_i^{\max}$$

wobei $y_i^{\max}$ ein Funktionswert an der Stelle ist, an dem die Ausgangs-Fuzzymenge eine lokalen Maximalwert annimmt, und n die Anzahl solcher Werte darstellt.

Maximum-Methode (MAX)

Auswahl des Mittelwertes aller globalen Maximalwerte der Ausgangs-Fuzzymenge. Hier kann noch unterschieden werden in Left-Max oder Right-Max, die bei einer Ausgangs-Fuzzymenge mit symmetrisch liegenden Maxima den linken bzw. rechten Maximalwert benutzen.

Median-Methode

Als charakteristischer Ausgangswert wird der Wert genommen, der die Ausgangs-Fuzzymenge in zwei Hälften gleicher Fläche teilt.

Darüber hinaus sind vereinfachte Methoden unter Voraussetzung spezieller Eigenschaften der verwendeten Zugehörigkeitsfunktionen bekannt:

In [3-33] wird gezeigt, daß bei Einsatz der "correlation-product-inference", die nach der oben verwendeten Terminologie eine Sum-Prod-Inferenz darstellt, die COA-Methode durch

$$\overline{y}=\frac{\sum_{i=1}^{N} w_i c_i I_i}{\sum_{i=1}^{N} w_i I_i}$$

vereinfacht werden kann, wobei w_i der Grad der Prämissenerfüllung, c_i der Abszissenwert des Schwerpunktes der i-ten Zugehörigkeitsfunktion und I_i die Fläche unter der i-ten Zugehörigkeitsfunktion ist. Dies bedeutet, daß der Schwerpunkt der Gesamtfläche aus den Schwerpunkten der einzelnen Zugehörigkeitsfunktionen berechnet werden kann.

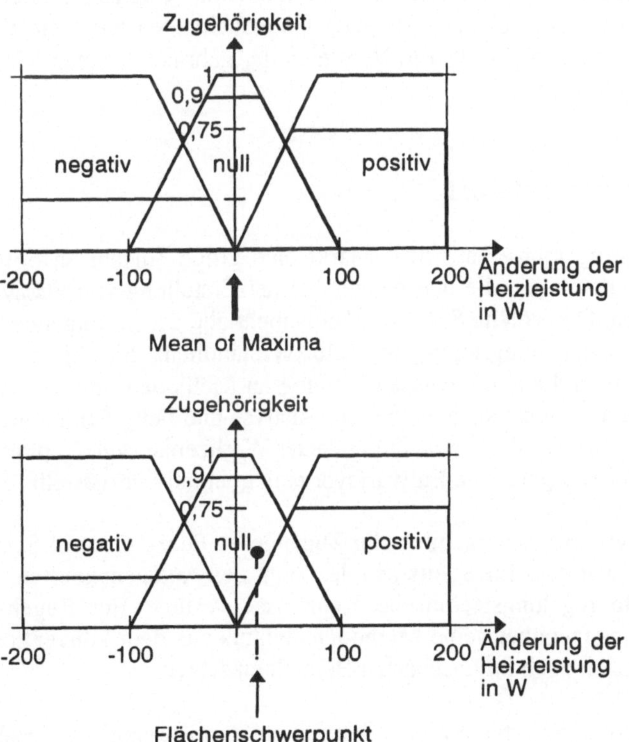

Bild 3-21: Defuzzyfizierungsmethoden

Für die oben angegebene Methode COA wird häufig auch die Bezeichnung COG benutzt. COG unterscheidet sich von COA dadurch, daß bei COG zusätzlich überlagerte Flächen entsprechend mehrfach gewichtet werden. Dies ist jedoch eigentlich nicht Aufgabe der Defuzzyfizierung, die ausschließlich die Aufgabe hat, aus einer unscharfen Menge einen dafür charakteristischen scharfen Wert zu erzeugen. Vielmehr muß eine mehrfache Berücksichtigung sich überlagernder Bereiche durch den Einsatz eines entsprechenden Akkumulationsoperators gewährleistet werden. Diese Interpretation entspricht sehr viel genauer der eigentlichen Semantik des Inferenzvorganges. Die Information über mehrfach zu wertende Bereiche ist damit schon im Inferenzergebnis enthalten und muß nicht getrennt mitgeführt werden. Als Akkumulationsoperator bietet sich zu diesem Zweck beispielsweise die algebraische Summe an. Es gibt keine allgemeingültige Aussage darüber, welche Strategie zur Defuzzyfizierung "die Richtige" ist [3-59]. Die Entscheidung wird im allgemeinen unter Berücksichtigung rein praktischer Gesichtspunkte getroffen. Hier spielen vor allem Rechenzeitaspekte eine wesentliche Rolle. In neueren Veröffentlichungen zu diesem Thema wurden sowohl Ansätze zur adaptiven Defuzzyfizierung vorgeschlagen als auch Untersuchungen zur Güte dieser Methoden durchgeführt [3-60]. Ein Vergleich der gebräuchlichsten Methoden findet sich z. B. in [3-57].

3.3.3 Reglerentwurf

Gegenwärtig gibt es auf dem Markt eine große Anzahl an Soft- und Hardware-Werkzeugen, die den Nutzer bei der Erstellung von Fuzzy Reglern unterstützen. Daß solche Software-Tools nicht alle der im folgenden angestellten Überlegungen integrieren, ist selbstverständlich. Sie bieten jedoch eine Grundlage und einen gewissen Umfang an Methoden, um den Anwender sowohl beim Entwurf als auch bei der Analyse und beim Feintuning des Reglers zu entlasten. Vor der Betrachtung dieser Werkzeuge (vgl. Kapitel 4), wird nun zunächst der eigentliche Entwurfsvorgang qualitativ vorgestellt [3-61].

Es können zwei unterschiedliche Zugänge zu Fuzzy Control-Systemen unterschieden werden: Einerseits aus der Sicht des Anlagenexperten, der nur über begrenzte regelungstechnische Kenntnisse verfügt. Ein Regelungstechniker kann demgegenüber seine Methodenkenntnis aus dem konventionellen Regelungsbereich auch im unscharfen Bereich einsetzen.

Fuzzy Control-Systeme dienen häufig zur Realisierung von Erfahrungsstrategien und zur modellfreien Regelung. Ein Anlagenexperte kann mit dieser Technologie ohne erweitertes regelungstechnisches Know-how einen Reglerentwurf durchführen. Das Erfahrungswissen des Experten umfaßt sein Wissen über Zusammenhänge zwischen aktuellem Prozeßzustand und notwendigen Steuerhandlungen. Dies kann - wie oben bereits erwähnt - in Form von Wenn-Dann-Regeln formuliert werden, die Ein-/Ausgangsbeziehungen zwischen unscharfen Bereichen im Zustandsraum darstellen. Die Beschreibung des Zustandsraumes erfolgt durch die in Kapitel 2 eingeführten linguistischen Variablen.

Aus regelungstechnischer Sicht ergibt sich ein anderer Zugang zu Fuzzy Control. Hier ist, im Gegensatz zum gerade beschriebenen Fall, analytisches Prozeßwissen vorhanden. Aufgrund von Zustandsraumbetrachtungen sind Unregelmäßigkeiten im Übertragungsverhalten der Regelstrecke bekannt. Mit Hilfe dieses Wissens kann z. B. die Eignung von Fuzzy Control zur Regelung von Systemen mit lokalen Nichtlinearitäten ausgenutzt werden. Während in diesem Fall eine analytische Beschreibung des Reglerverhaltens ein zustandsabhängiges Umschalten von Reglerstrukturen erfordert, kann mittels Fuzzy Methoden der gesamte Zustandsraum durch eine einzige Struktur beschrieben werden. Durch die vergröberte Darstellung von Zustandsbereichen können Entscheidungsprozesse sehr effektiv und mit großer Robustheit durchgeführt werden.

Im folgenden soll nun der Entwurf eines Fuzzy Reglers schrittweise dargelegt werden. Aufgrund der in Abschnitt 3.3.2 erläuterten Struktur eines Fuzzy Reglers sind beim Regler-Entwurf im einzelnen die folgenden Parameter einzustellen:

1. Anzahl der Zugehörigkeitsfunktionen
2. Form der Zugehörigkeitsfunktionen
3. Lage der Maxima der Zugehörigkeitsfunktionen
4. Breite der Zugehörigkeitsfunktionen
5. Aggregationsoperator
6. Implikationsoperator
7. Akkumulationsoperator
8. Regeln
9. Defuzzyfizierungsmethode

Hinzu kommt die Reglerstruktur, welche sich aus Abhängigkeiten verschiedener Regelmengen und Zwischengrößen ergibt.

In Bild 3-22 sind die den Punkten 1., 3. und 4. zugeordneten Größen graphisch dargestellt.

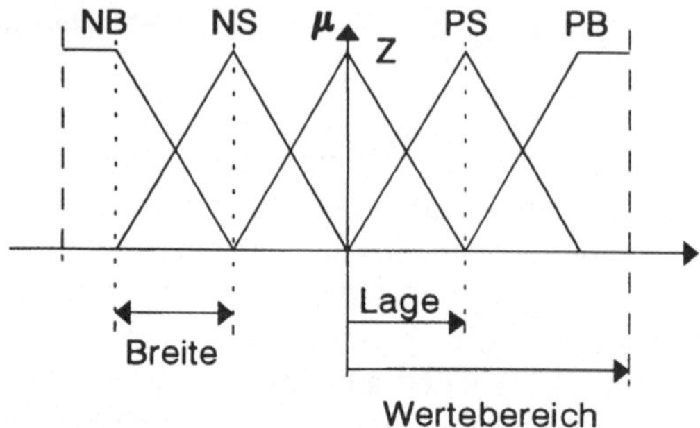

Bild 3-22: Kenngrößen der Zugehörigkeitsfunktionen einer linguistischen Variablen

Die Entwicklung eines Fuzzy Controllers umfaßt grundsätzlich die in Bild 3-23 schematisch dargestellten Schritte. Im allgemeinen wird ein iteratives Vorgehen notwendig sein, damit während des Entwicklungsvorganges neu erlangte Informationen dem System hinzugefügt werden können. Da die explizite Optimierung eines nichtlinearen Reglers nicht möglich ist, kann das Feintuning eines Fuzzy Reglers durchaus zeitaufwendig sein. Es ist allerdings oft sehr schnell ein gut funktionierender Grobentwurf zu erstellen.

Beim Aufbau eines Fuzzy Controllers ist grundsätzlich eine ebenso sorgfältige Systemanalyse anzuraten, wie bei der Realisierung eines konventionellen Reglers, so daß möglichst viel Informationen in den Reglerentwurf miteinbezogen werden kann. Durch die unscharfe Systemdarstellung ist es allerdings bei der Fuzzy Regelung möglich, auch hier nur grob vorhandene Information zu verwenden. Nachdem in der Systemanalyse die zur Verfügung stehenden Meßgrößen und -bereiche, Zielkriterien und Systemgrößen der Regelstrecke (z. B. Zeitkonstanten) ermittelt wurden, kann die Festlegung der Struktur des Fuzzy Reglers erfolgen.

Sind analytische Prozeßkenntnisse vorhanden, so ist es zur Definition der Reglerstruktur empfehlenswert, die Schritte "Festlegung der Zugehörigkeits-+funktionen" und "Erstellung der Regelbasis" vorzuziehen. Diese ergeben sich in diesem Fall aus Zustandsraumbetrachtungen der Regelstrecke und implizieren damit die Strukturierung des Reglers. Ist kein analytisches Wissen vorhanden, so erfolgt die Reglerdefinition auf Basis der vom Experten aufgestellten Regeln. Die Struktur ist dann durch die in den Regeln aufgestellten Ein-/Ausgangsbeziehungen determiniert.

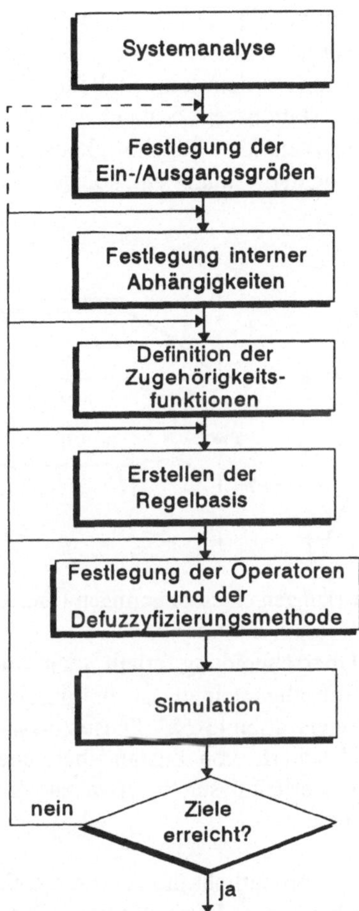

Bild 3-23: Entwicklung eines Fuzzy Controllers

Eine wichtige Eigenschaft des Fuzzy Reglers ist die Berücksichtigung von Nachbarschaftsbeziehungen im Zustandsraum. Die Verunschärfung von Zustandsbereichen ist ein Grund für die Robustheit von Fuzzy Systemen gegenüber Parameterschwankungen. Diese können in gewissem Rahmen ausgeglichen werden, wenn die Wirkungsrichtungen der Regeln benachbarter Bereiche identisch sind. Die Regeln können sich dann in ihrer Wirkung ergänzen. Die Beschreibung dieser Nachbarschaftsbeziehungen erfolgt durch eine geeignet gewählte Überdeckung benachbarter Zugehörigkeitsfunktionen.

Eine mögliche Auswirkung eines ungünstig gewählten Überdeckungsgra-des ist in Bild 3-24 qualitativ aufgezeigt. Durch die fehlende Triebkraft der beiden äußeren Zugehörigkeitsfunktionen in der oberen Darstellung entsteht ein Bereich um den Sollwert herum, in dem kein Stelleingriff erfolgt. Dies führt zu einer Schwingung um den stationären Zustand des Systems. Durch entsprechend stärkere Überschneidung der Zugehörigkeitsfunktionen - wie in der unteren Darstellung angedeutet - kann ein solches Verhalten kompensiert werden.

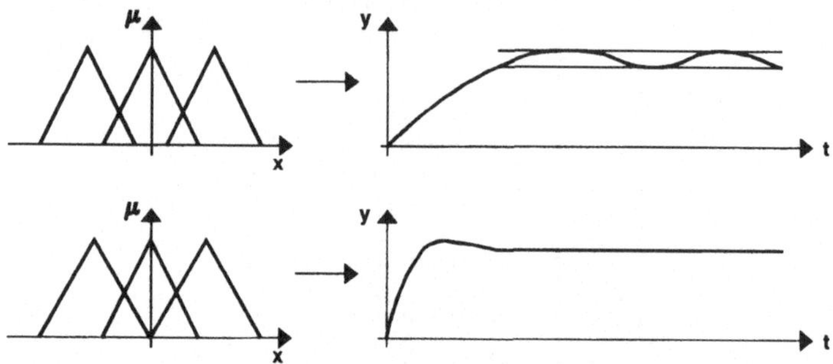

Bild 3-24: Mögliche Auswirkungen eines zu geringen Überdeckungsgrades

Durch eine zu starke Überschneidung erhält man allerdings wieder eine schlechtere Regelgüte. Im allgemeinen ist hierdurch ein größeres Überschwingen des Systems zu erwarten [3-58]. Diese Aussage läßt erkennen, daß die Repräsentation der Unschärfe von Zustandsbereichen durch ihren Überdeckungsgrad den realen Verhältnissen in etwa entsprechen muß, um gute Resultate erzielen zu können.

Das eben gezeigte Beispiel verdeutlicht die zentrale Rolle der Zugehörigkeitsfunktionen bei der Einstellung eines Fuzzy Reglers. Durch sie erhält man vier Freiheitsgrade bei der Reglerdefinition, nämlich die Anzahl, Form, Lage und Breite der Zugehörigkeitsfunktionen (wobei die Breite links und rechts vom Modalwert der Zugehörigkeitsfunktion unterschiedlich sein kann).

Die Breite und die Lage einer Zugehörigkeitsfunktion bestimmen den Einflußbereich jeder Regel, in deren Prämisse sie verwendet wird. Die Festlegung dieser Parameter (Breite, Lage) ergibt sich aus der Kenntnis der Übertragungscharakteristik der Regelstrecke. Der Regler kann so durch Einführen von Zugehörigkeitsfunktionen und darauf aufbauenden Regeln lokale Unregelmäßigkeiten des Übertragungsverhaltens kompensieren. Auf diese Weise können lokale Nichtlinearitäten, wie z. B. das Anlaufen einer chemischen Reaktion, durch den Regler berücksichtigt werden.

Die Aufteilung einer linguistischen Variablen in Terme ergibt sich somit aus der Zustandsraumbetrachtung des geregelten Systems. Die Erfahrung zeigt, daß bei einer ersten willkürlichen Definition der linguistischen Variablen eines Fuzzy Reglers sehr oft die Anzahl der Terme der verwendeten Variablen zu hoch festgelegt wird. Man stellt dann beim Feintuning des Reglers fest, daß ganze Bereiche einer Regelbasis zu wenigen Regeln zusammengefaßt werden können, ohne die Regelgüte zu beeinträchtigen. Dies zeigt, daß die Anzahl der Terme einer linguistischen Variablen kein Kriterium für die Qualität der Regelung sein kann. Durch eine Abstimmung zwischen Übertragungsverhalten der Strecke und Definition der linguistischen Variablen läßt sich die Phase des Regler-Tunings beträchtlich verkürzen.

Die Charakteristik der Regelstrecke ist auch bei der Festlegung der Form der Zugehörigkeitsfunktionen zu beachten. Dreiecksförmige Zugehörigkeitsfunktionen bieten z. B. im Bereich ihres Modalwertes eine wesentlich größere Empfindlichkeit gegenüber Werteschwankungen als etwa Zugehörigkeitsfunktionen in Form von Glockenkurven. Die Abweichung vom Modalwert kann als Indikator für die Generierung eines Stelleingriffes interpretiert werden. Wird also eine solche Funktion zur Bewertung eines Zustandes eingesetzt, so kann die Form dieser Funktion weitreichende Auswirkungen auf das Regelverhalten zur Folge haben. Oftmals wurde jedoch festgestellt, daß die Form der Zugehörigkeitsfunktionen relativ unkritisch für die Leistungsfähigkeit des Fuzzy Reglers ist [3-61].

Zusammen mit dem gewählten Inferenzverfahren ist die Form der Zugehörigkeitsfunktionen maßgeblich für die Wahl der verwendeten Defuzzyfizierungsmethode. Die Inferenz ist im wesentlichen durch die Verwendung bestimmter Operatoren charakterisiert. Hierbei wird die im Fuzzy Control Bereich übliche einschrittige Inferenz vorausgesetzt. Prinzipiell sind natürlich auch mehrstufige Inferenzverfahren, wie Forward oder Backward Chaining denkbar, jedoch erscheint der Einsatz dieser Verfahren zu Regelungszwecken recht fragwürdig.

Die Erzeugung bestimmter Reglercharakteristiken kann durch entsprechende Kombinationen von Operatoren, Anzahl und Form der Zugehörigkeitsfunktionen und Defuzzyfizierungsmethode erreicht werden. So ist beispielsweise die Nachbildung linearer Regler möglich [3-62]. Üblicherweise werden im Bereich Fuzzy Control mit den in Kapitel 3.3.2 angegebenen Verfahren aus praktischen Erwägungen nur wenige der theoretisch vorhandenen Möglichkeiten zur Defuzzyfizierung eingesetzt. Die tatsächlich angewandte Methode sollte bei der Termdefinition der linguistischen Variablen beachtet werden, um eventuell die Anzahl der Einflußparameter reduzieren zu können. So ist bei Verwendung der Methode des Mittelwerts der Maxima (MOM-Mean Of Maximum) die Form der Zugehörigkeitsfunktionen für das Ergebnis der Defuzzyfizierung unerheblich (vorausgesetzt sie sind symmetrisch), da hier nur die Lage ihrer Maxima Bedeutung hat. Mit der Flächenschwerpunktmethode (COA-Center Of Area) erhält man dagegen für unterschiedlich geformte Zugehörigkeitsfunktionen auch verschiedene Resultate, was dadurch zu erklären ist, daß hier ein Integral über die Fläche der Ausgangs-Fuzzymenge gebildet wird. Die Unterschiede sind jedoch im allgemeinen recht gering. Bei einer Untersuchung am Anwendungsfall eines Roboterarms hat sich gezeigt, daß die MOM-Methode ein besseres Übergangsverhalten aufweist, während die COA-Strategie ein besseres Verhalten im stationären Zustand gewährleistet [3-63].

Das Inferenzverhalten eines Fuzzy Reglers wird entscheidend von der Wahl der Operatoren zur Verknüpfung der Prämissen beeinflußt. Durch die in Kapitel 2 vorgestellten kompensatorischen Operatoren läßt sich redundante Information ausnutzen, um die Sicherheit einer Entscheidung zu untermauern. Dadurch wird die oben schon angesprochene Eigenschaft der Robustheit von Fuzzy Reglern unterstützt.

Für die Wahl des Implikationsoperators kann nur auf Plausibilitätsbetrachtungen zurückgegriffen werden. Grundsätzlich sind hier die Minimum- und die Produkt-Operation sinnvolle Verfahren. Beide liefern sehr ähnliche Ergebnisse, wobei der Produkt-Operator vor allem bei Benutzung gewichteter Regeln als der "natürlichere" erscheint.

Der Akkumulationsoperator kann hingegen den Informationsgehalt der Ausgangs-Fuzzymenge direkt beeinflussen. Durch Verwendung des Maximum-Operators wird die Bildung einer Vereinigungsmenge im eigentlichen Sinn durchgeführt. Ein Element, das in beiden zu vereinigenden Mengen enthalten ist, kommt in der vereinigten Menge nur noch einmal vor. Die Summen-Operation berücksichtigt im Gegensatz dazu die Häufigkeit des Auftretens mehrfach vorkommender Elemente.

Die Feinheit der Aufteilung der linguistischen Variablen in Terme hat natürlich Auswirkungen auf den Umfang der Regelbasis (die Anzahl möglicher Regeln ergibt sich einfach aus dem Produkt der Anzahl der Terme). Bei einer großen Zahl von Eingangsgrößen kann die Regelmenge auch bei einem Fuzzy System durchaus auf ein nicht mehr überschaubares Maß anwachsen. Deshalb ist es in jedem Fall angebracht, von vornherein eine Strukturierung der Regelbasis durchzuführen. Ziel dieser Strukturierung ist das Zusammenfassen zusammengehöriger Informationen und die Aufteilung der Wissensbasis in kleine, wartbare Einheiten. Die Modularisierung der Gesamtregelmenge ermöglicht auch eine zeitliche, ereignis- oder situationsabhängige Umstrukturierung des Reglers.

Vor allem bei Systemen, deren Regelmenge z. B. aufgrund neu aufgenommener Eingangsinformationen häufig erweitert wird, ist eine solche Strukturierung unerläßlich. Hier besteht allerdings die Gefahr, durch neu hinzugefügte Regeln Inkonsistenzen (Widersprüchlichkeiten) in die Regelbasis einzuführen. Eine automatische Konsistenzprüfung der Regelbasis wäre also von großem Vorteil [3-64].

Um den Zeitaufwand bei der Einstellung der Parameter eines Fuzzy Reglers zu reduzieren, ist es erforderlich, den Entwicklungszyklus zu automatisieren. Durch die Verwendung von maschinellen Lernalgorithmen oder neuronalen Netzen, die jeweils in Kapitel 3.2 vorgestellt wurden, kann der gesamte iterative Entwicklungsvorgang erheblich effektiver gestaltet werden. Auf diese Weise kann auch das Problem fehlender Information über das zu regelnde System umgangen werden. In diesem Fall ist eine Einstellung von Hand sehr kritisch. Durch den Einsatz von Lernverfahren ist nur eine sehr grobe (oder auch gar keine) Grundeinstellung notwendig.

Soll kein Lernverfahren eingesetzt werden und sind Aufschlüsse über eine sinnvolle Festlegung der Reglerparameter nur schwer zu erhalten, so ist es notwendig, einen Satz von Standardeinstellungen zur Verfügung zu haben. Von diesem Parametersatz kann dann ausgegangen werden, um einen "Standard-Fuzzy Controller" aufzubauen, der nach einem vorher festgelegten Tuningverfahren eingestellt wird. Im folgenden werden solche Standardeinstellungen aufgeführt. Es wird hier von einer Reglerstruktur mit nur einer Regelmenge ausgegangen, d. h. es werden keine Abhängigkeiten verschiedener Regelmengen und Zwischengrößen betrachtet. Da eine Struktur mit mehreren Regelmengen jedoch aus solchen "einfachen" Reglern zusammengesetzt werden kann, lassen sich die folgenden Betrachtungen sehr einfach auf diesen Fall extrapolieren. Des weiteren wird im nächsten Abschnitt ausschließlich der "klassische" Fuzzy Controller (state evaluation controller, s. 3.3.5) mit linguistischen Ein- und Ausgangsvariablen betrachtet. Alternative Regelungsmethoden werden in Abschnitt 3.3.5 besprochen.

3.3.4 Standard-Einstellungen für Fuzzy Regler

Ein Fuzzy Regler, der den eben gemachten Voraussetzungen unterliegt, kann nach den Ausführungen in Abschnitt 3.3.2 vollständig als 6-Tupel der Form

(Input, Fuzzyfizierung, Inferenz, Regelbasis, Defuzzyfizierung, Output)

beschrieben werden (in Anlehnung an [3-65]). Jedes der Elemente dieses 6-Tupels enthält für sich wieder mehrere Informationen. Diese sind in Tabelle 3-3 nochmals zusammengefaßt.

Tabelle 3-3: Komponenten eines Fuzzy Reglers

Input	Anzahl der Eingänge
Fuzzyfizierung	Anzahl, Form, Lage und Breite der Zugehörigkeitsfunktionen
Inferenz	Aggregationsoperator Implikationsoperator Akkumulationsoperator
Regelbasis	die eigentlichen Regeln und deren Stuktur
Defuzzyfizierung	Defuzzyfizierungsmethode
Ausgänge	Anzahl der Ausgänge

Wird ein Regler für ein nur vage bekanntes System konzipiert, so sind im wesentlichen nur die Eingänge und die Zielgröße bekannt. Als Grundlage für den Entwurf müssen allerdings generell die grundsätzlichen Eigenschaften der Regelstrecke bekannt sein. Beispielsweise muß bekannt sein, ob die Strecke integrierendes Verhalten aufweist, um nicht durch einen weiteren I-Anteil eine Instabilität in den Regelkreis einzuführen. Des weiteren sollten grobe Informationen über Systemordnung, Zeitkonstanten, Totzeiten und ähnliches zur Verfügung stehen.

Im folgenden wird die Einstellung der Standardparameter am Beispiel eines Fuzzy PI-Reglers mit zwei Eingängen und einem Ausgang durchgeführt. Dieser führt die Transformation

$$\begin{pmatrix} e \\ \dot{e} \end{pmatrix} \rightarrow \dot{u}$$

aus. Darin ist e die Regelabweichung und $\dot{e}$ ihre Ableitung. Reglerausgang ist das Stellgrößeninkrement $\dot{u}$. Der Ausgang wird nach einer Integration als Steuergröße in die Regelstrecke eingegeben. Als zusätzliche Parameter werden nun Skalierungsfaktoren für die Ein- und Ausgänge des Reglers eingeführt. Diese werden aufgrund der unten erläuterten Standard-Definition der Zugehörigkeitsfunktionen benötigt und können später auch als Eingriffsmöglichkeit zur Online-Adaption des Reglers eingesetzt werden. Für diese in Bild 3-25 dargestellte Struktur sollen nun zunächst die Zugehörigkeitsfunktionen festgelegt werden.

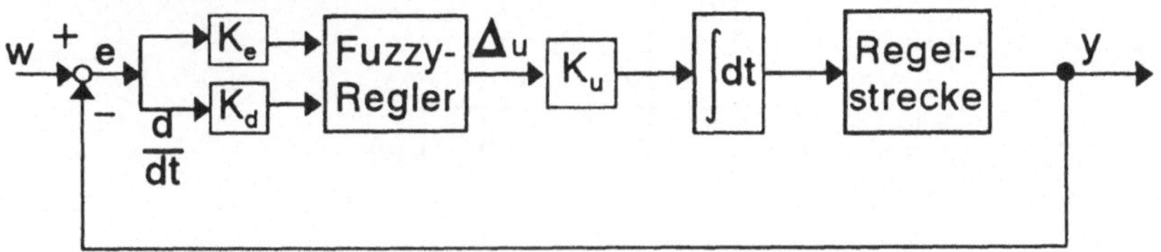

Bild 3-25: Regelkreisstruktur mit Fuzzy-PI-Regler und Skalierungsfaktoren

Standardeinstellung der Zugehörigkeitsfunktionen

Zu Beginn des Reglertunings sollten möglichst wenig Terme für jede linguistische Variable gewählt werden. Wird die Anzahl der Terme der Eingangsgrößen als N angenommen, so erhält die Ausgangsvariable 2N-1 Terme. Die Zugehörigkeitsfunktionen werden symmetrisch um Null verteilt angelegt. Der Grundwertebereich der Basisvariablen wird auf das Intervall [-1,1] und der Wertebereich der Zugehörigkeiten auf das Intervall [0,1] normiert. Dies ist auch der Grund für die Einführung der Skalierungsfaktoren K_e, K_d und K_u (s. Bild 3-25). Für die Terme können symmetrische, dreiecksförmige Zugehörigkeitsfunktionen gewählt werden, sofern kein zwingender Grund dagegenspricht. Ihre Modalwerte werden äquidistant gelegt. Der Modalwert der i-ten Zugehörigkeitsfunktion (wenn diese von links nach rechts durchnumeriert werden) liegt damit an der Position

$$m_i^{in} = -1 + \frac{2(i-1)}{N-1}, \quad i = 1, \dots, N$$

$$m_i^{out} = -1 + \frac{(i-1)}{N-1}, \quad i = 1, \dots, N$$

Die Standard-Termdefinition für N=3 ist in Bild 3-26 abgebildet.

Eine Besonderheit ist bei den Termen der Ausgangsvariablen zu beachten: Wird die COA-Methode zur Defuzzyfizierung eingesetzt, so müssen nicht die Modalwerte der am weitesten außen liegenden Zugehörigkeitsfunktionen an den Rand des Wertebereiches gelegt werden, sondern ihre Schwerpunkte. Zu diesem Zweck werden, wie in Bild 3-26 gestrichelt dargestellt, diese Terme symmetrisch über Eins hinaus erweitert. Auf diese Weise kann der gesamte Stellbereich ausgenutzt werden.

Eingangsvariable:

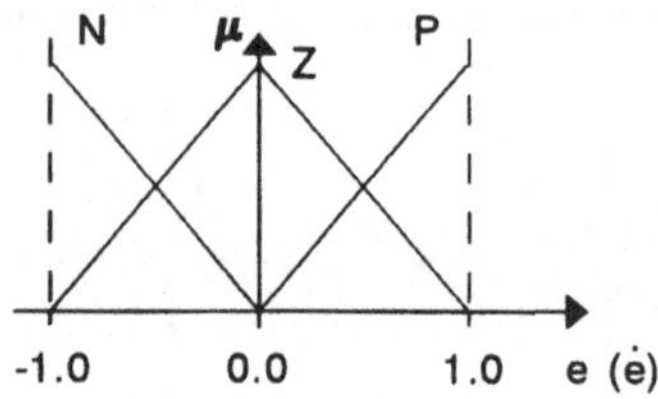

Ausgangsvariable:

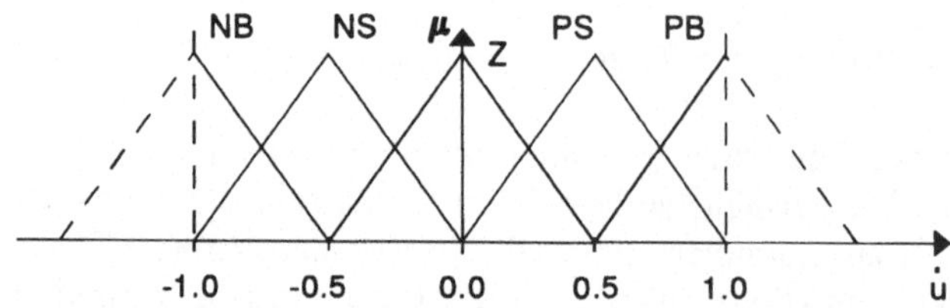

Bild 3-26: Standard-Festlegung der Zugehörigkeitsfunktionen (N=3)

Regelbasis

Ist kein Expertenwissen zur Erstellung der Regelbasis nutzbar, so können folgende Regeln benutzt werden:

		e		
	$\dot{u}$	N	Z	P
$\dot{e}$	P	Z	NS	NB
	Z	PS	Z	NS
	N	PB	PS	Z

In dieser Regelmenge wird keine Aktion veranlaßt ($\dot{u} = Z$), wenn sich das System schon im Sollzustand befindet oder sich darauf zu bewegt. Für alle anderen Fälle werden entsprechend dem Maß der Abweichung unterschiedlich große Stelleingriffe erzeugt. Die unterschiedlich schattierten Bereiche verdeutlichen den Sinn der Festlegung der Anzahl der Ausgangs-Terme als 2N-1. Hierdurch ist das "Vokabular" der Ausgangsgröße ausreichend groß, um bei einer stärkeren Abweichung vom Sollwert eine entsprechend größere Stellgröße zu erzeugen. Für das Beispiel wurde wieder N=3 sowie eine "und"-Verknüpfung der Prämissen vorausgesetzt. Diese Regeln können nun als Ausgangsbasis für die Feineinstellung des Reglers dienen.

Inferenzverfahren

Eine eindeutige Empfehlung für die Wahl der Operatoren für Aggregation, Implikation und Akkumulation läßt sich hier nicht angeben. Allerdings kann grundsätzlich festgestellt werden, daß von den untersuchten Inferenzverfahren mit den "klassischen" Methoden nach Mamdani, Larsen und Mizumoto im regelungstechnischen Bereich sehr gute Ergebnisse zu erzielen sind [3-58]. Eines dieser Verfahren sollte auch als Standardeinstellung verwendet werden.

Allerdings kann durch den Einsatz anderer als der ursprünglich vorgeschlagenen Aggregationsoperatoren der Informationsgehalt der Eingangsvariablen möglicherweise besser berücksichtigt werden (z. B. durch die Verwendung kompensatorischer Operatoren). Das Tuning eines Fuzzy Reglers durch das Inferenzverfahren ist allerdings relativ unübersichtlich und sollte deshalb erst durchgeführt werden, wenn der Regler schon eine gewisse Güte aufweist.

Defuzzyfizierung

Bei der Auswahl eines geeigneten Defuzzyfizierungsverfahrens muß mehr als bei den übrigen Parametern auf Rechenzeitaspekte geachtet werden. Wird eine COA-Defuzzyfizierung angewendet, so ist im allgemeinen Fall ein numerisches Integral über die Ausgangs-Fuzzymenge zu bilden. Diese aufwendige Operation benötigt im Verhältnis zu allen anderen Teilen des Fuzzy Reglers die meiste Rechenzeit. Je zeitkritischer eine Anwendung sich verhält, desto größere Vereinfachungen müssen speziell bei der Defuzzyfizierung zugelassen werden. Eine deutliche Vereinfachung der Defuzzyfizierung ist möglich, wenn die Terme der Ausgangsvariablen als Fuzzy Singletons (Peaks) dargestellt werden. Dies sind Zugehörigkeitsfunktionen, die nur an einer Stelle den Wert 1 annehmen und sonst Null sind. Hierdurch läßt sich die Defuzzyfizierung auf einfache arithmetische Operationen reduzieren. Als Ausgangspunkt kann jedoch die Flächenschwerpunktsmethode eingesetzt werden, sie liefert in einer konsistenten Regelbasis üblicherweise brauchbare Ergebnisse.

Damit sind nun alle Strukturentscheidungen getroffen und es kann zum eigentlichen Reglertuning übergegangen werden. Dabei ist es wichtig, eine systematische Vorgehensweise einzuhalten. Hierzu ist zunächst die Reihenfolge der einzustellenden Parameter festzulegen. Diese wird durch den Einflußbereich des betreffenden Parameters vorgegeben. Grundsätzlich sollte beim Reglertuning so vorgegangen werden, daß zuerst Parameter mit globalem und darauf solche mit lokalem Einflußbereich eingestellt werden [3-66]. In der nachstehenden Tabelle sind einige Reglerparameter im Hinblick auf ihren Einfluß aufgelistet.

Tabelle 3-4: Reglerparameter und deren Einflußbereich

Parameter	Einflußbereich
Anzahl der Zugehörigkeitsfunktionen	lokale Eingriffsmöglichkeiten durch Definition von Regeln für begrenzte Zustandsgebiete
Lage und Breite der Zugehörigkeitsfunktionen	Alle Regeln, die den entsprechenden Term verwenden
Regelausgänge	eine Regel
Wertebereich einer linguistischen Variablen	alle Regeln

Bild 3-27 veranschaulicht dies nochmals graphisch und gibt gleichzeitig die einzuhaltende Reihenfolge der Parametereinstellung an.

Für jeden dieser Parameter wird nachfolgend eine Einstellstrategie angegeben.

Den globalsten Einfluß haben, wie aus Bild 3-27 zu erkennen, die Wertebereiche der linguistischen Variablen. Da diese im betrachteten Fall auf die oben genannten Einheitsintervalle normiert sind, wurden zur Erreichung derselben Wirkung die Skalierungsfaktoren für die Ein- und Ausgangsgrößen eingeführt. Sie entsprechen in ihrem Effekt der Integrationszeitkonstante und der Verstärkung eines linearen PI-Reglers. Wird der Faktor K_e erhöht, so entspricht dies einer Verkleinerung der Integrationszeitkonstanten. Im Gegensatz dazu bewirkt die Erhöhung von K_d eine Vergrößerung der Integrationszeitkonstanten. Mit K_u erhöht sich die Verstärkung des Reglers (s. auch [3-66]). Bei der Einstellung wird man zunächst von Maximalwerten der jeweiligen skalierten Größe ausgehen und die Faktoren so einstellen, daß beim Erreichen dieser Maximalwerte der Wertebereich der normierten Ein-/Ausgangsvariablen gerade ausgeschöpft wird.

Das Verhältnis der Größen K_e und K_d kann übrigens als Steigung der Schaltgerade eines Sliding Mode Controllers in der Phasenebene interpretiert werden. Eine Änderung dieses Verhältnisses entspricht also einer Änderung der Schaltlinie und somit des Punktes, an dem das Umschalten der Reglerstruktur erfolgt. Sliding Mode Controller zeichnen sich vor allem durch ihre große Robustheit aus und werden bevorzugt in mechanischen Systemen - etwa in der Robotik - eingesetzt [3-67], [3-68], [3-69].

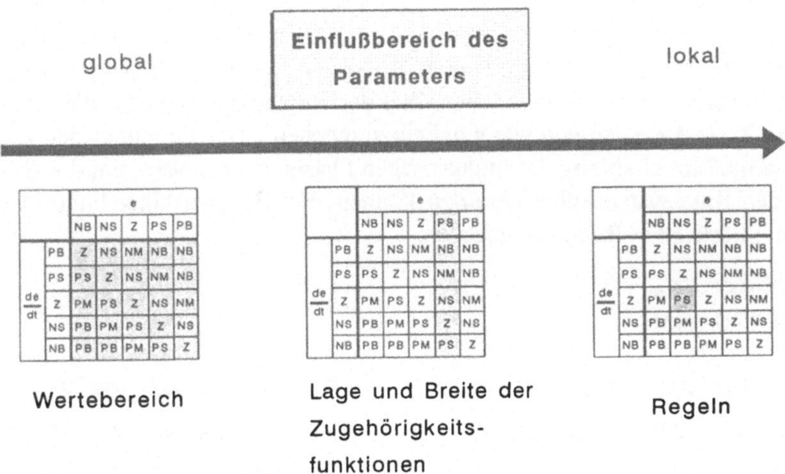

Bild 3-27: Reihenfolge der Parametereinstellung

Für die weiteren Parameter sind oben Standard-Werte angegeben worden, die nun im Laufe des Reglertunings verbessert werden sollen.

Das Verändern von Lage und Breite einer Zugehörigkeitsfunktion ändert den Erfüllungsgrad der Prämissen aller Regeln, die auf diese Funktion zugreifen und damit auch direkt das Inferenzergebnis. Erzeugt zum Beispiel eine bestimmte Zugehörigkeitsfunktion einen zu großen Beitrag bestimmter Regeln zum Inferenzausgang, so kann dieser durch Verschieben der betreffenden Zugehörigkeitsfunktion verringert werden.

Aus diesen Überlegungen wird im übrigen deutlich, daß sich die Einstellung der Regelausgänge und der Lage und Breite der Zugehörigkeitsfunktionen nicht vollständig voneinander trennen lassen. Eine Regel wird ja nur dann gefeuert, wenn ihre Prämisse einen von Null verschiedenen Erfüllungsgrad aufweist.

Das Tuning der Zugehörigkeitsfunktionen und Regeln erfordert die Information über die Erfüllungsgrade der Prämissenausdrücke. Das Systemverhalten kann dann beispielsweise mit Hilfe der linguistischen Trajektorie analysiert werden [3-70]. Hintergrund dieser Verfahrensweise ist es, das Verhalten des Systems im linguistischen Zustandsraum zu verfolgen.

Die linguistische Trajektorie erhält man, indem in jedem Zeitschritt die gefeuerten Regeln mitprotokolliert werden. Diejenige Regel mit dem größten Aktivierungsgrad wird in der linguistischen Ebene markiert. Erfüllt das Ergebnis der Regelung nicht die gestellten Anforderungen, so werden genau diese Regeln modifiziert. Dies kann dann entweder durch Verschiebung der Zugehörigkeitsfunktionen oder aber durch Änderung des Regelausgangs (also der Konklusion der Regel) geschehen. Ziel des Reglertunings ist es, die linguistische Trajektorie "so eng wie möglich zu machen". Der Endpunkt der Trajektorie muß im Ursprung der linguistischen Phasenebene liegen, um das System in den Ruhezustand überführen zu können. Ein Beispiel einer linguistischen Trajektorie ist in Bild 3-28 gegeben.

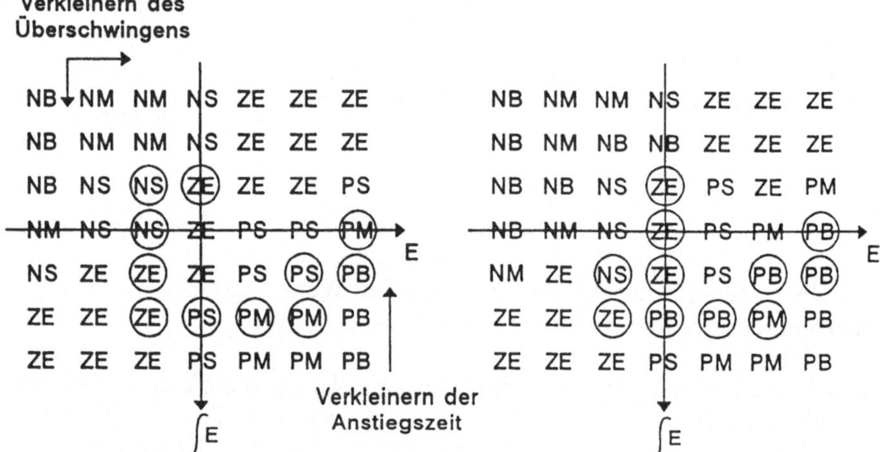

Bild 3-28: Linguistische Trajektorie vor und nach dem Regeltuning, Quelle: [3-70]

Eine Verfeinerung dieses Verfahrens kann nicht nur durch die Berücksichtigung der Regeln mit maximalem Aktivierungsgrad erreicht werden. Die scharfe Entscheidung des Maximums widerspricht in gewissem Sinne der Interpretation, daß sich mehrere Regeln in ihrer Wirkung ergänzen sollen. Diese können durchaus sehr ähnliche Aktivierungsgrade aufweisen, so daß das Maximum eine inadäqute Entscheidung über die zu modifizierende Regel liefert. Somit ist es sinnvoll, die linguistische Trajektorie zu "verbreitern" indem man alle Regeln mit einem Erfülltheitsgrad oberhalb einer festgelegten Schwelle betrachtet.

3.3.5 Alternative und erweiterte Fuzzy Control Konzepte

Der Fuzzy Controller der bisher betrachteten Struktur kann als "state-evaluation"-Typ bezeichnet werden [3-71]. In den Prämissen der Regeln erfolgt eine

Auswertung von Systemzuständen. Als Konsequenz wird eine Stellaktion ausgelöst. Diese kann entweder - wie im "klassischen" Fall - als linguistische Variable beschrieben sein oder aber als eine beliebige Funktion der Eingangsgrößen [3-72]. Dabei nehmen die Regeln folgende Gestalt an:

Wenn x_1 hoch ist und x_2 niedrig ist und .... und x_N hoch ist
Dann $y = f(x_1, x_2, \ldots, x_N)$

Die x_i, i=1,...,N, sind dabei jeweils die Eingangsgrößen des Fuzzy Reglers.

Diese Form des Fuzzy Reglers eignet sich weniger zur Beschreibung linguistischer Sachverhalte. Sie ist vielmehr geeignet zur unscharfen Systemidentifikation. In der von Sugeno und Takagi vorgeschlagenen Methode hat die Konklusion der i-ten Regel die folgende Form [3-73], [3-74]:

$$y^i = c_0^i + c_1^i x_1 + c_2^i x_2 + \ldots + c_N^i x_N$$

Auf Basis dieser Systemdarstellung kann mittels linearer Optimierungsmethoden ein Fuzzy Modell des betreffenden Systems erhalten werden. In der allgemeinen Darstellung können die Parameter der Funktion f mittels Lernverfahren eingestellt werden.

Die Defuzzyfizierung erfolgt bei Sugeno durch einfache arithmetische Operationen:

$$\overline{y} = \frac{\sum_{i=1}^{N} \mu_i y^i}{\sum_{i=1}^{N} \mu_i}$$

wobei N die Anzahl der Regeln und μ_i der Erfüllungsgrad der Prämisse der i-ten Regel ist.

Der zweite Fuzzy Regler-Typ wird als "object evaluation"-Typ (oft auch fuzzy predictive control) bezeichnet [3-71], [3-75]. Ziel dieses Verfahrens ist es, die Ziele (Gütekriterien) der Regelung in den Reglerentwurf einzubringen. Die tatsächliche Stellaktion wird hergeleitet aus der Auswertung unscharf formulierter Zielgrößen. Trotzdem sich diese Ziele widersprechen können, kann durch die unscharfe Darstellung eine "möglichst gute" Erfüllung aller Gütekriterien erreicht werden. Die Regeln haben hier die Form

IF (u is $C_i \rightarrow$ (x_1 is A_i and x_2 is B_i)) THEN u is C_i

Dies kann linguistisch interpretiert werden als "Wenn das Gütemaß x_1 die Größe A_i und Gütemaß x_2 die Größe B_i annimmt, falls die Stellgröße u den Wert C_i bekommt, so wird dieser Wert C_i für u eingestellt". Diese Methode hat in verschiedenen Anwendungen ihre Eignung zur Auflösung von Zielkonflikten und zur Auswertung unscharf formulierter Gütemaße bewiesen [3-75].

Aussagen zur Stabilität von Regelkreisen mit Fuzzy Reglern sind vermehrt Gegenstand der aktuellen wissenschaftlichen Arbeiten. Stabilitätsuntersuchungen bei nichtlinearen Regelstrecken haben zu Ergebnissen geführt, die erfolgversprechende Aussagen zu diesem Aspekt zulassen [3-76], [3-77], [3-78], [3-79], [3-80], [3-81].

Ein weiterer Ansatz zur Regelung technischer Prozesse ergibt sich aus der Verbindung von Fuzzy Control Konzepten und herkömmlichen Reglern. Hierdurch können die Vorteile der unscharfen Betrachtungsweise zur Verbesserung erzielter Ergebnisse ausgenutzt werden. Mögliche Prinzipien zur entsprechenden Kopplung sind in Bild 3-29 dargestellt.

In Bild 3-29 ist dargestellt, wie ein Fuzzy Block zur Adaption der Parameter eines linearen Reglers eingesetzt werden kann. Als Beispiel dient hier ein PID-Regler. Die Parallelschaltung eines Fuzzy Controllers und eines PID-Reglers wird am Beispiel eines industriell realisierten Temperaturreglers veranschaulicht. Das letzte Beispiel zeigt einen adaptiven Fuzzy Regler, dessen Ein- und Ausgangsskalierungen nach Maßgabe bestimmter (scharfer oder unscharfer) Gütemaße an Veränderungen von Parametern der Regelstrecke angepaßt werden.

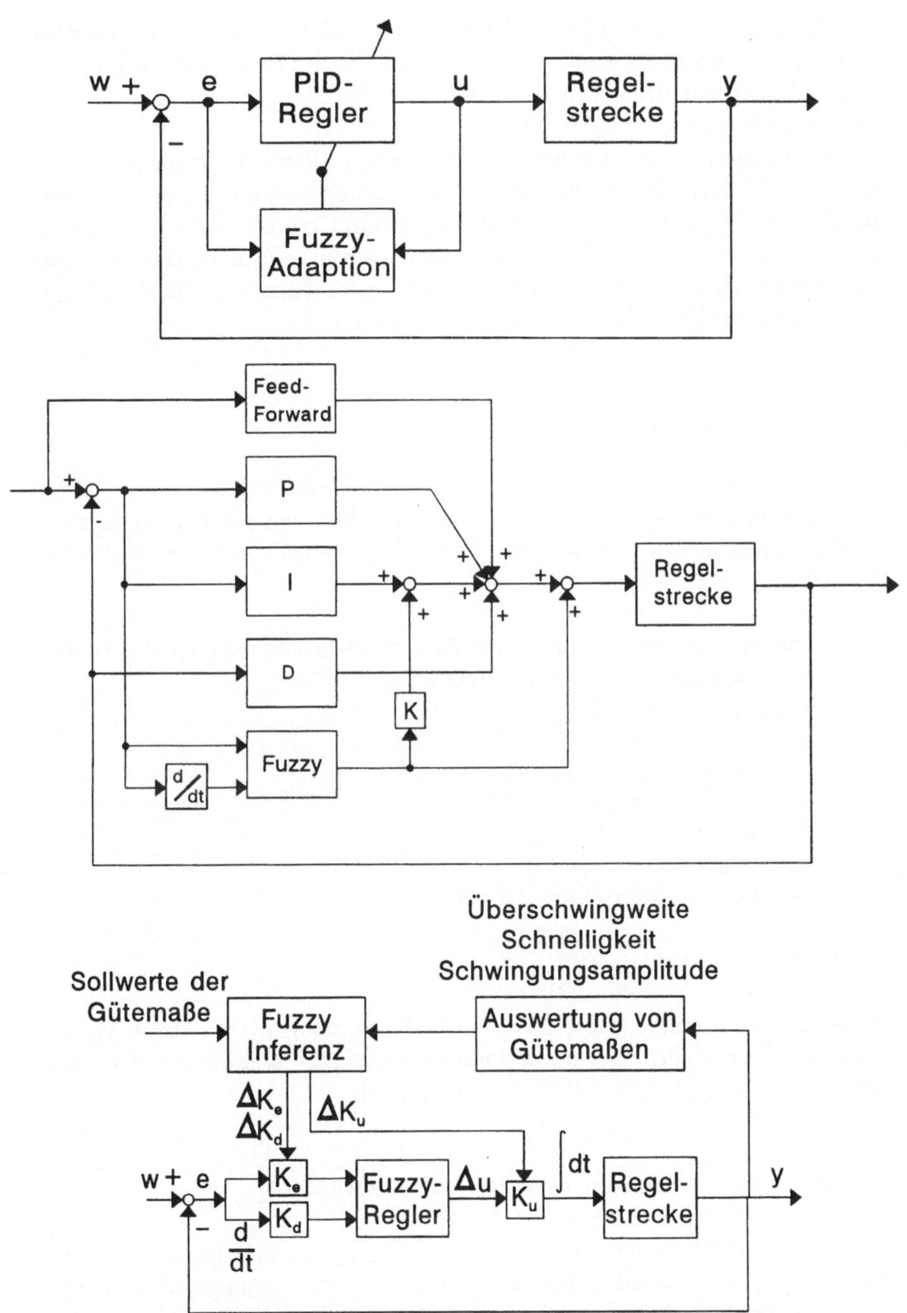

Bild 3-29: Verbindung von Fuzzy Control und herkömmlichen Reglern

Aus der Kombination von Fuzzy Ansätzen mit traditioneller Regelungstechnik resultiert ein besonders großes Potential speziell zur Optimierung von nichtlinearen Regelsystemen. Weiterführende Arbeiten zu den genannten Verbindungen findet man u. a. in [3-82].
Die Regelung technischer Prozesse mittels Fuzzy Neuro Ansätzen stellt einen weiteren Schwerpunkt der aktuellen Forschungsarbeiten dar. Einen Vorschlag zur Entwicklung eines sogenannten Fuzzy Neuro Controllers findet man z. B. bei [3-83]. Auch [3-33] liefert hierzu einen ausführlichen Beitrag. Die entsprechenden Ansätze werden an dieser Stelle nicht weiter vertieft, da dies den Rahmen des vorliegenden Buches sprengen würde.

3.3.6 Anwendungen

In diesem Abschnitt werden einige industrielle Anwendungen von Fuzzy Control aus dem Bereich der Steuerungs- und Regelungstechnik kurz zusammengefaßt. Typische Anwendungen der Fuzzy Technologie sind z. B. in den Bereichen

- Fahrzeugtechnik (Regelung von Anti-Blockier-Bremssystemen [3-84], Regelung eines Automatikgetriebes [3-85], [3-86], Motorsteuerung [3-87]),
- Robotik [3-88], [3-89],
- Unterhaltungselektronik [3-55],
- Klärwerkssteuerung [3-90], [3-91],
- Füllstandsregelung [3-92],
- Anfahrregelung [3-93] und
- Regelung eines Hydrierreaktors [3-94]

beschrieben worden.

Im folgenden werden einige industrielle Anwendungen von Fuzzy Control detailliert beschrieben. Zusammenfassungen weiterer praktischer Umsetzungen findet man z. B. in [3-95], [3-96] und [3-97].

3.3.6.1 Kühlungssteuerung eines Industrielasers [3-61]

Der Markierungslaser der Uranit GmbH ist ein gepulserter CO_2-Laser mit hoher Leistung, der vor allem für die Markierung von Massengütern eingesetzt wird. Ein Beispiel hierfür sind die Eichmarken von Biergläsern (Bild 3-30).

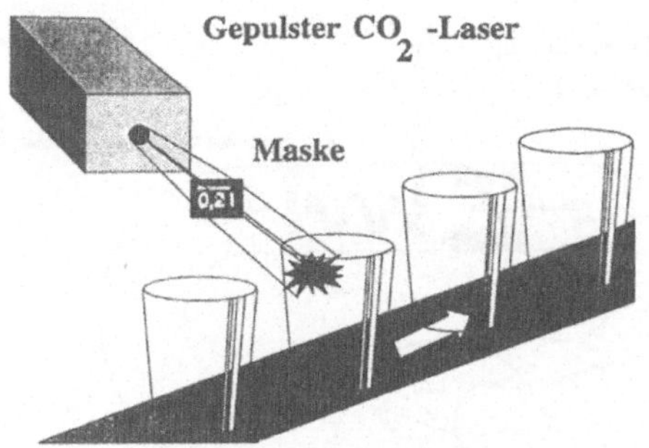

Bild 3-30: Eichmarkierung bei Biergläsern, Quelle: [3-98]

Problemstellung

In dieser Applikation wurde die Echtzeit-Steuerungssoftware des URANIT Markierungslasers um ein Modul, das auf der Fuzzy Technologie basiert, ergänzt. Zielstellung des Ansatzes war eine verbesserte Kontrolle der Betriebsparameter, eine höhere Verfügbarkeit sowie eine vereinfachte Programmierung. Bei der Markierung von Massengütern wird der Strahl in einem nur eine Millionstel Sekunde langen "Schuß" durch eine Maske auf das Glas projiziert und hinterläßt dort die Eichmarke. Die Gläser kommen in schneller Folge und sollen alle in gleicher Weise markiert werden. Am Transportband werden dementsprechend eine hohe Verfügbarkeit und gleichbleibende Markierungsqualität verlangt. Die eingebaute Echtzeitsteuerung muß deshalb zahlreiche Parameter überwachen und steuern. Die Steuerung des Kühlsystems, an das bei starker Variation der Schußfolge, z. B. durch Bandstops o. ä., hohe Anforderungen gestellt werden, steht im Mittelpunkt der Untersuchung.

Der CO_2-Laser ist ein Gaslaser, dessen Gas in einem Kreislauf umgepumpt wird. (Bild 3-31). In der Laserzone wird es durch elektrische Entladungen stark aufgeheizt. Die eingebrachte Wärme muß weggekühlt werden, da der Laser sonst nicht funktionsfähig ist. Während das Gas schnell aufgeheizt wird, reagiert die Wasserkühlung relativ langsam. Solche Systeme sind mit einer herkömmlichen Regelung nur schwierig zu kontrollieren.

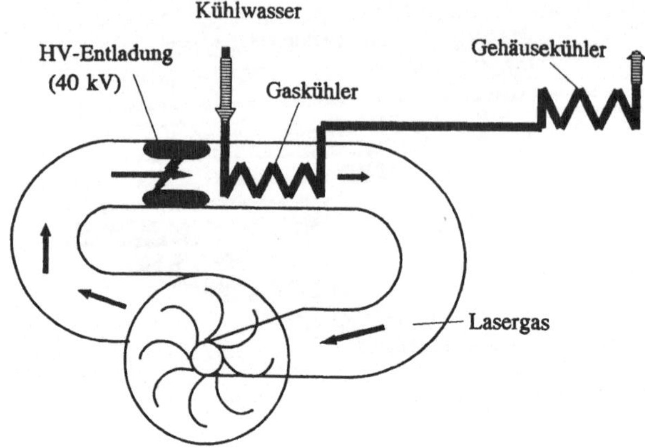

Bild 3-31: Kühlkreis des Lasers, Quelle: [3-98]

Der von Uranit selbst entwickelte Fuzzy Regelcompiler ist auf dem Steuercomputer des Lasers in einer Erweiterung der Programmiersprache FORTH implementiert und verarbeitet direkt Regeln in deutschem Klartext. Eine Vorverarbeitung oder ein Zwischenübersetzer sind nicht erforderlich. Dies ist in Kombination mit der vorhandenen Steuerhardware (68000 Prozessor mit 128 kB ROM und 64 kB RAM) und als Integration in die bestehende Software (FORTH-Compiler mit Echtzeit-Multitasking Kern) realisiert. Für die Aufgabenstellung wurde ein "Wortschatz" definiert, der Worte zum Definieren der linguistischen Variablen (FUZZY VARIABLE), zum Modifizieren der linguistischen Variablen (ADJEKTIV), allgemeine Begriffe (WENN, DANN, REGELBANK, ENDE REGELBANK) sowie um Verknüpfungen (UND, ODER, NICHT) vorzunehmen. Mit diesen Definitionen läßt sich das Problem lösen. Typische Regeln aus dem Quelltext für die Laserkühlung sind:

```
WENN die Schußfolge niedrig ist UND
        das Kühlwasser kalt ist
DANN Kühlung schwach
.
.
WENN die Schußfolge niedrig ist UND
        das Kühlwasser warm ist
DANN Kühlung mittel
```

Der Klartext ermöglicht dem jeweiligen Experten, über die Steuerprogramme ohne besondere Programmierkenntnisse das Problem zu modellieren. Außerdem erübrigt sich eine Dokumentation des Programmcodes. Ein weiterer Vorteil des Regelcompilers ist, daß er sich auch nachträglich in bereits existierende Steuerprogramme integrieren läßt. Das Beispiel eines nichtlinearen Kennfeldes ist im Bild 3-32 dargestellt. Das detaillierte Regler Konzept ist in [3-98] dargestellt.

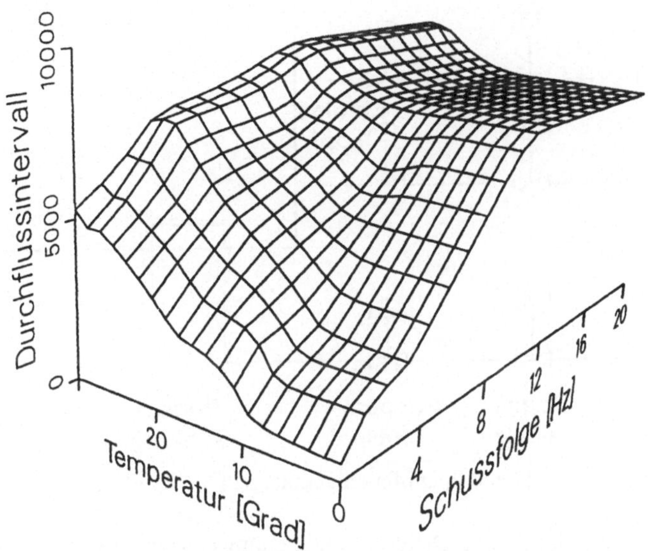

Bild 3-32: Kennfeld, Quelle: [3-98]

3.3.6.2 Regelung einer Schnelldampferzeugeranlage

Bei der im folgenden darzustellenden Anwendung wird Fuzzy Control zur Regelung einer Schnelldampferzeugeranlage eingesetzt. Dabei wird durch eine kontrollierte Verbrennung von Wasserstoff und Sauerstoff unter Einspritzung von Kühlwasser der gewünschte Prozeßdampf erzeugt. Der Schnelldampferzeuger wird in Kraftwerken eingesetzt und kann innerhalb einer Sekunde auf eine thermische Leistung von 70 MW hochfahren [3-99].

Die zu regelnden Größen sind der Dampfmassenstrom, die Stöchiometrie und die Dampftemperatur. Der Dampfmassenstrom muß dabei zwischen 0,5 kg/s und 30 kg/s veränderlich sein. Die thermische Leistung variiert zwischen 20 und 70 MW. Sowohl Dampftemperatur als auch Stöchiometrie sind konstant zu halten. Im stationären Betrieb dürfen die Temperaturabweichung maximal ±2°C und die Stöchiometrieabweichungen maximal 0,1 % betragen. Als Stellgrößen werden die Steuerspannungen zu den Servoantrieben der drei Regelventile angegeben. Gemessen werden die Regelgrößen sowie die drei Massenströme einschließlich der entsprechenden Drücke- und Temperaturen.

Störgrößen sind die Druckschwankungen in den Versorgungssystemen und die Temperaturschwankungen des Kühlwassers. Der prinzipielle Aufbau ist aus Bild 3-33 ersichtlich.

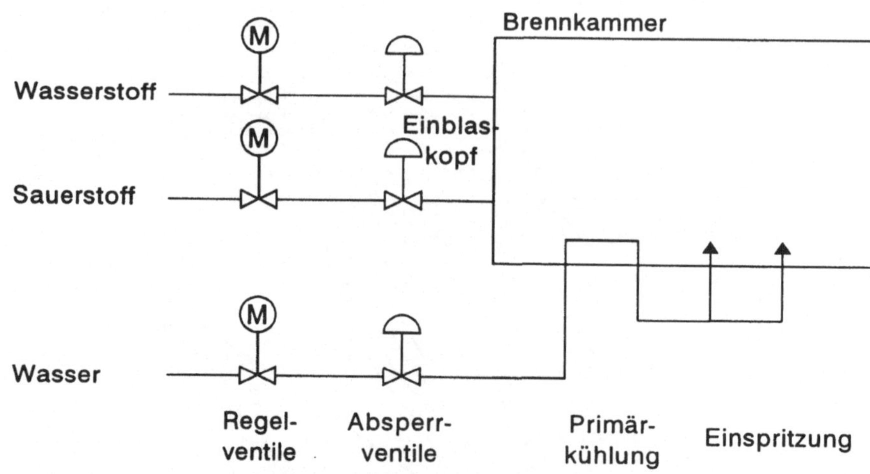

Bild 3-33: Aufbau einer Schnelldampferzeugeranlage, Quelle: [3-99]

Das System kann durch ein Differentialgleichungssystem 13. Ordnung beschrieben werden, und weist sowohl eine nichtlineare Struktur als auch eine starke Vermaschung des Meßgrößensystems auf. Damit ist ersichtlich, welche Probleme der Entwurf einer klassischen Regelung bereiten würde. Es wurde gezeigt, daß sich ein Fuzzy Regler für die geschilderte Problemstellung besonders bewährt hat.

Der Fuzzy Controller erhält die Regelgrößen als diskrete Meßwerte, die durch die Fuzzyfizierung in die Terme der verwendeten linguistischen Variablen übersetzt werden. Darauf aufbauend werden durch die Fuzzy Inferenz linguistisch formulierte Schlußfolgerungen zur Prozeßregelung gezogen, die in der anschließenden Defuzzyfizierung in konkrete Stellgrößen umgewandelt werden.

Der beschriebene Fuzzy Ansatz hat den Vorteil, daß auch die vorliegenden nichtlinearen Zusammenhänge beliebig genau modelliert werden können. Eine weitere Stärke besteht in der Entkopplung der verschiedenen Regelungsziele (für Massenstrom, Temperatur und Stöchiometrie).

Statt eines sehr komplexen mathematischen Modells zur Beschreibung des Prozeßverhaltens konnte im beschriebenen Beispiel eine einfache umgangssprachlich formulierte Regelbasis mit 21 Wenn-Dann-Regeln zur Kontrolle des Gesamtprozesses verwendet werden. Während des Entwurfsprozesses des Fuzzy Controllers wurden die Zugehörigkeitsfunktionen der einzelnen Terme zu den linguistischen Variablen anfangs willkürlich festgelegt und anschließend verbessert. Die Variation der Zugehörigkeitsfunktionen hat gezeigt, daß sich durch eine große Überschneidung benachbarter Funktionen die Empfindlichkeit des Reglers leicht beeinflussen läßt.

Simulationsuntersuchungen haben gezeigt, daß der verwendete Fuzzy Controller einem Zustandsregler in vielen Situationen hinsichtlich der Regelgüte ebenbürtig ist [3-99].

3.3.6.3 Regelung eines Antiblockier-Bremssystems

Durch Einsatz eines Antiblockiersystemes (ABS) im Fahrzeug soll das Blockieren der Räder beim Bremsen unterbunden werden. Ziel ist es, das Fahrzeug während des Bremsvorganges lenkbar zu halten und den kürzest möglichen Bremsweg zu garantieren. Beides ist ohne ABS praktisch nicht realisierbar [3-84].

In Bild 3-34 ist die Abhängigkeit des Reibungskoeffizienten μ vom Schlupf λ des Rades sowie die zugehörige Seitenführungskraft des Rades für zwei Straßen unterschiedlichen Belages dargestellt. ($\lambda = \frac{\omega_0 - \omega}{\omega_0}$; ω tatsächliche Raddrehgeschwindigkeit, ω_0: der Fahrtgeschwindigkeit des Fahrzeuges entsprechende Raddrehgeschwindigkeit).

Ziel der $\mu(\lambda)$-Regelung ist es, den Reibungskoeffizienten im Bereich des Maximums der Kurve zu halten. Um dies zu erreichen, muß der Schlupf entsprechend eingestellt werden. Hierzu wird Bremsdruck aufgebaut, wenn der Schlupf unter eine gewisse Schranke fällt und abgebaut, wenn sich der Schlupf zu weit rechts vom Maximum der Kurve befindet. Allerdings ist der Schlupf eine theoretische Größe, die im realen Fahrzeug nicht meßbar ist. Auch die Fahrzeuggeschwindigkeit kann nur sehr ungenau gemessen werden. Im konventionellen ABS werden deshalb Tabellen mit Zuordnungen von Bremsdrücken zu Radbeschleunigungen u. ä. abgelegt. Diese Kennfelder werden empirisch bestimmt. Der Nutzen von Fuzzy Control in dieser Anwendung liegt vor allem darin, daß es möglich ist, die Struktur des Regelsystems auch bei Änderungen am Fahrwerk des Fahrzeuges zu übernehmen. Eine erneute empirische Ermittlung der verwendeten Kennfelder ist nicht notwendig. Es müssen nur die Parameter des Fuzzy Reglers angepaßt werden, was aufgrund des wachsenden Erfahrungswissens mit der Zeit immer schneller gelingen wird.

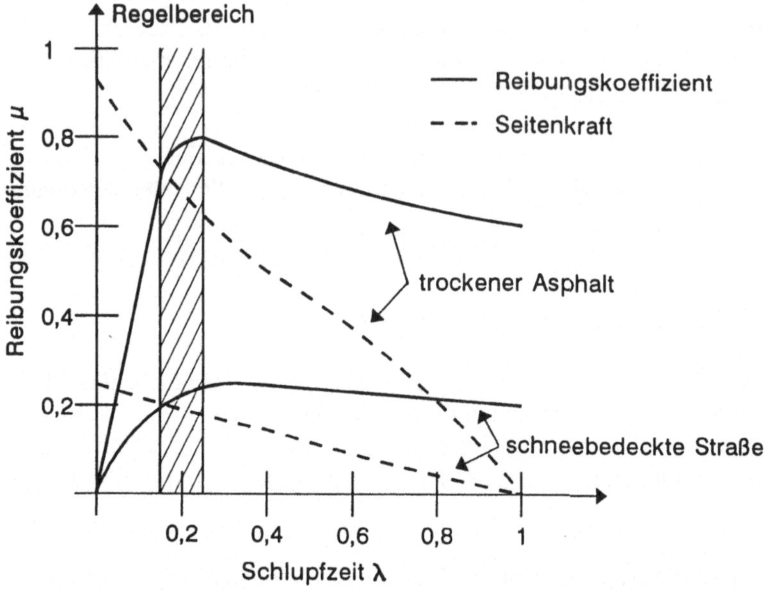

Bild 3-34: Reibungskoeffizient und Seitenkraft in Abhängigkeit des Schlupfes, Quelle: [3-84]

Die in Tabellen abgelegten Kennfelder des konventionellen Ansatzes sorgen außerdem für sprungartige Änderungen der Stellgrößen im ABS, was die Regelgenauigkeit etwas einschränkt. Durch Anwendung von Fuzzy Mechanismen im ABS ergibt sich eine glattere Regelfläche ohne durch größere Auflösung der Kennfelder den (kostenintensiven) Speicherbedarf steigern zu müssen. Außerdem ist eine adäquate Verarbeitung der ungenau gemessenen Eingangsgrößen und der geschätzten Systemparameter möglich. In Bild 3-35 ist die Struktur des beschriebenen Regelsystems grob dargestellt.

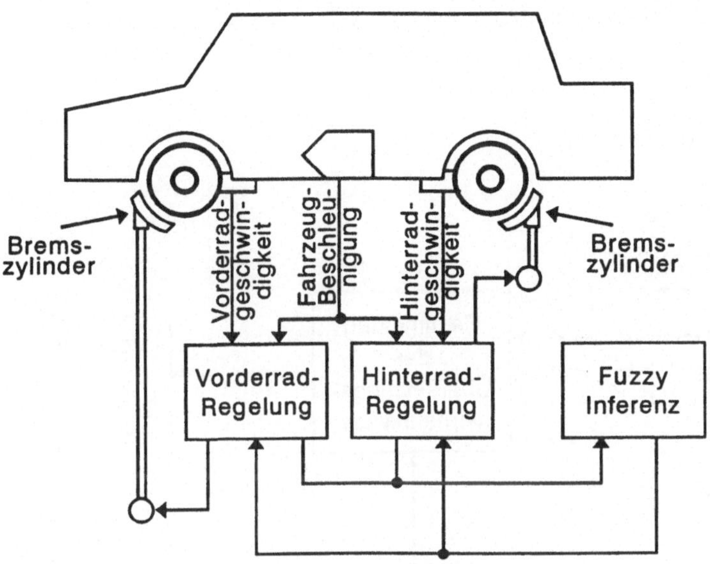

Bild 3-35: ABS-Regelsystem mit Fuzzy Control

3.3.6.4 Regelung eines Automatikgetriebes

Bei der Konstruktion eines automatischen Getriebes wird von der Zielvorstellung ausgegangen, die Schaltentscheidungen des Menschen nachzuvollziehen. Konventionelle Lösungen benutzen zu diesem Zweck üblicherweise feste Schaltschemata in Abhängigkeit der Fahrzeuggeschwindigkeit und der Drosselklappenstellung [3-85], [3-86].

Durch diese starre Zuordnung entstehen unbefriedigende Schaltergebnisse vor allem in Sondersituationen, wie beispielsweise bei der Fahrt auf hügeligen Straßen. Der Fahrer eines Fahrzeuges mit Schaltgetriebe würde in dieser Situation bei kurzen Bergabstrecken die Bremswirkung des Motors ausnutzen, um die Geschwindigkeit in etwa konstant zu halten. Ein konventionell gesteuertes Automatikgetriebe würde, aufgrund der geringeren Last, hochschalten und müßte dann entsprechend an der nächsten Steigung wieder in einen niedrigere Stufe zurückschalten.

In der hier beschriebenen Applikation wurden zusätzlich zu den Eingangsgrößen Fahrzeuggeschwindigkeit und Drosselklappenstellung (die der Motorlast entspricht) Beschleunigungswerte und die Änderung der Lastverhältnisse berücksichtigt. Als weiterer Eingang wurde der Fahrtwiderstand hinzugenommen, der unter anderem von der Beladung des Fahrzeuges, der Steigung der

Straße und den Windverhältnissen abhängt. Bild 3-36 zeigt die Struktur der Getriebesteuerung.

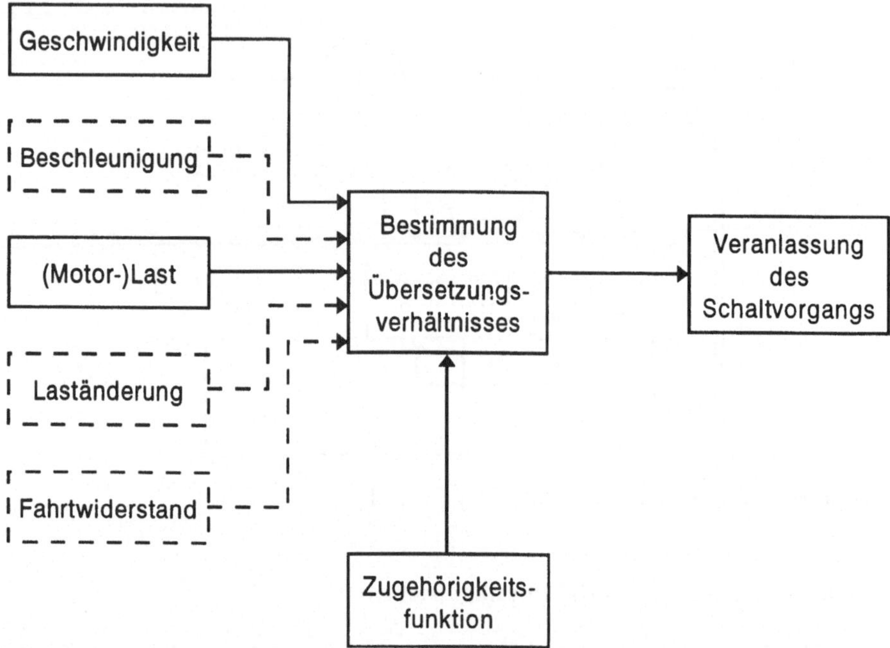

Bild 3-36: Struktur der Steuerung des Automatikgetriebes

Um die Entscheidungen des Fahrers möglichst natürlich abbilden zu können werden durch die Steuerung auch die Änderungen der Geschwindigkeit und der Drosselklappenstellung innerhalb zweier verschiedener Zeitintervalle berechnet und als weitere Eingangsgrößen verwendet. Dadurch kann zum Beispiel der Wunsch des Fahrers nach einer Beschleunigung von einer ungewollten Gaspedalbewegung unterschieden werden. Eine detailliertere Darstellung des Gesamtsystems ist in Bild 3-37 abgebildet.

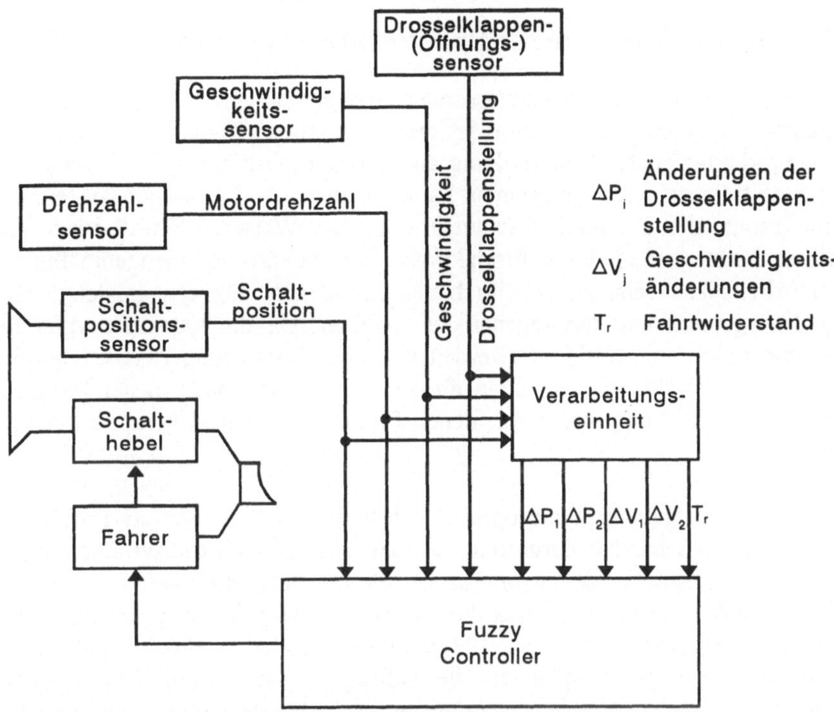

Bild 3-37: Automatikgetriebe mit Fuzzy Control

Zu den genannten Größen wurden für jeden Gang Zugehörigkeitsfunktionen definiert, welche die Zugehörigkeit der aktuellen Situation zu einer bestimmten Schaltstellung angeben. Ein Zugehörigkeitswert von Null steht also für eine unmögliche Schaltposition.

Zusätzlich wird mit Hilfe weiterer Zugehörigkeitsfunktionen die Notwendigkeit eines Hoch- und Herunterschaltens bestimmt. Hierbei muß natürlich auch die vom Fahrer bestimmte Schaltstufe berücksichtigt werden, die eventuell keinen Schaltvorgang in die gewünschte Richtung zuläßt.

Insgesamt wird in dieser Anwendung die unscharfe Darstellung nicht direkt zur Regelung verwendet, sondern als Repräsentation des aktuellen Zustandes. Die Zugehörigkeitswerte der Bewertung der aktuellen Schaltposition und der Notwendigkeit eines Schaltvorganges werden miteinander verrechnet um sozusagen eine Schaltempfehlung (die als Wert zwischen Null und Eins dargestellt wird) zu erhalten. Die tatsächliche Entscheidung wird dann aufgrund der Entfernung des errechneten Wertes vom Optimalzustand Eins getroffen.

3.4 Fuzzy Systeme im Produktionsmanagement

Aufgabenstellung des Produktionsmanagements in Unternehmen der Fertigungs- und Verfahrensindustrie ist die Konzeption, Planung und Steuerung der Produktion unter Einbeziehung anderer Betriebsfunktionen [3-100]. Das operative Produktionsmanagement hat bei gegebenem Produktionssystem und -programm, den Produktionsablauf in optimaler Weise zu koordinieren. Ziel dieser Planung ist es, die im Produktionsprogramm art- und mengenmäßig und im Arbeitsplan technisch beschriebenen Leistungen möglichst kostengünstig, qualitätsgerecht und termingenau zu erstellen. Da die Quantifizierung der Kosten relativ schwierig ist, werden zu deren Beurteilung Ersatzzielgrößen wie kurze Durchlaufzeiten der Aufträge, niedrige Bestände in der Fertigung und hohe Auslastung der vorhandenen Produktionsanlagen herangezogen [3-101].

Soll diese Aufgabenstellung optimal gelöst werden, so muß das Problem in einem exakten Modell dargestellt werden. Aus Komplexitätsgründen ist jedoch eine optimale Lösung praktischer Problemstellungen mit heutiger Rechentechnik nicht möglich. Aus diesem Grunde wird die Aufgabenstellung in Teilaufgaben, wie z. B. die Grobterminierung (oder Produktionsprogrammplanung), die Kapazitätsplanung, die Auftragsfreigabe und die Maschinenbelegungsplanung (Fertigungssteuerung) zerlegt. Berücksichtigt man neue Organisationskonzepte, so können die ersten beiden Aufgaben in einer sogenannten "zentralen Auftragsleitstelle" und die beiden anderen Teilaufgaben durch dezentral geführte Systeme bearbeitet werden. Durch diese Dezentralisierung der Entscheidungsfindung wird die Möglichkeit eröffnet, Erfahrungen und die Kreativität der direkt an der Produktion beteiligten Mitarbeiter für einen optimalen Produktionsablauf zu nutzen.

Der Entscheidungsträger kann dabei helfen, die Problemstellung in zwei Schritten zu vereinfachen:

- Die Informationen der Problemstellung müssen zusammengefaßt, d. h. vergröbert werden. Mit einer derartigen Vergröberung wird in der Regel nicht das Ergebnis der Planung verschlechtert, da die Vorgaben und Informationen für die Planung mit großen Unsicherheiten behaftet sind (Prozeßgrößenunschärfe).

- Der Entscheidungsfäller kann zur Beschreibung der bestehenden Zielgrößenunschärfe und zur Einschätzung der Entscheidungsrelevanz bestimmter Informationen durch die Angabe seines Erfahrungswissens hinzugezogen werden. Dieser Rat der Experten wird normalerweise eher verbal und unpräzise, als mit mathematischer Genauigkeit formuliert sein. D. h., hier kann durch den Einsatz unscharfer Modellformulierungen die Integration der problemrelevanten Informationen in das Lösungskonzept erfolgen.

Unter Zuhilfenahme von Methoden der Fuzzy Technologie sind unscharfe Modelle zur Grobterminierung bei der Produktionsprogrammplanung vorgeschlagen worden. In einem simultanen Ansatz bestimmt man die Ecktermine für die beteiligten Produktionsbereiche einer flexiblen Fertigung mit der unscharfen linearen Programmierung (vgl. Kapitel 2.5) [2-30]. In diesem unscharfen Modell werden die Restriktionen für die Termintreue der Aufträge und Kapazitätsbedingungen der Aggregate als unscharfe Restriktionen betrachtet. Aufbauend auf den Vorgaben aus der Terminplanung kann man mit Hilfe von Heuristiken die Werkzeugbestückung, die Einlastung der Aufträge in das Fertigungssystem sowie die Maschinenbelegungsplanung durch regelbasierte Fuzzy Systeme durchführen [2-30]. In Abschnitt 3.4.1 beschreiben wir exemplarisch die Einlastung der Aufträge in ein flexibles Fertigungssystem.

Neben dem Einsatz von regelbasierten Fuzzy Ansätzen zur Maschinenbelegung in flexiblen Fertigungssystemen und zur Belegungsplanung von Aggregaten in der Papierindustrie [3-102], können solche Ansätze sowohl bei der Bewertung von Produktionsplänen bzgl. der Zielerreichung als auch als Entscheidungsunterstützung bei der Umdisposition von Fertigungsaufträgen in Störungsfällen eingesetzt werden.

Die Aufgabenstellung des operativen Produktionsmanagements ist, wie oben gezeigt, sehr komplex. Wissensbasierte Ansätze berücksichtigen das Erfahrungswissen der Experten zur Erreichung der Planungsziele. Sie setzen, falls das Wissen in Produktionsregeln repräsentiert ist, kaum oder nur wenig Strukturkenntnisse über das Produktionssystem voraus. Daher sind sie vor allem für kleinere schlecht-strukturierte Entscheidungsprobleme geeignet. Will man z. B. die Struktur der Fertigung und die Abbildung engverketteter parallel angeordneter Produktionssysteme miteinbeziehen, so bietet sich das Konzept eines Fuzzy Petri-Netz-Ansatzes als Steuerungssystem an [3-103]. Dieses wird an verschiedenen Beispielen in Abschnitt 3.4.2 dargestellt. In diesem wissensbasierten Ansatz wird als Wissensrepräsentation ein Petri-Netz gewählt [3-104]. Durch die Einführung der Unschärfe in dieses Konzept wird auch hier die Berücksichtigung menschlichen Erfahrungswissens möglich. Der vorgestellte Ansatz umfaßt dabei z. B. in Fertigungssystemen sowohl die Auftragsfreigabe als auch die Maschinenbelegung. Darüber hinaus kann es als Simulationssystem auch fertigungsbegleitend eingesetzt werden, so daß ein aktives Störungsmanagement möglich ist.

Neben dem Einsatz in der Fertigung kann dieses System auch in der Verfahrensindustrie [3-105] und bei der Montageplanung eingesetzt werden [3-106]. Anwendungserfahrungen für diese Gebiete findet der interessierte Leser in [3-107, 3-108].

3.4.1 Einlastungsplanung für ein flexibles Fertigungssystem

In diesem Abschnitt wird ein Teilproblem beim Produktionsmanagement für flexible Fertigungssysteme, die Einlastungsplanung, detailliert beschrieben [vgl. dazu 2-30, 3-109]. Sie ist eine Teilkomponente in einem holistischen Ansatz für flexible Fertigungssysteme. Im vorgeschlagenen System wird eine hierarchiche Problemzerlegung für die Termin- und Ablaufplanung in

- Terminplanung (Grobterminierung),
- Werkzeugbestückung,
- **Einlastungsplanung** und
- Maschinenbelegungsplanung

vorgenommen. Im ersten Schritt wird eine simultane Termin- und Kapazitätsplanung durchgeführt. Resultat dieses Schrittes auf der Grundlage des unscharfen linearen Programmierens (vgl. Kapitel 2.5.1) ist die Anzahl der Teile von jedem Werkstücktyp, die in einer Planperiode (z. B. Tag) zu bearbeiten sind. Aufbauend auf diesen Ergebnissen wird ermittelt, welche Werkzeuge für das vorgeschlagene Produktionsprogramm bereitgestellt werden müssen. Diese Zwischenergebnisse gehen in die Einlastungsplanung für das Fertigungssystem ein. Das Vorgehen in dieser Teilkomponente wird unten detailliert beschrieben. An die Einlastungsplanung schließt sich die Maschinenbelegung für die eingelasteten Werkstücke an. Die Entscheidungen werden mit einem unscharfen Produktionsregelsystem (vgl. Kapitel 2.3) getroffen.

Ablauf der Entscheidungsfällung zur Einlastung

Betrachtet wird eine flexible Fertigungszelle in der mehrere Werkstücke gleichzeitig bearbeitet werden können, so ist die Entscheidung darüber zu treffen, welches Werkstück als nächstes eingelastet werden soll. Diese Entscheidung wird hier mit der Methode des approximativen Schließens (vgl. Kapitel 2.4) und einer hierarchisch aufgebauten Regelmenge (Produktionsregeln, vgl. Kapitel 2.4) getroffen. Mit Hilfe der Fuzzy Technologien ist es möglich, die verschiedenen Einflußgrößen in der jeweiligen Entscheidungssituation problemadäquat zu bewerten und zu verarbeiten. Damit kann die reale Entscheidungssituation auch in Sonderfällen beispielsweise bei Störungen gut abgebildet werden.

Im folgenden wird der Ablauf der Einlastungsplanung beschrieben. Die Kriterien, die bei der Entscheidung zur Einlastung Berücksichtigung finden, werden anschließend erläutert und hierarchisch strukturiert. An diesem Beispiel soll die Festlegung linguistischer Variable, die bei der Formulierung von Kriterien herangezogen werden können, erörtert und im Detail die Festlegung der Wertebereiche und die Definition der Basisvariablen sowie der entsprechenden Zugehörigkeitsfunktionen beschrieben werden.

Der **Ablauf der Einlastungsplanung** folgt dem nachstehend genannten Schema:

1. Laste zu Beginn einer Planungsperiode die maximal erlaubte Anzahl von Werkstücken in das flexible Fertigungssystem ein.
2. Muß ein Werkstück umgespannt werden und steht die benötigte Palette zur Verfügung, so spanne um und laste das Werkstück erneut ein.
3. Verläßt ein Werkstück das Fertigungssystem endgültig oder vorläufig, überprüfe, ob für eines der Werkstücke, die auf Wiederaufspannen warten, die benötigte Palette verfügbar ist. In diesem Fall wird das entsprechende Werkstück aufgespannt und eingelastet.
4. Kann kein Werkstück wieder eingelastet werden, so wähle mit dem im folgenden zu beschreibenden Verfahren ein noch nicht bearbeitetes Werkstück aus, das unverzüglich eingelastet werden kann.

Die beschriebene Vorgehensweise wird hier als fertigungsbegleitende Entscheidungsfällung realisiert. Der wesentliche Vorteil dieses Vorgehens ist darin zu sehen, daß auf der Basis der jeweils aktuellen Daten entschieden werden kann. Damit kann auch im Fall einer Störung weitergearbeitet werden, ohne daß auf das Ergebnis einer vollständigen neuen Planung gewartet werden muß.

Entscheidungskriterien zur Einlastung

Ziele der Planung sind, die Fertigungsaufträge möglichst termingerecht durchzuführen und eine gleichmäßig hohe Maschinenauslastung zu erreichen. Nach Prüfung der technischen Voraussetzungen, wie beispielsweise die Verfügbarkeit von Paletten und Spannvorrichtungen, werden bei der Entscheidung, welches Werkstück als nächstes eingelastet werden soll, entsprechend den verfolgten Zielen terminbezogene Kriterien, die das jeweilige Werkstück betreffen, und maschinenbezogene Kriterien, wie beispielsweise die Auslastung der Maschine, berücksichtigt (Bild 3-38).

Bild 3-38: Entscheidungskriterien zur Einlastung, Quelle: [2-30]

Bei terminbezogenen Kriterien ist für die Aufträge sicherzustellen, daß die einzelnen Werkstücke rechtzeitig eingelastet werden, um den Fertigstellungstermin einzuhalten. Als Entscheidungskriterium hierzu wird die "Schlupfzeit eines Auftrages", die weiter unten spezifiziert wird, herangezogen. Bei den auslastungsbezogenen Kriterien wird versucht, die einzelnen Maschinen möglichst gleichmäßig zu belasten. Damit wird die Voraussetzung für eine insgesamt hohe Maschinenauslastung des Fertigungssystems geschaffen, da der Fertigungsablauf nicht durch einige wenige Engpaßmaschinen behindert wird. Zum anderen wird auf eine effiziente Nutzung des flexiblen Fertigungssystems während der personalreduzierten Schicht abgezielt. Die Struktur der zur Einlastungsplanung herangezogenen Kriterienhierarchie faßt Bild 3-39 zusammen.

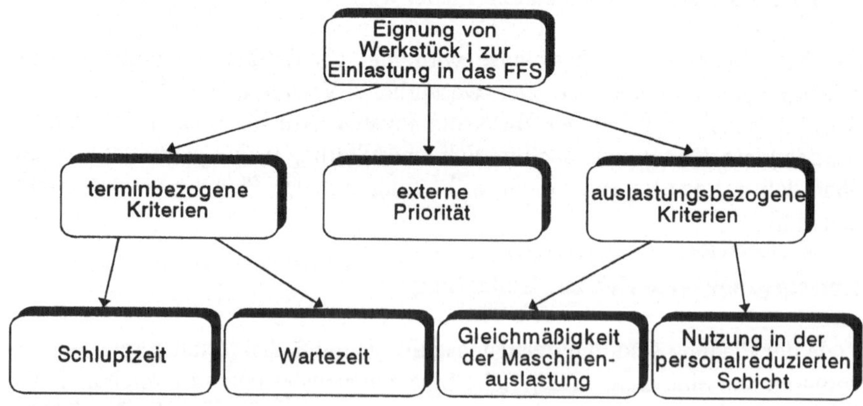

Bild 3-39: Mögliche Kriterienhierarchie zur Einlastung, Quelle: [2-30]

Je nach Entscheidungssituation kann die so entwickelte Hierarchie um zusätzliche Kriterien, beispielsweise eine externe Priorität oder die Wartezeit der einzelnen Aufträge, erweitert werden (vgl. Bild 3-39).

Definition der linguistischen Variablen

Zur Definition der in den Entscheidungskriterien verwendeten linguistischen Variablen (z. B. Schlupfzeit) müssen deren Wertebereiche sowie gegebenenfalls die jeweiligen Basisvariablen und Zugehörigkeitsfunktionen festgelegt werden. Diese werden in dieser Anwendung stückweise linear gewählt. Um die Zugehörigkeitsfunktionen weitgehend problemunabhängig zu vereinbaren, sind die Basisvariablen als **Verhältnisgrößen** formuliert, die durch Kenngrößen für den augenblicklichen Zustand des Fertigungssystems normiert werden. Selbstverständlich ist bei der Definition der linguistischen Variablen nicht die im einzelnen verwendete Bezeichnung wesentlich, sondern die ihr in dem jeweiligen Kontext beigelegte Bedeutung. Dies wird durch die Zugehörigkeitsfunktion formalisiert. Dabei ist von einer Basisvariablen auszugehen, die unmittelbar quantifiziert werden kann.

Im einzelnen werden für die betrachtete Problemstellung die folgenden linguistischen Variablen vereinbart:

- relative Schlupfzeit eines Auftrags
- Gleichmäßigkeit der Maschinenauslastung
- Bearbeitungszeit eines Werkstücks bis zum nächsten Spannvorgang.

Die Schlupfzeit eines Auftrags wird als Differenz zwischen dem gegebenen Fertigstellungstermin und der Restbearbeitungszeit definiert. Bei der Berechnung der Restbearbeitungszeit werden die Bearbeitungszeiten auf der jeweils schnellsten Maschine des flexiblen Fertigungssystems zugrundegelegt. Um zu berücksichtigen, daß in einem flexiblen Fertigungssystem mehrere Werkstücke eines Auftrags gleichzeitig bearbeitet werden, wird die noch verfügbare Arbeitszeit mit einem Faktor $\alpha \geq 1$ multipliziert, der der geschätzten Anzahl der parallel durchführbaren Bearbeitungen an den Werkstücken eines Auftrags entspricht. Bezeichnet man mit t_0 den Zeitpunkt der Entscheidung, so wird die Schlupfzeit eines Auftrags wie folgt berechnet

$$\alpha \cdot (\text{Fertigstellungstermin} - t_0) - \text{Restbearbeitungszeit}\,.$$

Die entsprechende Basisvariable "relative Schlupfzeit eines Auftrags" wird als Verhältnis dieser Schlupfzeit zu der Restbearbeitungzeit des Auftrags, zu dem das einzulastende Werkstück gehört, quantifiziert. Vernachlässigt man die

Transportzeiten, so wird mit dieser Größe der zeitliche Puffer eines Auftrags als Vielfaches der Restbearbeitungszeit ausgedrückt. Die Zugehörigkeitsfunktion ist in Bild 3-40 dargestellt.

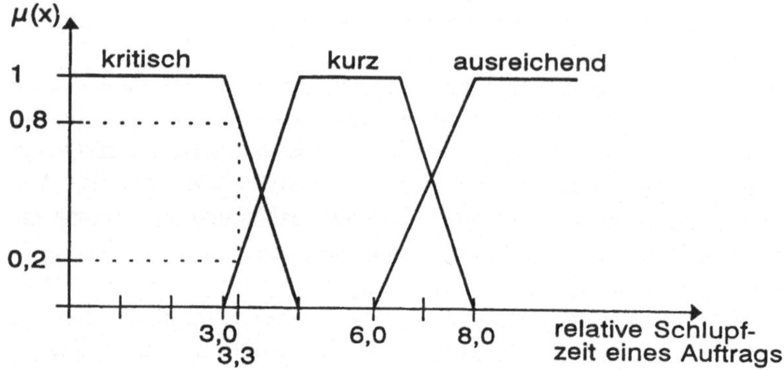

Bild 3-40: Zugehörigkeitsfunktionen der linguistischen Variable "relative Schlupfzeit eines Auftrags", Quelle: [2-30]

Der Ablauf bei der Bestimmung der Werte für die linguistische Variable "relative Schlupfzeit eines Auftrags" wird nun an einem Beispiel verdeutlicht.

Beispiel 3-5

Ein Fertigungsauftrag umfaßt 5 Werkstücke, je Werkstück sind 4 Bearbeitungsschritte mit den folgenden Bearbeitungsdauern durchzuführen:

Arbeitsvorgang 1 30 Minuten,
Arbeitsvorgang 2 120 Minuten,
Arbeitsvorgang 3 40 Minuten und
Arbeitsvorgang 4 10 Minuten.

Der Auftrag soll in 16 Stunden fertiggestellt sein. Bisher sind zwei Werkstücke fertig bearbeitet. An einem Werkstück sind die Arbeitsvorgänge 1 und 2 durchgeführt worden. Die Schlupfzeit dieses Auftrags wird wie folgt berechnet (mit $\alpha = 2$):

$$2 * 960 \text{ Minuten} - (2 * 200 \text{ Minuten} + 50 \text{ Minuten}) = 1470 \text{ Minuten}.$$

Der Wert der Basisvariablen, also der Quotient aus der Schlupfzeit des Auftrags und seiner Restbearbeitungszeit, beträgt dann $1470 / 450 = 3{,}3$.

Der Auftrag kann also je Minute Restbearbeitungszeit 3,3 Minuten warten, ohne verspätet fertig zu werden. Damit ergeben sich für die Terme der linguistischen Variable "relative Schlupfzeit des Auftrags" (vgl. Bild 3-40):

$$\{(kritisch,\ 0.8),\ (kurz,\ 0.2),\ (ausreichend,\ 0)\}.$$

Die **"Gleichmäßigkeit der Maschinenauslastungen"** wird durch die Standardabweichung bzgl. des mittleren und des tatsächlichen Arbeitsvorrates über alle Maschinen quantifiziert. Je geringer die Standardabweichung für die aktuelle Situation ist, desto gleichmäßiger ist die Maschinenauslastung des flexiblen Fertigungssystems. Bezeichnet man für die Berechnung der Standardabweichung den Arbeitsvorrat von Maschine i in Minuten mit x_i und mit y den mittleren Arbeitsvorrat aller Maschinen (Anzahl der Maschinen=M), so ist die Standardabweichung wie folgt definiert:

$$s = \sqrt{\sum_{i=1}^{M} (x_i - y)^2}\ .$$

s ist die aktuelle Standardabweichung in einem speziellen Zustand und mit s_j sei die Standardabweichung bezeichnet, die sich durch die Einlastung von Werkstück j ergeben würde. Um die Veränderung der Maschinenauslastung bewerten zu können, wird dann die relative Standardabweichung s_j / s als Basisvariable für die gleichmäßige Auslastung herangezogen. Dies heißt, daß es wünschenswert ist, daß dieser Wert kleiner als 1 ist, und die Maschinenauslastung dann als gleichmäßig interpretiert werden kann. Ist das Verhältnis wesentlich größer als 1, so hat die Einlastung von Auftrag j zur Folge, daß die Maschinenauslastung ungleichmäßig ist. Die für die Beurteilung der Maschinenauslastung definierte linguistische Variable ist in Bild 3-41 festgelegt.

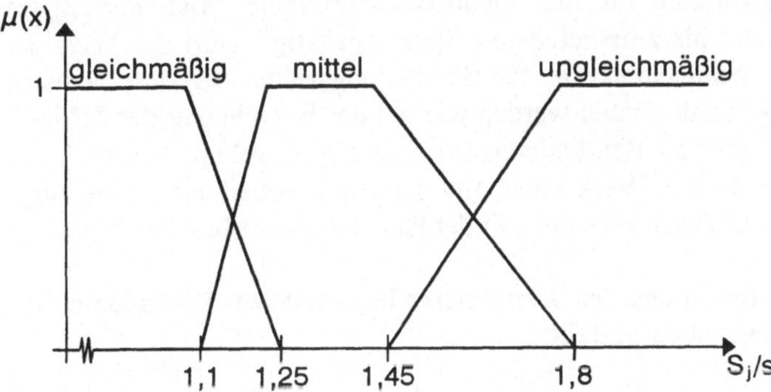

Bild 3-41: Zugehörigkeitsfunktion der linguistischen Variablen "Maschinenauslastung", Quelle: [2-30]

Die Berechnung für die linguistische Variable "Maschinenauslastung" ist am folgenden Beispiel erläutert.

Beispiel 3-6

Das flexible Fertigungssystem besteht aus drei Maschinen, deren Warteschlangen folgende Längen aufweisen:

Maschine 1	200 Minuten
Maschine 2	120 Minuten
Maschine 3	160 Minuten

Die Standardabweichung der Maschinenauslastung beträgt dann 55,6 Minuten. Die erste Bearbeitung von einem Werkstück kann alternativ auf Maschine 2 in 40 Minuten oder auf Maschine 3 in 20 Minuten durchgeführt werden. Die Arbeitsvorräte der Maschinen erhöhen sich durch die Einlastung dieses Werkstücks 1 wie folgt:

Maschine 1	200 Minuten
Maschine 2	120 Minuten
Maschine 3	180 Minuten

Die Standardabweichung steigt durch die Einlastung dieses Werkstücks auf 84,9 Minuten. Die relative Standardabweichung beträgt dann 1,53. Dieser Wert hat für die Terme der linguistischen Variable "Maschinenauslastung" folgende Zugehörigkeiten zur Folge:

{(*gleichmäßig*, 0), (*mittel*, 0.77), (*ungleichmäßig*, 0.23)}.

Als Basisvariable für die linguistische Variable **"Bearbeitungszeit eines Werkstücks bis zum nächsten Spannvorgang"** wird der Wert der empirischen Verteilungsfunktion der Bearbeitungszeiten bis zum nächsten Spannvorgang gewählt. Dabei werden wie bei der Berechnung der Schlupfzeit wieder die kürzesten Bearbeitungszeiten zugrunde gelegt. Dieses Vorgehen ermöglicht es, alle Werkstücke mit langen Bearbeitungszeiten auszuwählen, statt sich auf das Werkstück mit der längsten Dauer beschränken zu müssen.

Auch die Ermittlung der Werte dieser linguistischen Variablen wird an einem kurzen Beispiel dargestellt.

Beispiel 3-7

Zur Einlastung in das flexible Fertigungssystem kommen 8 Werkstücke in Betracht. Die Summe der kürzesten Bearbeitungszeit, die diese Werkstücke bis zum nächsten Spannvorgang benötigen, seien bereits der Größe nach geordnet.

Werkstück	1	2	3	4	5	6	7	8
Dauer in Minuten	60	80	110	110	150	210	210	340

Die empirische Verteilungsfunktion ist in Bild 3-42 dargestellt.

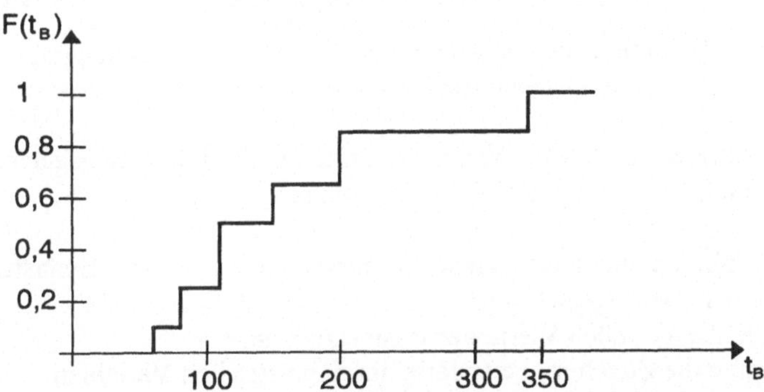

Bild 3-42: Empirische Verteilungsfunktion der "Bearbeitungszeit bis zum nächsten Spannvorgang", Quelle: [2-30]

Für das Werkstück 5 (150 Minuten Bearbeitungszeit bis zum nächsten Spannvorgang) beträgt der Wert der empirischen Verteilungsfunktion somit 0,625. Auf die linguistische Variable "Bearbeitungszeit bis zum nächsten Spannvorgang", die in Bild 3-43 definiert ist, übertragen, bedeutet das:

$$\{(kurz, 0), (mittel, 0.875), (lang, 0.125)\}.$$

Nachdem die Entscheidungskriterien festgelegt und als linguistische Variable konkretisiert worden sind, kann die Regelmenge für die Einlastungsplanung aufgestellt werden. Die Menge aller möglichen Regeln erhält man durch die systematische Kombination der Werte der linguistischen Variablen, wie dies auch bereits im Kapitel zu Fuzzy Control dargestellt worden ist. Unter Ausnutzung des approximativen Schließens und unter Verwendung des γ-Operators (vgl. Kapitel 2.3) für die Aggregation der Prämissen kann diese Regelmenge dann ausgewertet werden. Auch dies ist bereits in dem Kapitel zu Fuzzy Control ausführlich beschrieben.

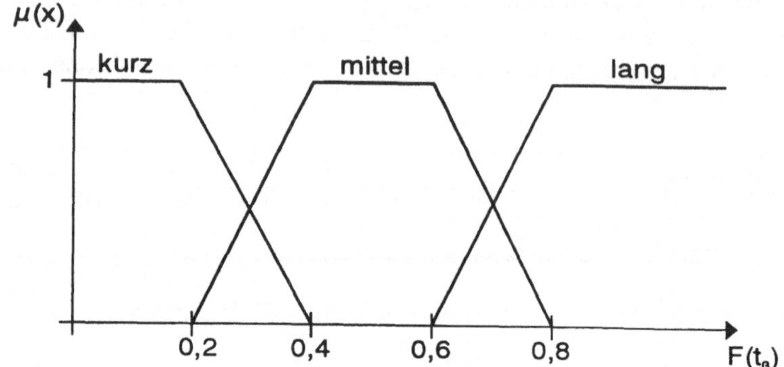

Bild 3-43: Definition der linguistischen Variable "Bearbeitungszeit bis zu nächstem Spannvorgang", Quelle: [2-30]

Zusammenfassend sind also folgende Schritte bei der Einlastungsentscheidung für ein flexibles Fertigungssystem durchzuführen:

1. Überprüfe, ob die technischen Voraussetzungen für die Einlastung von Werkstück j vorliegen.
2. Ermittle die aktuellen Werte der Basisvariablen.
3. Bestimme die Zugehörigkeitswerte der linguistischen Variablen.
4. Werte die Regelmenge aus.
5. Wähle das Werkstück mit maximaler Zugehörigkeit aus.

Im letzten Schritt wird der Unterschied zu dem bereits unter Fuzzy Control Dargestellten deutlich. Bei dem Entscheidungsproblem zur Einlastung eines Werkstückes in das flexible Fertigungssystem werden für alle Werkstücke einzeln die Zugehörigkeit der "Eignung zur Einlastung" berechnet. Darauf aufbauend wird dann ein Werkstück als dasjenige identifiziert, welches als nächstes eingelastet werden muß. Dieses hat den höchsten Zugehörigkeitsgrad. Dies bedeutet, daß bei diesem Entscheidungsproblem nicht - wie bei Fuzzy Control defuzzyfiziert wird, sondern, daß aus der Menge aller möglichen Werkstücke dasjenige ausgesucht wird, das den höchsten Zugehörigkeitsgrad hat.

Ergebnisse

Wie bereits in der Einführung zu diesem Abschnitt beschrieben, ist die Einlastungsplanung eine Teilkomponente eines Gesamtsystems zur Termin- und

Ablaufplanung für ein flexibles Fertigungssystem. Die Zielgrößen waren wie folgt vorgegeben:

- Minimierung der Durchlaufzeiten,
- Gleichmäßige Auslastung der Maschinen,
- Einhaltung der Liefertermine.

In Simulationsuntersuchungen sind für die Terminplanung die Resultate der unscharfen linearen Programmierung mit den Ergebnissen einer normalen Grobterminierung (Echtterminplanung) gegenüber gestellt worden. Als Alternative zum oben vorgeschlagenen Vorgehen bei der Einlastungsplanung wird folgende Regel herangezogen [2-30]:

"Wähle das Werkstück, für das der Quozient aus der Anzahl der bereits eingelasteten Werkstücke eines Auftrags dividiert durch die gesamte Losgröße minimal ist."

Die Ergebnisse des in [2-30] vorgeschlagenen Verfahrens für die Maschinenbelegungsplanung auf der Basis der approximativen Inferenz werden mit denen der Prioritätsregeln "COVERT" verglichen. Die COVERT-Regel berücksichtigt alle drei Zielsetzungen (s. o.) durch eine alternative Kombination der Prioritätsregeln "Laste das Werkstück ein, das die kürzeste Operationszeit hat" und "Laste das Werkstück ein, das die kleinste Schleppzeit hat".

Die erzielten Ergebnisse diese Simulationsvergleiches sind in Tabelle 3-6 festgehalten. Der Untersuchung liegen 10 verschiedene Auftragsdatensätze zugrunde. Der Fertigungsablauf ist für jeden Datensatz über einen Zeitraum von einer Woche mit 5 Arbeitstagen und insgesamt 10 Schichten simuliert worden. Die wesentlichen Größen der Fertigungsaufträge und die ihnen zugrundegelegten Verteilungen sind in Tabelle 3-5 zusammengefaßt.

Tabelle 3-5: Kenngrößen der zufällig erzeugten Fertigungsaufträgen [2-30]

	Wahrscheinlichkeitsverteilung	Wertebereich	Erwartungswert
Anzahl der Arbeitsvorgänge	Gleichverteilung	1-10	
Anzahl der Umspannungen	Gleichverteilung	1-5	
Bearbeitungsdauer	K-Erlang Verteilung	5-150 Minuten	30 Minuten
Anzahl der Lose	Gleichverteilung	1-10	
Losgröße	Exponentialverteilung	1-30	10
frühester Beginn	Gleichverteilung	0-5 Tage	

Tabelle 3-6: Ergebnisse der Simulationsuntersuchung, Quelle [2-30]

	Ø Wartezeit	Ø Termintreue	Ø Maschinenauslastung
unscharfes lineares Programm, wissensbasiertes Verfahren für Einlastung und Maschinenbelegung	2884 min	97,7 %	80,8 %
ohne lineare Programmierung, Quotient für Einlastung und COVERT-Regel für Maschinenbelegung	3369 min	28,8 %	79,7 %

Die durchschnittliche Wartezeit ist beim vorgeschlagenen Verfahren nun über 14% kürzer als beim Vergleichsverfahren. Bei der Termineinhaltung ist das hier beschriebene Vorgehen wesentlich besser als der Vergleichsansatz. Bei der Maschinenauslastung sind keine Unterschiede festzustellen. Dies gilt ebenfalls für die Spannweite der Maschinenauslastung. Insgesamt kann festgestellt werden, daß der hier dargestellte Ansatz zu einer verbesserten Zielneigung führt.

3.4.2 Das Fuzzy Petri-Netz

3.4.2.1 Einführung

In den bisherigen Darstellungen standen regelbasierte Anwendungen als typische Einsatzfelder für Fuzzy Methoden in der Regelungs- und Steuerungstechnik sowie z. T. in der Datenanalyse und dem Produktionsmanagement im Vordergrund. Wie bereits in der Einleitung zu diesem Abschnitt erwähnt, kann mit Hilfe von Petri-Netzen ein Prozeß sehr kompakt und strukturiert abgebildet werden. Im folgenden Abschnitt werden kurz einige Grundlagen zu den Begriffen erörtert. Daran schließt sich -an Beispielen orientiert- die Darstellung der Einsatzmöglichkeiten des Fuzzy Petri-Netz-Konzeptes an. Zum Abschluß stellen wir darüber hinaus Realisierungen des Ansatzes vor.

3.4.2.2 Grundbegriffe

Petri-Netze haben in der Informatik aufgrund ihrer hohen Anschaulichkeit eine weite Verbreitung [3-110]. Sie sind besonders gut geeignet, wenn mehrere parallel und zueinander asynchron arbeitende Teilprozesse in einem System zusammengefaßt sind. Petri-Netze sind als Abbildungsmöglichkeit komplexer Prozesse gut geeignet, da sie auch bei nicht nach festem Taktschema ablaufenden Prozessen einsetzbar sind [3-111]. Diese Eigenschaft charakterisieren viele industrielle Prozesse in der Fertigungs- und Verfahrensindustrie.

Ein scharfes Petri-Netz kann als 7-Tupel beschrieben werden [3-108]:

- Plätze

  Durch die Plätze eines Petri-Netzes werden Systemzustände oder Systembedingungen dargestellt. In einem solchen Platz können Marken enthalten sein, die dann die Erfüllung dieser Vorbedingung beschreiben und damit die Arbeitsfähigkeit von nachgelagerten Prozessen signalisiert.

- Transitionen

  Transitionen repräsentieren in einem Petri-Netz Ereignisse, Aktionen, Teilprozesse u. a. Transitionen haben eine Verbindung (Kante) zu einem vor- und nachgelagerten Platz. Als Beispiel einer Transition kann eine Fertigungsoperation oder eine Ventileinstellung angegeben werden.

- Flußrelation

  Durch die Flußrelation werden die Verbindungen oder Kanten zwischen den Plätzen und Transitionen beschrieben. Diese Flußrelation ist eine Abbildung in die Menge {0,1}, d. h., eine Kante ist vorhanden oder **nicht.** Dies bedeutet, daß entweder Marken von dem einer Transition vorgelagerten Platz in einen nachgelagerten Platz transportiert werden kann oder nicht.

- Kantenbewertung

  Diese Bewertung einer Kante (entweder Verbindung Platz-Transition oder Transition-Platz) gibt an, wieviele Marken bei einmaligem Schalten aus dem vorgelagerten Platz herausgenommen werden (Bewertung der Platz-Transitions-Kante) und wieviele in den nachgelagerten Platz einfließen (Bewertung der Transitions-Platz-Kante). Dabei ist es möglich, daß die Bewertung eine Eingangskante von der Bewertung der Ausgangskante einer Transition unterschiedlich ist.

- Platzkapazität

  Die Kapazität eines Platzes kann beschränkt sein. Dies ist z. B. bei der Interpretation als Werkstückpuffer oder als Behälter angebracht.

- Zulässige Markierungen,

  d. h., die Anzahl der Marken in einem Platz ist nicht beliebig, sondern es können nur vordefinierte Zustände auftreten.

- Anfangsmarkierung

Durch diese Kriterien ist ein Petri-Netz definiert. Da diese Definition allerdings relativ starr ist, wurde das Fuzzy Petri-Netz eingeführt [3-112]. Das Fuzzy Petri-Netz ist eine Verallgemeinerung des scharfen Zuganges und führt darüber hinaus zu einer Komplexitätsreduktion. Muß für jede Betriebssituation oder jeden Zustand einer komplexen Anlage ein scharfes Petri-Netz erstellt werden, so sind in einem Fuzzy Petri-Netz viele scharfe Netze durch die Einführung einer unscharfen Bewertung der Teilkomponenten zusammengefaßt. Als Illustration soll das folgende Beispiel dienen.

Beispiel 3-8

Gegeben sei ein Roboter, der Teile von einer Palette auf eine andere Palette legen kann. Ist die Leistung des Roboters in 3 Varianten einstellbar, d. h. er kann ein, zwei oder drei Teile umschichten, so erhält man die in Bild 3-44 dargestellten Netze:

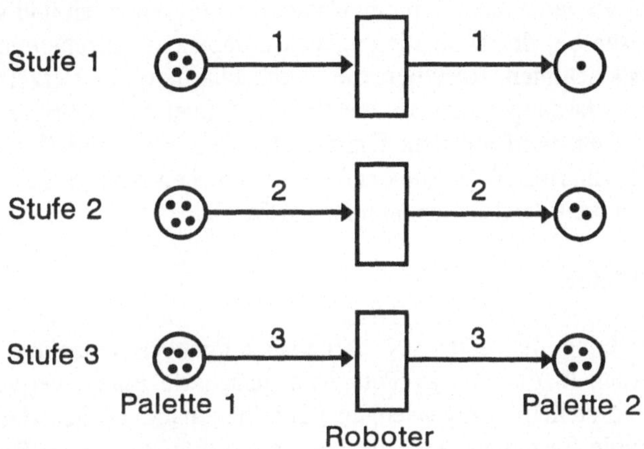

Bild 3-44: Petri-Netz Darstellung

Geht man davon aus, daß aus störungs- und betriebsablauforientierter Sicht Stufe 2 optimal ist und Stufe 1 und 3 nur in Ausnahmefällen realisiert werden, so erhalten wir das in Bild 3-45 dargestellte Fuzzy Petri-Netz. Hierbei liegen die Annahmen, daß im Endzustand Palette 1 leer und Palette 2 voll sein soll und die Paletten eine Maximal-Kapazität von 6 Teilen haben, zugrunde.

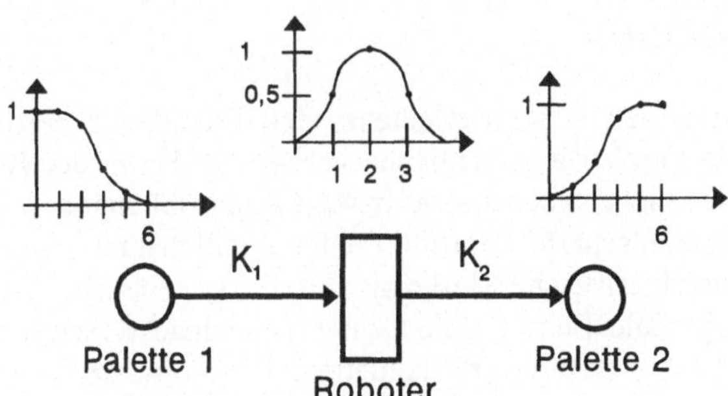

Bild 3-45: Fuzzy Petri-Netz

Dabei sind die Kantenbewertungen k_1 und k_2 von der Einstellung des Roboters (Transition) abhängig. Bei Betrachtung des Roboters tritt der diskrete Fall auf. Betrachtet man z. B. eine Pumpe, die Flüssigkeit von einen Behälter 1 in einen Behälter 2 pumpt, so kann der kontinuierliche Fall auftreten, sofern das Aggregat (Pumpe) stufenlos verstellbar ist.

Das Fuzzy Petri-Netz wird durch die Verunschärfung der Plätze und Transitionen (vgl. Beispiel 3-8) aus "scharfen" Perti-Netzen abgeleitet. Die Aufweichung von Plätzen (Bedingungskomplexen) und Transitionen (Aktionen) wird mit dem Ziel vorgenommen, um unvollständige Informationen und subjektives Expertenwissen bei der Modellierung von komplexen Entscheidungssituationen zu berücksichtigen. Resultiert die Verunschärfung der Netzelemente aus der Zusammenfassung vieler für bestimmte Situationen gültiger "scharfer" Petri-Netze, dann wird mit dem Fuzzy Petri-Netz eine Modellvereinfachung erreicht. Die scharfen Netzkomponenten entsprechen dann mit unterschiedlicher Zugehörigkeit den Elementen im scharfen Netz.

Unscharfe Plätze

Zur Beschreibung der Güte von Arbeitsbedingungen einzelner Prozeßabschnitte werden in dem Fuzzy Petri-Netz unscharfe Plätze verwendet. Unscharfe Plätze stellen Fuzzy Mengen über Platzmarkierungen dar. Dadurch können variable Systemzustände im Netz ausgedrückt werden. Der Zugehörigkeitswert eines Platzes quantifiziert den Erfüllungsgrad der Arbeitsbedingungen oder der Prozeßbedingungen. Die unscharfe Bewertung der Platzmarkierungen durch Zugehörigkeitsfunktionen schafft eine n-wertige Stufung zwischen sehr guten und unzulässigen Arbeitsbedingungen. Abhängig von den angrenzenden Produktionsabschnitten (Transitionen) kann die Form der Zugehörigkeitsfunktion definiert werden. Darüber hinaus wird das Erfahrungswissen des Anlagenfahrers mit in die Zugehörigkeitsfunktion integriert.

Unscharfe Transitionen

Zur Beschreibung des Arbeitsverhaltens von Teilanlagen werden in dem Fuzzy Petri-Netz unscharfe Transitionen verwendet. Da in der Regel in Prozessen unterschiedliche Intensitäten bzw. Lasteinstellungen möglich sind, können durch eine unscharfe Transition unter Zuhilfenahme einer Zugehörigkeitsfunktion charakteristische Merkmale des Teilsystems abgebildet werden. So würde der optimale Betriebspunkt einer Teilanlage wesentlich höher bewertet als die Unter- oder Überlastsituation. Die Form der Zugehörigkeitsfunktion einer Transition kann als Maß für die Steuerbarkeit eines Teilsystems interpretiert werden. Ähnlich wie bei den unscharfen Plätzen resultiert sie aus Systemkenntnissen des Experten. Durch breite Zugehörigkeitsfunktionen wird der disponible Einsatz der Anlage eines versierten Anlagenfahrers ausgedrückt. Schmale Zugehörigkeitsfunktionen weisen dagegen auf eine geringe Flexibilität des Teilabschnittes hin.

Unscharfes Schalten

Im Fuzzy Petri-Netz ist der Markenstrom beim Schalten abhängig von der Einstellung der Transitionen (vgl. Beispiel 3-8). Mit diesem "unscharfen Schalten" können also alle möglichen, von der Transition abhängenden Markenströme realisiert werden. Der Wechsel von einer Transitionseinstellung in eine andere führt zu einer Verbesserung der Markenbelegung in den Plätzen und wird als unscharfes Schalten bezeichnet. Gegenüber einer scharfen Transition, die nur die Zustände "kein Markenstrom" und "Schalten mit einer bestimmten Markenanzahl" umfaßt, realisiert eine unscharfe Transition ein mit unterschiedlicher Markenanzahl n-wertiges schalten [3-105].

Mehrere Schaltvorgänge der Transitionen überführen das Fuzzy Petri-Netz vom Ausgangs- in einen Endzustand. Die einzelnen Realisierungen einer Schaltfolge können in einem Fuzzy Petri-Netz unterschiedlich sein. Dabei ist der realisierte Markenstrom für Schalten einer Transition abhängig von dem Zustand der benachbarten Plätze. Dies bedeutet, daß der Schaltzeitpunkt und die Größe der Transitionsänderung situationsbedingt festgelegt wird. Die Bestimmung der Transitionseinstellung wird durch den sogenannten "Problemlöser" bestimmt [3-108]. Dieser Problemlöser beruht auf heuristischen Regeln. Er versucht stets die schlechteste Bewertung eines Petri-Netz-Elementes soweit zu verbessern, daß sich keine andere Komponente des Netzes verschlechtert bzw. einen niedrigeren Zugehörigkeitswert annimmt als das Element mit der schlechtesten Bewertung.

3.4.2.3 Produktionsmanagement in Fertigungssystemen

In Fertigungssystemen muß die Ausführung der Fertigungsaufträge gut aufeinander abgestimmt werden, damit die oben beschriebenen Ziele erreicht werden. Die Fertigungsaufträge sind durch mehrere hintereinander zu bearbeitende Fertigungsoperationen gekennzeichnet. Für ihre Ausführung benötigen sie Ressourcen, wie z. B. Maschinen, Werkzeuge, Paletten, Transportroboter, Vorrichtungen u. a., die in Abhängigkeit von den Auftragsterminen im begrenzten Maße zur Verfügung stehen. Eine hohe Auslastung kann durch eine alternative oder gleichzeitige Bearbeitung der einzelnen Arbeitsschritte auf den Bearbeitungsstationen erreicht werden [3-113].

Für die Auswahl der Fertigungs-, Transport- und sonstiger Hilfsoperationen kann ein Produktionsführungssystem auf der Basis der Fuzzy Petri-Netze eingesetzt werden. Dieses komplexe System muß ständig aus den möglichen Bearbeitungsvorgängen einen Steuervektor ermitteln, damit durch das gleichzeitige Zusammenwirken der Steuerhandlungen der notwendige Zustandswechsel im Fertigungssystem erreicht wird. Veränderte Fertigungs- und Auftragsbedingungen können so unabhängig von den übrigen Steuerungskomponenten relativ einfach in der Wissensbasis (Fuzzy Petri-Netz) berücksichtigt werden. Durch den iterativen Einsatz des Systems (Schaltfolge) werden abhängig vom Fertigungszustand die einzelnen Schritte zur Vorhersage einer Bearbeitungsfolge im Fertigungssystem verwendet. Bezogen auf den aktuellen Zustand des Fertigungssystems, wird so der Bearbeitungsplan für einen vorgegebenen Betrachtungszeitraum ermittelt. Bei Veränderungen der Auftragstermine oder bei Verzögerungen im Produktionsablauf wird dadurch der Werkstattleiter auf mögliche Engpaßsituationen vorbereitet, so daß Handlungszeiträume für stabilisierende Maßnahmen gewonnen werden, die nicht im Steuerungsumfang des Systems liegen. Eine Simulationskomponente dient dabei als Erklärungskomponente für die vom System ermittelten Lösungsvorschläge. Sie erhöht die Akzeptanz des Produktionsplans beim Werkstattleiter.

Im folgenden werden beispielhaft unscharfe Modellkonstruktionen auf der Basis des Fuzzy Petri-Netzes für verschiedene Fertigungsstrukturen vorgestellt. Fertigungsprozesse, deren Bearbeitungsvorgänge über annähernd gleiche Bearbeitungszeiten verfügen, können bei Vernachlässigung von Terminforderungen durch stückflußabhängige Modelle beschrieben werden. Die Arbeitsfähigkeit der zu koordinierenden Fertigungsoperationen und damit der gleichmäßige Produktionsfluß ist in solchen Systemen immer dann gesichert, wenn genügend viele Werkstücke, Werkzeuge, Paletten und andere Hilfsmittel für die Bearbeitung in den jeweiligen Fertigungsstufen zur Verfügung stehen. Die Anzahl der Teile in den Zwischenspeichern signalisiert somit Störungen vom vorgedachten Produktionsablauf, so daß alle diejenigen Fertigungsoperationen bervorzugt eingesetzt werden müssen, die diese Disproportionen in den Teilelagern beseitigen [3-103].

Fertigungsaufträge mit materialflußabhängigen Fertigungsoperationen

Zur Beschreibung und Erläuterung dieser Situation sind in Bild 3-46 zwei gleichzeitig auszuführende Fertigungsaufträge als Platz-Transitionsketten in einem unscharfen Petri-Netz-Modell abgebildet. Die Transitionen, dargestellt durch senkrechte Striche, repräsentieren die Fertigungsoperationen. Zur Beschreibung der Fertigungsbedingungen sind im Modell Plätze eingeführt. Mit dem Schalten der Transitionen bzw. durch das Arbeiten der Fertigungsoperationen werden Markenströme hervorgerufen, mit denen die im System wirkenden Teile-, Werkzeug-, Hilfsströme u. a. ausgedrückt werden [3-103].

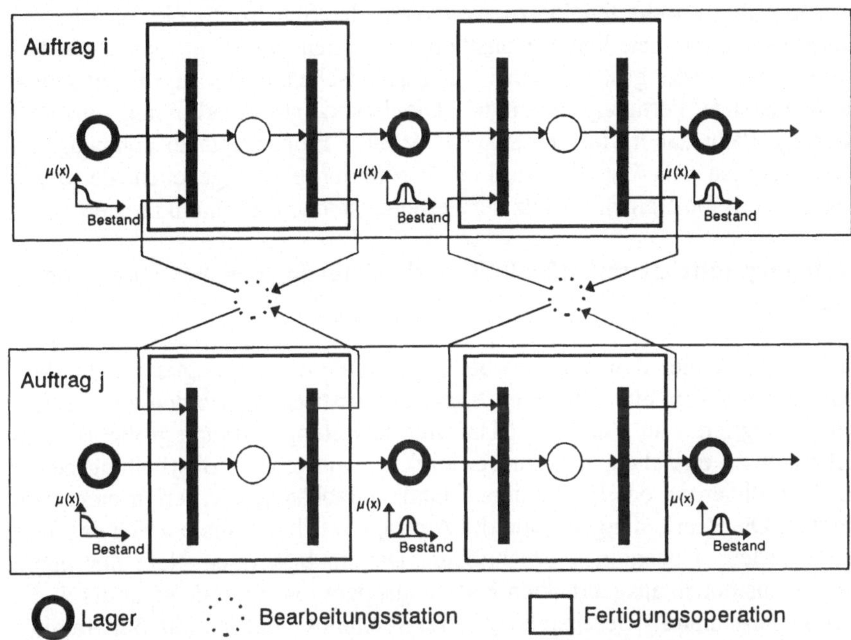

Bild 3-46: Ein Fuzzy Petri-Netz-Modell für stückflußabhängig verkettete Fertigungsaufträge, Quelle: [3-103]

Wie bereits in Beispiel 3-8 beschrieben, sind hier die Plätze unscharf bewertet. Teilelager, die direkte Auswirkung auf den Ablauf des Produktionsprozesses haben, werden dabei als Plätze mit unscharf bewertetem Markeninhalt ausgedrückt. Sie erhalten eine von der Stückanzahl abhängige Zugehörigkeitsfunktion, um den Grad von Störungen bzw. die unterschiedliche Erfüllung von Arbeitsbedingungen in den Plätzen zu dokumentieren. Die Einhaltung der Arbeitsbedingungen wird dadurch untereinander vergleichbar, so daß von ihrer Bewertung der Zugriff auf globale Ressourcen abhängig gemacht werden kann. Bei Abweichungen vom "idealen" Zustand wirken die Plätze zur Verbesserung der Prozeßstabilität auf die Einstellung der Transitionen. Abhängig von den angrenzenden Fertigungsprozessen und von den Erfahrungen der Experten werden sie entweder durch enge Zugehörigkeitsfunktionen bewertet, um damit kleine Abweichungen mit hoher Empfindlichkeit zu signalisieren, oder sie werden durch breite Funktionen modelliert, die dann zur Störungskompensation führen sollen. Die unscharfen Zugehörigkeitsfunktionen sind in Bild 3-46 neben den Plätzen angegeben.

Nach der Transformation des Systemzustandes in eine adäquate Platzbelegung des Modells werden durch den Problemlöser Strategien entwickelt, indem aus den unscharfen Platzbewertungen der Schaltzeitpunkt für alle am Zustandswechsel beteiligten Transitionen ermittelt wird. Die unscharfe Bewertung der Plätze gestattet dabei den zustandsabhängigen Zugriff auf global zu benutzende Fertigungshilfsmittel. Die bevorzugte Abarbeitung einzelner Aufträge kann dabei von der Bewertung ihrer Eingangsplätze abhängig gemacht werden. Als Ergebnis wird ein Produktionsplan angegeben, der durch den zustandsabhängigen Einsatz der Fertigungshilfsmittel charakterisiert ist.

Fertigungsaufträge mit stückfluß- und zeitabhängigen Fertigungsoperationen

Da die Annahme, daß alle Bearbeitungsoperationen etwa gleiche Bearbeitungszeiten haben, nur selten eintritt und unrealistisch ist, werden nun Zeitkriterien integriert. Um eine hohe Maschinenauslastung und eine große Terminsicherheit zu erreichen, müssen bei stark schwankenden Bearbeitungszeiten zur Koordinierung des Produktionsablaufs zeitabhängige Kriterien eingesetzt werden. Die Bearbeitungsschritte der Aufträge werden deshalb durch unscharf zeitbewertete Transitionen beschrieben. Die im bisherigen Netz nur durch zwei Transitionen ausgedrückten Fertigungsoperationen werden nun durch die drei Teilabschnitte - Bereitstellungs-, Bearbeitungs- und Abschlußoperation - gekennzeichnet (Bild 3-47). Jede Fertigungsoperation wird dabei als ein variabler Zeitvorgang betrachtet, in dem bestimmte Ressourcen (z. B. Bearbeitungsstation u. a.) beansprucht werden, die damit für andere Operationen nicht verfügbar sind. Die Zeitvariabilität resultiert aus der unterschiedlichen Belegungszeit der Teile in den Bearbeitungsstationen. In dem Netzmodell wird der Zeitvorgang durch unscharf bewertete Zeitzähler repräsentiert.

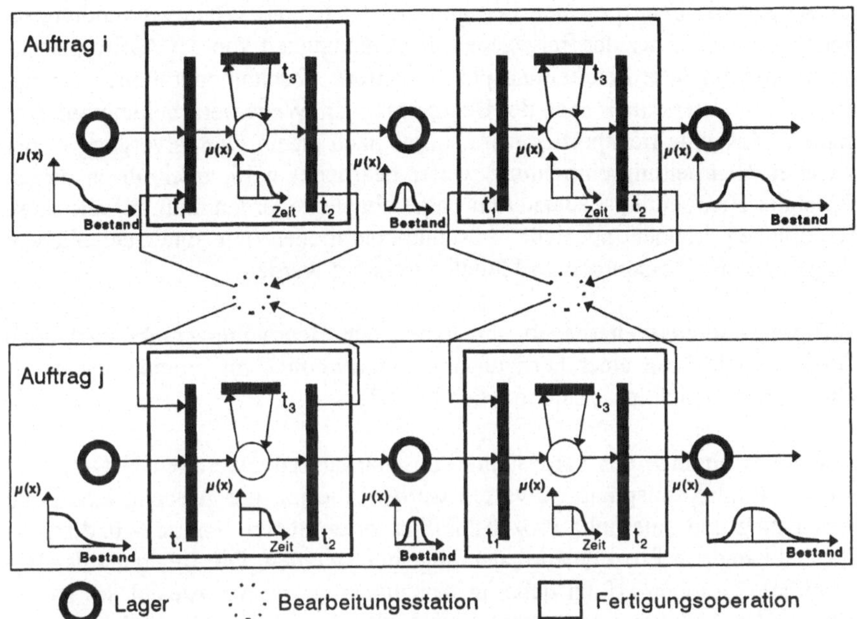

Bild 3-47: Ein Fuzzy Petri-Netz Konzept für stückfluß- und zeitabhängig verkette Fertigungsaufträge, Quelle: [3-114]

Die Bereitstellungsoperation, dargestellt durch die senkrechte Eingangstransition t_1, schafft alle Voraussetzungen, die zur Lösung einer Bearbeitungsaufgabe notwendig sind. Dazu zählen der Transport des Werkstücks in die Bearbeitungsstation, der Umrüstvorgang in der Maschine sowie die Bereitstellung der Werkzeuge, Vorrichtungen, Meßeinrichtungen u. a. Diese für den Bearbeitungsvorgang notwendigen Bedingungen werden durch entsprechende Eingangsplätze an der Bereitstellungstransition angegeben [3-115].

Die Bearbeitungsoperation (repräsentiert durch t_3) wird im Netzmodell durch die Belegungszeit beschrieben, in der sich das Werkstück in der Bearbeitungsstation befindet. Die unscharfe Bewertung dieser Zeit kennzeichnet den unscharfen Charakter der Fertigungsoperation für die Ablaufplanung. Durch den unterschiedlichen Abfall der Zugehörigkeitsfunktion kann abhängig vom Auftrag oder vom Auslastungsgrad der Bearbeitungsstation ein mehr oder weniger zulässiges Warten des Teils berücksichtigt werden.

Die Abschlußoperation (t_2) beendet den Fertigungsabschnitt in einer Bearbeitungsstation. Unter Verwendung des Transportsystems und anderer Hilfsmittel werden die beanspruchten Fertigungsmittel für die Weiterverwendung im Fertigungssystem wieder freigegeben. In Abhängigkeit von der Auftragsstruktur können für jede Bearbeitungsphase mehrere Abschlußoperationen existieren. Ob das Werkstück nach der Bearbeitung zur Weiterverarbeitung auf eine andere Maschine transportiert wird, ob es nach einem Umrüstvorgang in der gleichen Bearbeitungseinrichtung weiter bearbeitet wird, oder ob es wegen fehlender Bearbeitungskapazität im Lager abgelegt werden muß, für alle diese Handlungen können spezielle Abschlußoperationen mit unterschiedlichem Zugriff auf die Ressourcen im Modell vereinbart werden.

Weitere Modellerweiterungen, um neben den Bearbeitungsfunktionen auch die Hilfsfunktionen einer Fertigungsoperation zeitlich im Produktionsablaufplan zu berücksichtigen, sind möglich [3-103].

Auf der Grundlage des vorgestellten unscharfen zeitbewerteten Netzmodells können Produktionspläne entworfen werden, die mit der Absicht, eine hohe Auslastung und eine hohe Prozeßstabilität zu erreichen, von zeit- und stückstromabhängigen Prozeßmerkmalen abgeleitet werden. Die Belegung der Bearbeitungsstationen erfolgt dabei in Abhängigkeit von der Anzahl der zu bearbeitenden Teile, und der Abtransport der Werkstücke geschieht dann in Abhängigkeit von der Wartezeit des Werkstücks in der Maschine.

Neben den oben angesprochenen Fällen kann das Fuzzy Petri-Netz-Modell für unterschiedliche Auftragsstrukturen angewendet werden. Dies muß in Abhängigkeit von den Merkmalen des Fertigungsprozesses geschehen. Die unterschiedlichen Auftragsstrukturen können beispielsweise durch folgende Systemmerkmale des Fertigungsprozesses beeinflußt sein [3-103]:

- Einzelteil- oder Losfertigung,
- Automatisierungsgrad der Fertigung,
- Aufwand von Umrüstvorgängen,
- Aufwandsverteilung bei Aufträgen und Fertigungsoperationen,
- Kostenverteilung bei Aufträgen und Fertigungsoperationen,
- Qualitätsanforderungen an Fertigungsoperationen,
- Zulässigkeit des Splitting von Aufträgen,
- Engpaßsituationen an Bearbeitungsstationen oder anderen globalen Ressourcen.

3.4.2.4 Das Produktionsführungssystem

Das vorgestellte Konzept für das Produktionsmanagement kann in fertigungs- und verfahrenstechnischen Produktionssystemen eingesetzt werden. Es schließt die Lücke zwischen Entscheidungen der Planungs- und der Produktionsebene. Das Produktionsführungssystem ergänzt vorhandene Produktionsplanungs- und -steuerungssysteme bzw. Prozeßleitsysteme mit dem pragmatischen Entscheidungsverhalten von Anlagenexperten für das vorbeugende Reagieren auf Störungen, auf veränderte Terminstellungen, auf Reparaturen an Anlagen oder auf Qualitätsveränderungen. Der Produktionsablauf wird dadurch sicherer ausgeführt.

Sowohl in der Montage, der Instandhaltung als auch in der Verfahrensindustrie wurde das Konzept eingesetzt. Abhängig von der Problemklasse müssen spezielle Fuzzy Petri-Netz-Modelle für das Einzelproblem erstellt werden. Die Struktur des Lösungskonzeptes ist jedoch in den obigen Fällen ähnlich. Durch den Austausch der Wissensbasis kann das Produktionsführungssystem an die verschiedenen Einsatzfälle angepaßt werden [3-114].

In Bild 3-48 ist das grobe Konzept für das Produktionsführungssystem skizziert. Bei der Anwendung für die Fertigung (s. o.) generiert der Problemlöser auf Anweisung des Bedieners einen aktuellen Bearbeitungsplan. Das Ergebnis der Problemlösung wird als Ganttdiagramm dargestellt. Dies wird durch die Dialogkomponente operationalisiert.

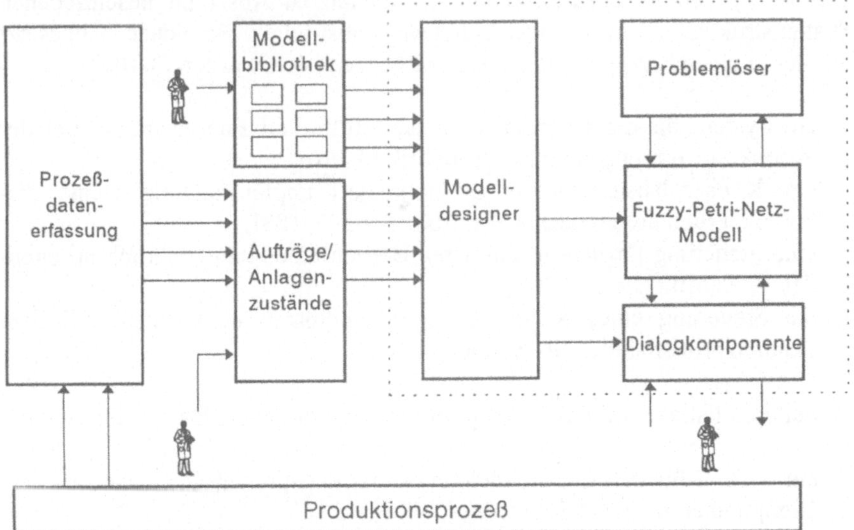

Bild 3-48: Struktur des Produktionsführungssystems, Quelle: [3-103]

Die Aktualisierung des Petri-Netz-Modells mit aktuellen Prozeß- und Auftragsdaten erfolgt über die Prozeßdatenerfassung. Sie schafft damit die Verbindung des Systems zum Produktionsprozeß. Durch ständig veränderte Voraussetzungen (Auftragslage, Maschinenverfügbarkeit, u. a.) ergeben sich laufende Änderungen im Modell. Da diese Modellanpassung für den Bediener zu aufwendig ist, übernimmt diese Aufgabe ein spezieller Modelldesigner. Der Modelldesigner hat Zugriff auf eine Modellbibliothek, in der Modellbausteine abgelegt sind, und auf die aktuellen Auftrags- und Prozeßdaten, so daß vor jedem Problemlösungsvorgang ein zustandsbezogenes Netzmodell automatisch erstellt werden kann. So werden z. B. bei hinzukommenden Aufträgen automatisch die Platz-Transitionsketten erzeugt und abhängig von den Rahmenbedingungen (Bearbeitungsart, u. a.) in die bestehende Modellstruktur integriert. Dadurch wird der Aufwand für die Modellerstellung für das Produktionsmanagement auf das Notwendigste beschränkt, wodurch sich zeitliche Vorteile für die echtzeitabhängigen Entscheidungen ergeben.

Das vorgestellte Konzept bildet die Grundlage für das Software-Produkt PENSUM der MIT GmbH, Aachen. PENSUM ist sowohl auf MSDOS-PC als auch auf UNIX-Systemen lauffähig und unterstützt den Entwurf von Fuzzy Petri-Netz-Modellen, die Problemlösung und deren Visualisierung.

3.4.2.5 Anwendungen

Das Fuzzy Petri-Netz-Konzept mit der im letzten Abschnitt beschriebenen Systemstruktur ist in unterschiedlichen industriellen Bereichen eingesetzt worden. Folgende Applikationen sind bisher realisiert worden [3-108]:

- ein System für die Koordinierung der Stoff- und Energieströme bei der Produktionsführung einer Zellstoffabrik [3-116],
- eine Kocherplansteuerung für die optimale Dampfausnutzung in einer diskontinuierlich arbeitenden Zellstoffkocherei [3-108],
- eine Steuerung für den instationären Betrieb eines kontinuierlich arbeitenden Zellstoffkochers [3-108],
- die Steuerung eines Streuscheibenpreßautomaten in Verbund mit dem Schmelzprozeß in der Glaswanne [3-117].

In weiteren Fällen wird das Konzept in anderen Aufgabenklassen eingesetzt:

- ein System für den Einsatz und Regenerierungsprozeß der Roheisen- und Gießpfannen in einem Stahlwerk [3-118],
- ein System für die Produktionssteuerung in Stahlwerken [3-119],

- ein Leitstand für die Einlastungsplanung und Feinsteuerung eines Montagebandes [3-107],
- ein System für das Störungsmanagement einer komplexen verfahrenstechnischen Anlage der erdölverarbeitenden Industrie [3-120].

Im folgenden werden zwei dieser Anwendungen eingehend erläutert.

3.4.2.5.1 Einlastungplanung und Steuerung eines Montagebandes

Bei dieser Aufgabenstellung ist sowohl die Einlastungsplanung als auch die kurzfristige Steuerung eines Montagebandes durchzuführen. Diese Aufgabenstellung kann mit dem Fuzzy Petri-Netz-Ansatz modelliert und mit dem vorgeschlagenen Produktionsführungssystem realisiert werden [3-107].

Im konkreten Fall sind an einem Montageband vier Produkttypen zu fertigen. Diese werden in sieben hintereinander zu durchlaufenden Stationen eines getakteten Bandes montiert. Die Arbeitskräfte können in zwei Gruppen eingeteilt werden: Zum einen stehen für die Montagearbeit in jeder Station fest zugeordnete Arbeitskräfte und zum anderen Springer in drei unterschiedlichen Qualifikationstufen (Schlosser, Elektriker, Hydrauliker) zur Verfügung. Dabei sind die Springer abhängig vom Arbeitsumfang zwischen den verschiedenen Montagestationen variabel auch an den benachbarten Montageplätzen einsetzbar.

Als Arbeitssystembedingungen sind folgende Restriktionen zu beachten: Die durchschnittliche Taktzeit des Bandes beträgt 10 Stunden. Am Ende eines Taktes müssen die Arbeitsgänge in allen Stationen abgeschlossen sein. Das Band versorgt dann gleichzeitig alle Stationen mit neuen Montageaufgaben.

Planungskonzept

Aufbauend auf den angegebenen Informationen ist nun eine mittelfristige Reihenfolgebestimmung durchzuführen. Nach Festlegung der Einlastsequenz erfolgt die kurzfristige Steuerung des Bandes. Da die Arbeitsinhalte für alle Auftragstypen qualitativ identisch sind, die Montagezeit auf den einzelnen Arbeitsstationen jedoch typabhängig sehr unterschiedlich ist, wird zunächst in der Reihenfolgeplanung versucht, die Schwankungen in der Montagezeit durch die Bildung spezieller Sequenzen auszugleichen. Bei der Reihenfolgebildung werden folgende Steuergrößen berücksichtigt [3-107]:

- die Auswahl des Auftragstyps,

- der Springereinsatz und
- die zeitliche Taktanpassung von +/- 2h.

Die kurzfristige Steuerung, die auf das Ergebnis der Reihenfolgebildung aufbaut, realisiert das Störungsmanagement und bestimmt den Personaleinsatz. Abhängig von der aktuellen Montagesituation werden hier alle Entscheidungen, die zur Abarbeitung der vorgegebenen Montageaufträge notwendig sind, getroffen. Bei der Feinsteuerung werden der Springereinsatz und die Taktzeitanpassung als Steuergrößen herangezogen.

In der Reihenfolgebestimmung der Aufträge wird die Einlastungssequenz auf der Basis eines prognistizierten Personalbestandes unter Berücksichtigung zulässiger Montagetakte vorgenommen. Die Planung erfolgt zwei Monate im voraus und die Planwerte sind ab dann fest. Die Einsatzplanung der Springer wird erst durch die Feinsteuerung während des Montageablaufs in Abhängigkeit vom tatsächlichen Zustand des Prozesses durchgeführt. Da ein enger Systembezugs zwischen der Reihenfolgebildung und der Feinsteuerung besteht, wurde ein integriertes System zur Montagesteuerung vorgeschlagen. Dieses System wurde als Montageleitstand bezeichnet [3-107]. Neben den bereits beschriebenen Komponenten gehört zum Gesamtsystem ein Abrechnungssystem.

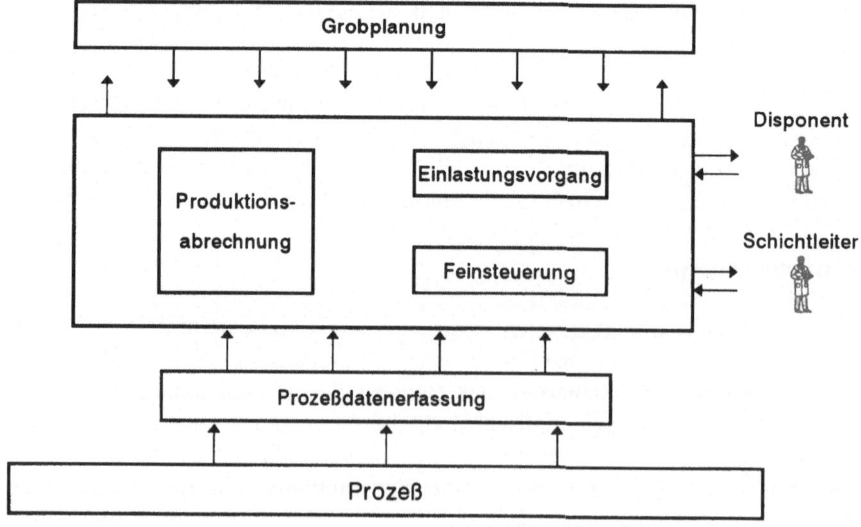

Bild 3-49: Struktur des Montageleitstandes, Quelle: [3-107]

Realisierung

Die Grundlage der Realisierung bildet ein Steuerungssystem auf der Basis der Fuzzy Petri-Netze. Der Ansatz verwendet für die Einlastungsplanung und die Feinsteuerung die gleichen Modellstruktur. Über spezielle Schnittstellen werden die Module Reihenfolgebestimmung und Feinsteuerung mit aufgabenspezifischen Daten versorgt. In Bild 3-50 ist ein Ausschnitt aus der Struktur des Fuzzy Petri-Netz-Modells für die Einlastungsplanung dargestellt. Jeder Auftragstyp wird durch eine Kette zeitbewerteter Transitionen repräsentiert und jeder Montageabschnitt wird als zeitvariabler Vorgang abgebildet. Dies ist von der Bearbeitungsdauer für einen speziellen Typ und von der Anzahl der eingesetzten Arbeitskräfte abhängig. Die Plätze, die die Springer repräsentieren, sind durch Kanten mit den möglichen Einsatzstellen verbunden.

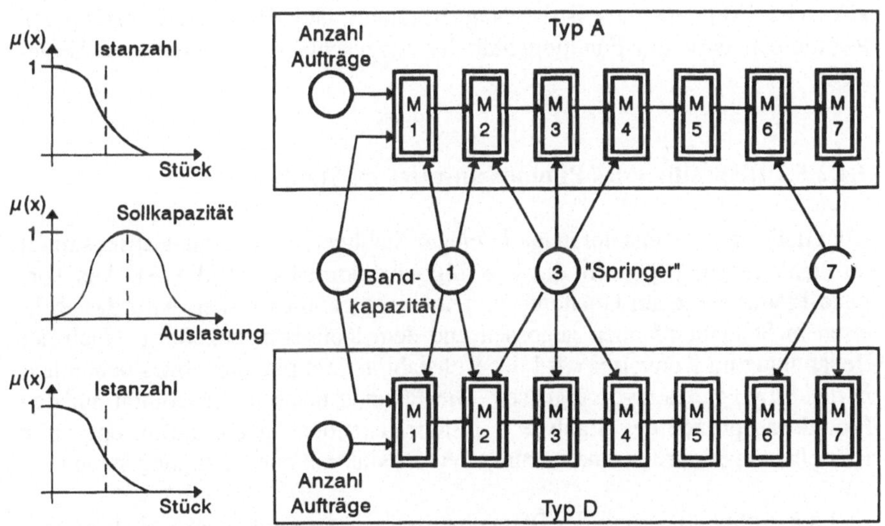

Bild 3-50: Modell für die Einlastung, Quelle: [3-107]

Die Einlastungsreihenfolge wird in Abhängigkeit von den Zugehörigkeitswerten der Eingangsplätze für die Produkttypen und der Bandkapazität gebildet, sodaß jede Modellkette mit der ihr eigenen Dynamik auf die Abarbeitung am Montageband drängt. Bei der Einlastung eines Auftrags erfolgt in den Bearbeitungsstationen ein Kapazitätsabgleich durch die Umverteilung der Springer. Diese werden nach Möglichkeit so eingesetzt, daß alle Bearbeitungsstationen zeitgleich ihre Arbeiten beenden. Der Kompromiß zwischen dem Einsatz und der Aufteilung der Springer sowie der Bestimmung der Taktzeit führt zu einer Lösung, die dem Disponenten vorgeschlagen wird. Abhängig von den

Auftragszahlen und dem geplanten Personalbestand wird das Ergebnis als Ganttdiagramm ausgegeben.

Für die Feinsteuerung wird die gleiche Modellstruktur eingesetzt. Der am Eingang einer Auftragskette angeordnete Platz bezieht sich nun auf den Termin für die Fertigstellung eines speziellen Bauteils, da die Auftragsfolge bereits feststeht. Dadurch wird die Umverteilung der Springer und die Taktzeitbestimmung für das Montageband realisiert [3-107].

Ergebnis der Feinsteuerung auf der Basis des aktuellen Fuzzy Petri-Netzes ist ein Montageplan für zwei oder mehr Schichten. Der Schichtleiter erhält über die Benutzerschnittstelle einen stündlich aktualisierten Schichtplan, in dem der Zeitpunkt und die Anzahl der in den Stationen eingesetzten Arbeitskräfte und der daraus resultierenden Montagetakt dargestellt werden. Durch eine zyklische Erfassung des Ist-Montagezustandes und der aktuell verfügbaren Ressourcen wird die Funktionalität des vorgeschlagenen Systems sichergestellt.

3.4.2.5.2 Disposition des Pfanneneinsatzes im Stahlwerk

Die Gieß- und Roheisenpfannen in einem Stahlwerk dienen als Betriebsmittel im Stahlerzeugungsprozeß, der wie folgt charakterisiert ist [3-118]: Aus Torpedo-Pfannen, die am Hochofen mit Roheisen gefüllt werden, wird das Roheisen in Schnabelpfannen gegossen und dem Konverter zugeführt. Nach der Behandlung im Konverter wird der Rohstahl in Gießpfannen abgestochen und in der Stranggießanlage vergossen. Die Pfannen müssen abgestimmt auf den Produktionsprozeß des Stahlwerks in ausreichender Anzahl und in optimaler Betriebstemperatur für eine störungsfreie Produktion zur Verfügung stehen.

Ziel der Automatisierung der Pfannenzustellung der Gieß- und Roheisenpfannen ist, die Kosten für die Betriebsmittel zu minimieren. Durch die hohe thermische Beanspruchung der Pfannen sind sie nur für eine begrenzte Anzahl von Einsätzen im Warmumlauf geeignet. Daran schließt sich nach Ablauf einer Standzeit ein Regenerierungsprozeß, der sogenannte Kaltumlauf, an. Dieser wird notwendig, wenn im Warmumlauf z. B. die Ausmauerung der Pfannen so abgenutzt ist, daß die Pfanne nicht mehr einsetzbar ist. Der Kaltumlauf gliedert sich in folgende Schritte (Bild 3-51) [3-118]:

- Ausbrechen,
- Reparieren,
- Aufheizen.

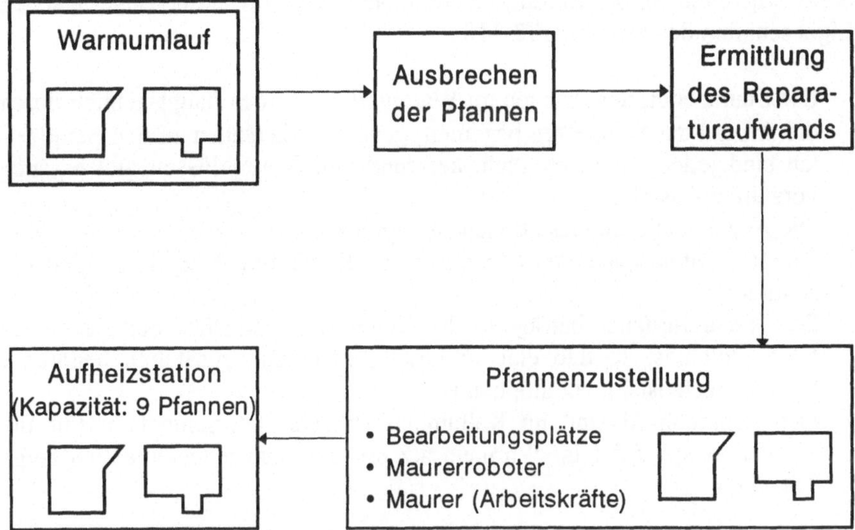

Bild 3-51: Kaltumlauf, Quelle: [3-118]

Wird eine Pfanne aus dem Warmumlauf herausgenommen, so erfolgt das Ausbrechen. In dieser Phase ist der genaue Reparaturaufwand an der Pfanne erkennbar. Die Reparaturen werden auf vier Plätzen ausgeführt. Sie umfassen vor allem Maurerarbeiten am Pfannenboden und am Pfannenmantel. Von kleineren Ausbesserungsarbeiten bis zur vollständigen Erneuerung des Mauerwerkes ist der Umfang dieser Arbeiten sehr unterschiedlich. In der Aufheizphase werden die neu hergerichteten Pfannen und die im Warmlauf zu kalt gewordenen Pfannen in dafür vorgesehenen Aufheizstationen auf die Betriebstemperatur für den Warmumlauf aufgeheizt [3-118].

Aufgabenstellung

Das zu erstellende System hat folgende Kriterien im Warm- und Kaltumlauf zu erfüllen: Stabilisierung des Gießplanes durch eine sichere Versorgung des Schmelzbetriebs mit betriebsbereiten Pfannen und die Gleichmäßigkeit des Pfannenumlaufs. Das letzte Kriterium führt zu einer Reduzierung der Zwischenaufheizphasen und zur Minimierung der Pfannenanzahl im Warmumlauf. Für den Kaltumlauf muß der Reparatur- und Aufheizbeginn, von dem eine sichere Versorgung des Schmelzbetriebes mit betriebsbereiten Pfannen abhängt, bestimmt werden. Darüber hinaus ist eine Aufteilung der Reparaturressourcen mit minimalem Arbeitskräfteeinsatz im Reparaturbereich vorzunehmen.

Schwierigkeiten bei der Einsatzsteuerung der Pfannen resultiert aus folgenden Eigenschaften des Prozesses [3-118]:

- Die Standzeiten der Pfannen im Warmumlauf werden hauptsächlich durch die Anzahl der Schmelzen bestimmt, genaue Vohersagen zu den Standzeiten sind jedoch nicht möglich; aufgrund von Störeinflüssen gibt es auch vorzeitige Ausfälle.
- Die Anzahl der Aufheizstationen ist begrenzt.
- Die Reparaturkapazitäten (Arbeitskräfte, Reparaturplätze, u. a.) sind beschränkt.
- Die Reparaturdauer beträgt in der Regel ein Vielfaches der Zeit eines Warmumlaufes, so daß eine ad-hoc-Bereitstellung zusätzlich benötigter Pfannen technisch nicht möglich ist.
- Der Reparaturaufwand im Kaltumlauf ist sehr unterschiedlich. Für die Wiederverfügbarkeit im Warmeinsatz ergeben sich unterschiedlich lange Totzeiten.

Lösungskonzept

Bei der Pfannenzustellung sind mehrere zeitbehaftete, zueinander parallel und asynchron ablaufende Teilprozesse so auszuführen, daß der Zustellungstermin möglichst sicher erfüllt werden kann. Das Fuzzy Petri-Netz-Konzept kann zur Unterstützung der Entscheidungen in der Pfannenwirtschaft aus diesen Gründen effizient eingesetzt werden.

Der Pfanneneinsatz für den Stahlwerksbetrieb wird im Modell durch die pfannenabhängige Operationen Reparieren und Aufheizen beschrieben. Die Ausführungen dieser Operationen setzt die Verfügbarkeit globaler Ressourcen voraus. Als globale Ressourcen werden die Reparaturplätze, die Anzahl der einzusetzenden Maurer, die Anzahl der Aufheizstationen und die Pfannen in ihrem unterschiedlichen Zustand berücksichtigt. Dabei wird jede Pfanne als Platz-Transitionskette modelliert, wodurch die reale Struktur des Pfannenzustellungsprozesses erhalten bleibt.

Der Zeitbedarf für die Reparatur ist abhängig von dem nach dem Ausbrechen ermittelten Reparaturumfang. Er wird als Reparaturaufwand für jede Pfanne speziell berücksichtigt. Abhängig von den eingesetzten Abeitskräften wird jede Reparatur durch die notwendige Reparaturzeit charakterisiert. In Bild 3-52 ist der Aufbau des Pfannenzustellungssystems dargestellt.

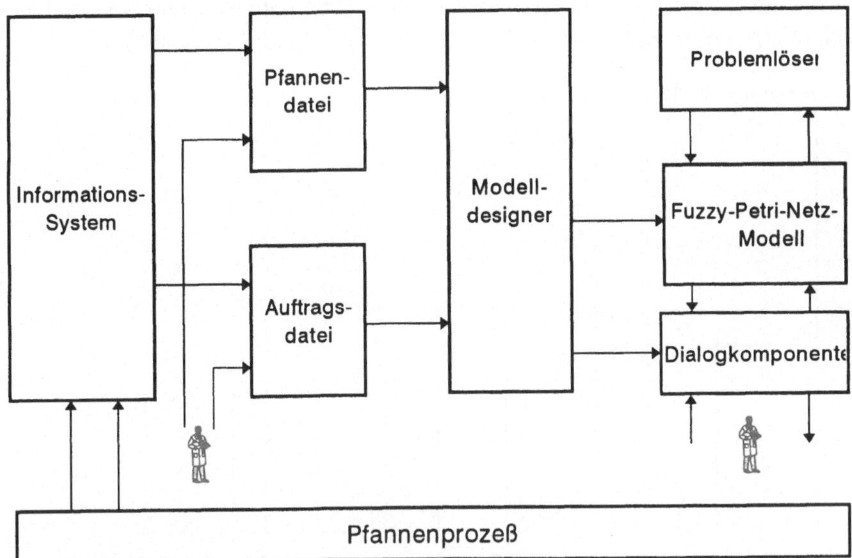

Bild 3-52: Pfannenzustellungssystem, Quelle: [3-118]

Die Versorgung der Wissensbasis (Fuzzy Petri-Netz) mit Echtzeitdaten aus der Pfannenwirtschaft erfolgt durch das vorhandene Informationssystem über die aktuelle Termin- und Pfannendatei. Aus diesen Dateien entwickelt der Modelldesigner eine auf den Echtzeitdaten basierende Wissensbasis, so daß vom Problemlöser Lösungsvorschläge ermittelt werden können. Die Ergebnisse des Problemlösungsprozesses können durch die Nutzerschnittstelle angefordert werden. In Protokollen und Bildschirmmasken werden von der Dialogkomponente alle Handlungsabläufe im Warm- und Kaltumlauf der Pfannen für einen zukünftigen Produktionsabschnitt zur Verfügung gestellt. Der Meister in der Pfannenwirtschaft wird so über alle Reparatur- und Aufheizaktivitäten im Kaltumlauf und über die zeitliche Einsatzfolge der Pfannen im Warmumlauf mit den notwendigen Zwischenaufheizzeiten informiert. Eine große Abtastrate (ca. 1 h) wird dabei für grobe Abschätzungen mit einem großen Betrachtungszeitraum gewählt. Kleine Abtastraten (kleiner 20 min) dienen dagegen kurzfristigen Vorhersagen und Steuerungszwecken im Warmumlauf [3-118].

Ergebnisse

Für die Beurteilung des Pfannenzustellungssystems wurde die Reduzierung der auftretenden Wartezeiten sowie die mittleren Wartezeiten herangezogen. Das Modell ist zunächst mit einer PC-Version getestet worden. Für den Modelltest wurden zwei Zeiträume ausgewählt, die in der Produktionsleistung sehr unterschiedlich sind. In Bild 3-53 ist das Ergebnis eines Laufes dargestellt.

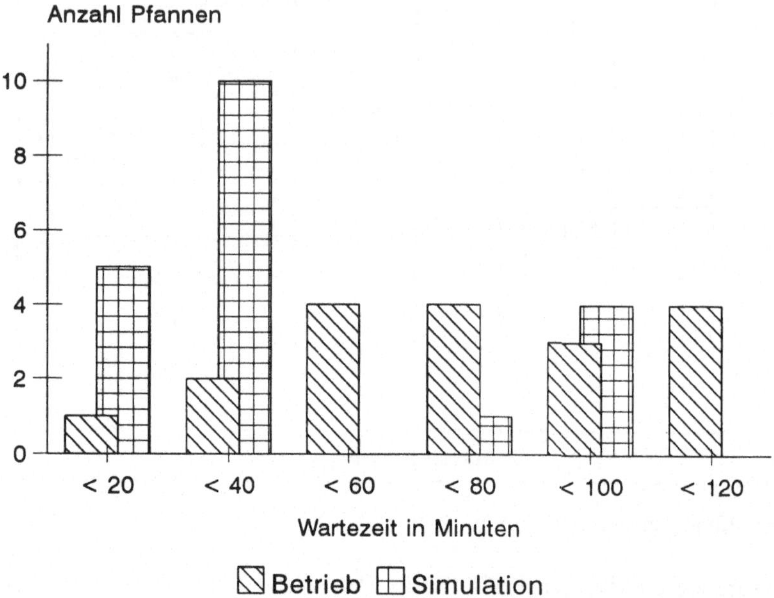

Bild 3-53: Wartezeiten der Pfannen, Quelle: [3-118]

Der Vergleich zwischen den Ergebnissen des vorherigen Betriebsablaufes und der Simulation zeigt, daß die Simulation einen besseren Pfanneneinsatz durchführt und mit weniger eingesetzten Pfannen der Stahlwerksprozeß durchgeführt werden kann. Auch bei Entfernen von zwei Pfannen hat die Simulation die betrieblichen Anforderungen erfüllen können. In der folgenden Tabelle sind die Ergebnisse zusammengestellt.

	Wartezeiten	**Ø Wartezeit**
Betrieb	1276 Minuten	71 Minuten
Simulation 1	800 Minuten	42 Minuten (mit gleicher Pfannenanzahl)
Simulation 2	980 Minuten	49 Minuten (mit einer Pfanne weniger)

Das Ergebnis der durchgeführten Testläufe zeigt, daß mit dem Pfannenzustellungssystem Verbesserungen im betrieblichen Ablauf zu realisieren sind und die Wartezeiten reduziert wurden.

Der Einsatz von Fuzzy Technologien zur Produktionssteuerung wurde in diesem Kapitel beschrieben. Im letzten Abschnitt wurden zwei Industrierealisierungen vorgestellt. Die Ergebnisse und die Tatsache, daß sich sehr viele Anwender mit der Einführung der Fuzzy Technologie im Produktionsmanagement beschäftigen, läßt zahlreiche Folgeapplikationen erwarten.

3.5 Wissensbasiertes Konfigurieren bei unscharfem Wissen

3.5 1 Einführung

Vergleichbar zu den bereits dargestellten Bereichen haben wissensbasierte Ansätze auch bei der Konfigurierung Eingang gefunden. Dabei handelt es sich um eine spezielle Form des Designs (des Entwerfens) von Komplexen aus elementaren Strukturen [3-121]. Dies legt nahe, daß auch hier wissensbasierte Ansätze der Fuzzy Technologien eingesetzt werden können. Bevor darauf eingegangen und später an Beispielen erläutert wird, soll zunächst die Konfigurierung und deren Aufgaben beschrieben werden.

Konfigurierung ist die sinnvolle und anforderungsgerechte Zusammensetzung eines Gesamtsystems aus Einzelteilen, den Komponenten [3-122]. Für jede Komponente eines Systems ist aus einer Menge vorgegebener Alternativen (Objekte) genau ein Objekt auszuwählen (Routine-Design). Die so ausgewählten Objekte sind zum gewünschten System derart zusammenzusetzen, daß die Anforderungen an das System erfüllt werden [3-121]. Dabei können auch mehrere, teils widersprüchliche Anforderungen auftreten. Dies führt zu Problemen der Multi-Criteria Analyse, die beispielsweise in [2-25] dargestellt ist. Zahlreiche Anwendungsbeispiele für Konfigurierungsprobleme gibt es vor allem in stark strukturierten Bereichen, die für Technik und Wirtschaft charakteristisch sind. Konfigurierungsaufgaben treten z. B. auf bei der Zusammensetzung von Computern, Kommunikationssystemen, Automatisierungssystemen, Fahrzeugen, Gebäuden, u. a..

Das folgende Beispiel konkretisiert die zuvor angegebenen, abstrakten Definitionen und vereinfacht damit das Verständnis für die folgenden Ausführungen.

Beispiel 3-9

Es sei ein PKW (Gesamtsystem) zu konfigurieren. Zur Disposition stehen die folgenden Komponenten mit den zugehörigen Objekten.

Komponente	Objekt
Motor	4 Zylinder, 90 PS 6 Zylinder, 120 PS 6 Zylinder, 180 PS
Reifen	Größe 1: 185-70 Größe 2: 205-60
Sitze	Ledersitze Stoffsitze

Als Anforderungen oder Wünsche an den zu konfigurierenden PKW könnten gelten: komfortabel, preiswert und sportlich.

Die Übertragung auf vergleichbare Problemstellungen läßt sich leicht vornehmen. Zur Unterstützung eines wissensbasierten Konfigurierens bietet sich die Expertensystemtechnologie an (vgl. Kapitel 2.5). Folgende Methoden sind relevant [3-121]:

- eine objektorientierte Repräsentation der Konfigurierungsobjekte
- die Verwaltung der Relationen und Randbedingungen mit Constraint-Systemen
- ein Top-Down-Entwurf, der sich an der Komponentenstruktur orientiert.

Diese Formalismen charakterisieren neue Ansätze zur Lösung von Konfigurierungsaufgaben und ersetzen damit wissensbasierte Konfigurierungssysteme, die bisher verwendet wurden.

Einsatzmöglichkeiten von wissensbasierten Konfigurierungssystemen

Im Gegensatz zu bisherigen Techniken, bei denen der projektierende Ingenieur mit Katalogen, Projektierungsregeln und -richtlinien arbeitet, kann dieser bei der Entwicklung neuer Produkte und Erzeugnisse eventuell auf Datenbanken und wissensbasierte Systeme zurückgreifen, die hierbei die Rolle von Decision Support Systemen (DSS) oder Assistenzsystemen spielen. Solche Systeme unterstützen den Bearbeiter interaktiv bei seiner Arbeit, indem sie eine große Menge von Wissen über mögliche Komponenten und Objekte, Projektierungsregeln und -richtlinien zur Verfügung stellen. Weiterhin überwachen sie die Einhaltung dieser Regeln oder unterbreiten selbst Lösungsvorschläge. Eine Qualitätsverbesserung der entstehenden Produkte ist vor allem dann möglich, wenn optimierungsbasierte Techniken in die Lösungsgenerierung eingehen. Geht man zum innovativen Design über, so können derartige Systeme auch Neukonstruktionen von Produkten bzw. Produktteilen automatisch erzeugen [3-121].

Neben der geschilderten Möglichkeit des Einsatzes wissensbasierter Konfigurierungssysteme sind weitere Einsatzgebiete denkbar:

- im Vertrieb/Verkauf bei der Angebotserstellung,
- bei der Vorbereitung von Investitionen und deren Planung.

Integration von Methoden

Die bekannten, aus der künstlichen Intelligenz stammenden Techniken haben es ermöglicht, Konfigurierungsaufgaben zu lösen, die bisher nur mit hohem Aufwand lösbar sind. Durch die Einführung objektorientierter Methoden (z. B. Frame-Systeme) und spezieller heuristischer Suchstrategien unter der Verwendung von Expertenwissen kann die Problemlösung mit dem Rechner unterstützt werden. Die Berücksichtigung mehrerer konkurriender Zielsetzungen findet nicht statt. Da häufig nur präzise Informationen verarbeitet werden und weitere Anforderungen an die Funktionalität des Konfigurierungssystems gestellt werden, müssen weitere Verfahren zur Optimierung und Berücksichtigung von unsicherem bzw. unscharfem Wissen ergänzt werden.

Gerade für Design-Aufgaben gibt es unscharf formulierte Anforderungen wie z. B. "sportlicher PKW", die sich mit Fuzzy Methoden realitätsnäher bearbeiten lassen. Weiterhin entspricht es einem effizienten Vorgehen, bei jeder Konfigurierungsaufgabe zu prüfen, ob ähnliche Aufgaben oder Teilaufgaben bekannt sind, und welche Lösungen dafür vorliegen. Dies führt zur Auswahl eines ähnlichen Falles und zum fallbasierten Schließen (case-based reasoning) [3-123]. Durch die Integration von solchen Methoden oder von Ansätzen der Datenbanktechnik und der Fuzzy Technologien in wissensbasierte Konfigurierungssysteme kann sowohl der Grad der verfügbaren Intelligenz des Systems als auch die Performance verbessert werden.

3.5.2 Konfigurierungsmodelle

In diesem Abschnitt werden wir ein Modell für eine Konfigurierungsaufgabe beschreiben, welches für Aufgaben des Routine-Designs nutzbar ist. Bei diesen Aufgabenstellungen sind vorher die Alternativenmengen (Objektmengen) bekannt. Im Gegensatz dazu werden beim innovativen Design weitere Objekte durch Transformation aus gegebenen Objekten generiert. Darüber hinaus wird beim kreativen Design die Generierung völlig neuer Objekte angestrebt.

Ein Modell für eine Konfigurierungsaufgabe, die mit dem Prinzip des Routine-Designs angegangen werden soll, kann folgendermaßen charakterisiert werden.

Zur Repräsentation von Domänenwissen werden **Hierarchien** angelegt, so daß alle möglichen Systeme durch "und"- und "oder"-Bäume oder deren Kombination darstellbar sind [3-121]. Systeme bestehen dabei aus Elementen bzw. Komponenten. Hierbei sind in einem "oder"-Baum alle möglichen Elemente eines Systems aufgeführt. Ein "und"-Baum enthält dagegen alle Elemente, die auf jeden Fall in dem System vorkommen, darstellbar. Als Kombination können diese Bestandteile des Domänenwissens auch in einem "und-oder"-Baum repräsentiert werden.

Diese Voraussetzungen sind zwar von einschneidender Natur, setzen sie doch stark strukturierte Domänen (alle Komponenten bekannt) voraus. Dies ist jedoch für technische Anwendungen charakteristisch.

Im folgenden werden einige Grundbegriffe erläutert, die für spätere Beispiele wichtig sind. Das Wissen über die zu konfigurierenden Systeme und deren Komponenten läßt sich in Hierarchien, Relationen und Restriktionen modellieren.
Ein System S und die Menge E(S) seiner Elemente (Komponenten) ist gegeben durch:

$$E(S) = \{E_1, ..., E_n\}.$$

Zwischen den Elementen bestehen Relationen, die zum Domänenwissen gehören. Dies sind die sogenannten strukturellen Constraints, die mit einer "Verknüpfungsrelation" R(S) modelliert werden. Es gilt:

$$R(S) \subseteq E(S) \times E(S)$$

Damit erhält man den abstrakten Strukturgraphen

$$G(S) = (E(S), R(S)).$$

Bezogen auf das bereits eingeführte Beispiel der Konfiguration eines PKW's könnte dies folgendermaßen konkretisiert werden. Das System S = PKW ist zu konfigurieren. Die Menge der Elemente ist:

E(S) = {4 Zylinder-Motor mit 90 PS, 6 Zylinder-Motor mit120 PS, 6 Zylinder-Motor mit 180 PS, Reifengröße 185-70, Reifengröße 205-60, Ledersitze, Stoffsitze}.

R(S) = {(4 Zylinder-Motor mit 90 PS, Stoffsitze),
(6 Zylinder-Motor mit120 PS, Ledersitze),
(Reifengröße 205-60, Ledersitze), ...}

R(S) enthält also Wissen über die Möglichkeit zur Verknüpfung von Elementen.

Eine wesentliche Voraussetzung ist, daß sich die Verknüpfungen mit binären Relationen beschreiben lassen. Die abstrakten Entitäten des Modells sind die Elemente/Komponenten $E_i \in E(S)$. Deren eindeutige Spezifikationen (Instanzen) heißen Objekte O. Diese Objekte werden durch einen Namen $N(O_i)$ und einen Vektor, in dem die Eigenschaften beschrieben sind, identifiziert. Die Werte eines Objektes können sowohl numerischer als auch linguistischer Form sein. Im Spezialfall des Routine-Designs gilt, daß endlich viele vordefinierte Objekte existieren.

In Bild 3-54 ist ein Problemraum exemplarisch dargestellt. Hier sind alle bisher beschriebenen Teile eines Konfigurierungsmodells enthalten. Die ausgefüllten Kästen deuten einen möglichen Lösungsteilbaum an.

Weitere Einzelheiten inwieweit die Repräsentation des Domänenwissens durch Strukturgraphen und Objekte vorgenommen werden kann, findet der interessierte Leser in [3-121].

Die Modellierung von Restriktionen und Anforderungen, d. h. funktionaler Eigenschaften des zu entwerfenden Systems und bestehende Zielvorstellungen beim Entwickler, kann bei Konfigurierungsaufgaben durch die Verwendung globaler Constraints durchgeführt werden. Auf diese Weise können beispielsweise Anforderungen an einen Personal Computer (z. B. "graphikfähig"), an ein Fahrrad (z. B. "verkehrssicher") und an ein Haus (z. B. "warm und sicher") berücksichtigt werden. Abgesehen von der Unschärfe, die eigentlich mit diesen Begriffen verbunden ist, geht es dabei um notwendige oder auch optionale funktionale Eigenschaften. Diese Eigenschaften werden durch globale Constraints, die in Form von Wertebereichen für die Parameter vorliegen, behandelt. Durch Gleichungen bzw. Ungleichungen werden die entsprechenden Ressourcen auf die Elemente/Komponenten des Systems verteilt.

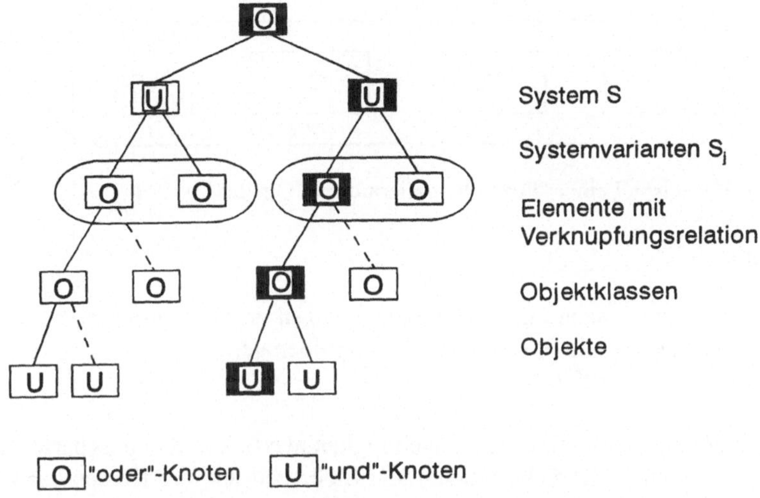

Bild 3-54: Problemraum für das Routine-Design, Quelle: [3-121]

3.5.3 Unscharfe Modellierung von Konfigurierungsproblemen

Nachdem die Teile eines Konfigurierungsmodells grob angegeben sind, wird hier diskutiert, welche Bestandteile unscharf formuliert werden bzw. unscharfes Wissen enthalten können [3-124].

Die oben behandelten **Is-a-Hierarchien,** die den Spezialisierungsprozeß vom abstrakten Element über Objektklassen (Prototypen) bis hin zu Objekten (Instanzen, Individuen) beschreiben, können unscharf angegeben werden. Dies kann durch die Anbindung einer unscharfen Menge von spezifizierten Entitäten an ein Element in Form der Is-a Relation ("oder"-Baum) operationalisiert werden. Die Zugehörigkeitsgrade der Repräsentanten einer solchen unscharfen Menge drücken z. B. Unsicherheiten über die Eignung von Objekten bzw. Objektklassen, über deren Verfügbarkeit oder über deren Güte bzgl. subjektiver Kriterien aus. Bei Verwendung solcher "Fuzzy-Hierarchien" gewinnt die Kopplung mit Simulationsmodellen zur Überprüfung der Funktionsfähigkeit der konfigurierten Systeme noch weiter an Bedeutung. In Bild 3-55 ist ein Beispiel für die oben beschriebene Struktur dargestellt.

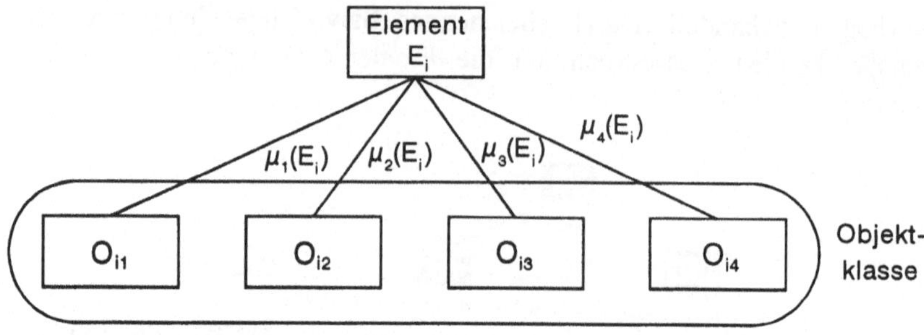

Bild 3-55: Beispiel einer "Fuzzy Is-a-Hierarchie", Quelle: [3-124]

Beispiel 3-10

Ein Konstrukteur habe einen Mittelklassewagen zu konfigurieren. Als Alternativen für die Bereifung seien drei Reifengrößen gegeben:
{175-70, 185-70, 205-60}

Eine mögliche Definition der Zugehörigkeitswerte für die unscharfe "Is-a-Hierarchien" unter Berücksichtigung der Sicherheit und der Kosten kann, wie in Bild 3-56 dargestellt, vorgenommen werden.

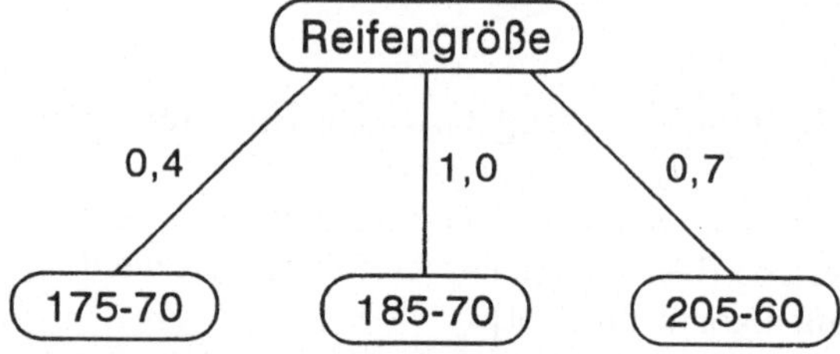

Bild 3-56: "Fuzzy Is-a-Hierarchie" für Beispiel 3-10

Auch die **Part-of-Beziehung** ("und"-Baum) läßt sich als unscharfe Menge über der Grundmenge aller denkbaren Komponenten/Elemente eines Systems auffassen. Im entsprechenden Baum lassen sich dann die Komponenten mit Zugehörigkeitsgrad 1 (die mit Sicherheit notwendigen Komponenten) am weitesten links anordnen. Dann folgen nach rechts mit fallendem Zugehörigkeitsgrad optionale Komponenten, deren Zugehörigkeit man jedoch quantifizieren kann.

Der **Objektstrukturgraph** beschreibt in seiner scharfen Formulierung, welche der Objekte bzw. Objektklassen zweier bestimmter Elemente (die man miteinander verbinden muß), man auch tatsächlich miteinander verbinden darf. Beispielsweise muß man Rahmen und Lenker eines Fahrrades miteinander verbinden, man kann aber nicht jeden beliebigen Fahrradrahmen mit jedem beliebigen Lenker verbinden. Die Relation "Objekt O_1 ist mit einem Objekt O_2 verbindbar" kann aber auch unscharf sein, d. h. die Objekte sind nur zu einem gewissen Grad miteinander verbindbar (fehlendes Wissen über tatsächliche Verbindbarkeit). Zum Objekt O_1 wäre dann eine unscharfe Menge von Objekten gegeben, die mit O_1 verbindbar sind. Derartige Phänomene treten in wohlstrukturierten Domänen selten auf. Sie führen zu Veränderungen in der Definition des Objekt-Struktur Graphen.

Globale Constraints können numerischer oder linguistischer Natur sein. Das Vorhandensein von Constraints z.B. in Form von Gleichungen oder Ungleichungen kann mit Ansätzen der (unscharfen) linearen Programmierung (vgl. Kapitel 2.4) oder den Verfahren des Multi-Objective Decision Making gelöst werden. Hier sind geeignete Fuzzy-Methoden bekannt [2-25]. Weiterhin gibt es eine breite Palette von Möglichkeiten, Anforderungen an ein zu entwerfendes System, die den Charakter von Zielkriterien tragen, unscharf zu modellieren [siehe dazu 3-124].

3.5.4 Beispiele zur unscharfen Konfigurierung

Die nachfolgenden Beispiele zeigen Einsatzmöglichkeiten der Fuzzy Technologie zur Unterstützung der Lösung von Konfigurierungsproblemen auf. Bei diesen Beispielen handelt es sich um Anwendungen zum Routine-Design. Dabei werden die bisher behandelten Methoden zur Modellierung unscharfen Wissens integriert und in Kombination mit den Methoden der künstlichen Intelligenz angewandt. Das nachfolgende sehr einfache erste Beispiel beschreibt das Vorgehen.

Beispiel 3-11

Das Design-Objekt (System) sei ein Tisch mit Mittelfuß. Diese Voraussetzung schränkt die große Variabilität, einen Tisch zu entwerfen, etwas ein. Eine weitere Voraussetzung ist:

- Das zu entwerfende System "Tisch mit Mittelfuß" bestehe nur aus zwei Komponenten E1 = "Platte" und E2 = "Fuß". Damit werden die Kompositionsprobleme minimiert. Der Strukturgraph ist dann gegeben durch

  G(S) = {E1, E2, (E1,E2)}

In Bild 3-57 ist ein Baum mit einem Ausschnitt für den Spezialisierungsprozeß für das System "Tisch mit Mittelfuß" angegeben.

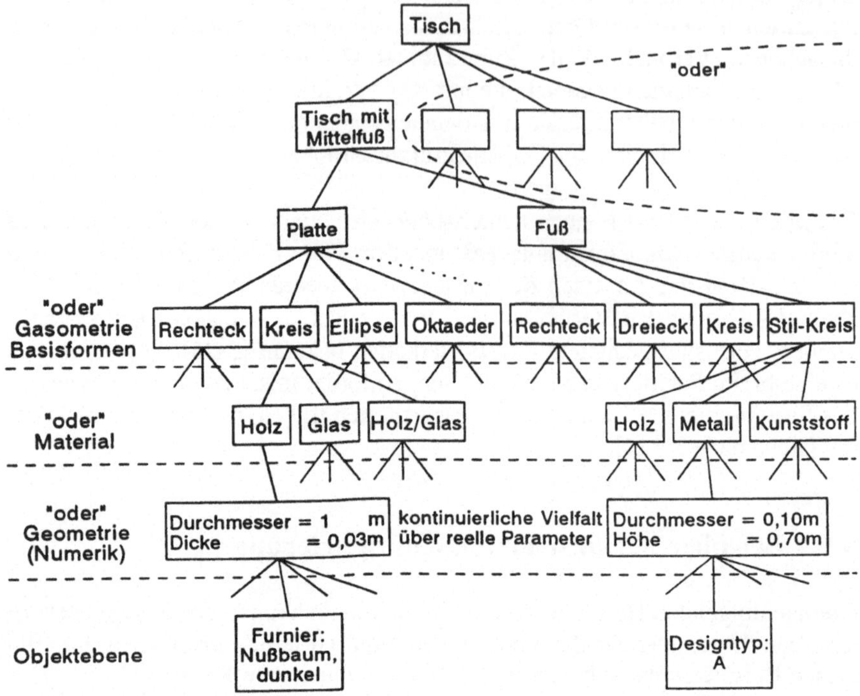

Tisch
"oder"
Tisch mit Mittelfuß
Platte
Fuß
"oder" Gasometrie Basisformen
Rechteck | Kreis | Ellipse | Oktaeder | Rechteck | Dreieck | Kreis | Stil-Kreis
"oder" Material
Holz | Glas | Holz/Glas | Holz | Metall | Kunststoff
"oder" Geometrie (Numerik)
Durchmesser = 1 m
Dicke = 0,03m
kontinuierliche Vielfalt über reelle Parameter
Durchmesser = 0,10m
Höhe = 0,70m
Objektebene
Furnier: Nußbaum, dunkel
Designtyp: A

Bild 3-57: Baumdarstellung für das System "Tisch mit Mittelfuß" (Ausschnitt), Quelle: [3-125]

Sowohl für die Platte als auch für den Fuß gibt es vier zulässige Basisformen. Die Platte kann entweder ein RECHTECK, ein KREIS, eine ELLIPSE oder ein OKTAEDER sein. Die vier möglichen Formen für den Fuß sind in Bild 3-58 dargestellt.

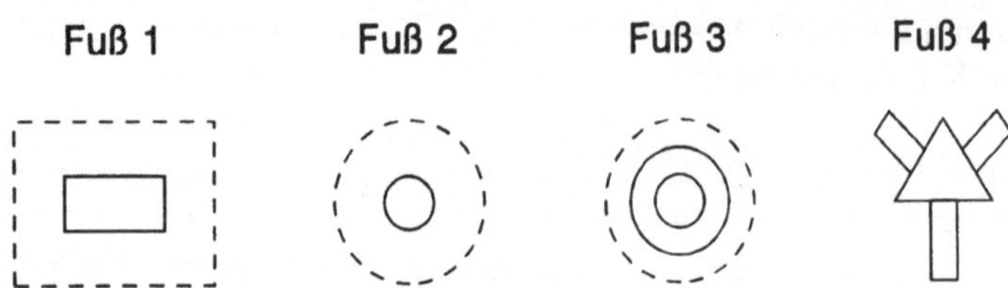

Bild 3-58: Mögliche Basisformen für den "Fuß", Quelle: [3-125]

Als Parameter für die Platte sind Durchmesser und Dicke, für den Fuß Durchmesser und Höhe frei wählbar. Diese Parametrisierung erzeugt unter den obigen Annahmen eine unendliche Mannigfaltigkeit von Prototypen (Objektklassen).

Im Spezifikationsprozeß muß der hier triviale Strukturgraph "Platte-Fuß" erhalten bleiben. Durch "scharfe" Constraints kann die Verbindbarkeit von Objektklassen miteinander beschrieben werden. Auf der Objektebene können Einschränkungen bzgl. der Verbindbarkeit (Kombinierbarkeit) vorgegeben sein, um aus der Sicht gewisser Kriterien (z. B. Aussehen) unerwünschte Kombinationen zu verbieten.

Beispiele für Constraints sind auf der Ebene der Objektklassen, die Relationen R, die die kombinierbaren Materialien beschreiben und die Relationen, die die Stabilität und das Design (Aussehen) bedingen. Ein Beispiel für solche Relationen ist das Verhältnis zwischen verallgemeinertem Durchmesser der Platte und der Höhe. Ein Beispiel für Constraints auf Objektebene sind Aussagen wie "Dunkel furnierte Platten aus Holz und helle Füße aus Holz sind nicht kombinierbar".

Soll das Design-Objekt (hier Tisch mit Mittelfuß) beurteilt werden, so kann es z. B. durch die drei Kriterien "Aussehen", "Gewicht" und "Preis" bewertet werden. Formuliert man diese als linguistische Variablen, so können für die entsprechenden Basisvariablen folgende Terme gewählt werden:

Aussehen (Design)=	{schön, mittel, geschmacklos}
Gewicht=	{schwer, normal, leicht}
Preis=	{preiswert, mittel, teuer}.

Eine derartige Beschreibung ist (wegen der Unschärfe) auch fur Klassen von Objekten möglich.
Mit der Definition der linguistschen Variablen und der Aufstellung einer Regelmenge, die für die Bewertung einer denkbaren Konfiguration die "Wünsche" des Projektierers abbilden, kann ein Vergleich denkbarer Objekte vorgenommen werden. Dies kann auch objektklassenabhängig durchgeführt werden. Zum Beispiel können kreisförmige Platten in Abhangigkeit vom Durchmesser als unterschiedlich schön empfunden werden. Dies setzt jedoch ein Abstrahieren von allen anderen Eigenschaften voraus.

Als konkretes Beispiel soll das Verbinden von Platte und Fuß zum System "Tisch mit Mittelfuß" beschrieben werden. Da für die möglichen Ausprägungen der Objekte Platte und Fuß zwar linguistische Werte vorliegen, diese jedoch scharf beschrieben sind, können in diesem Fall verschiedene Gruppen von Regeln (Produktionsregeln) betrachtet werden. Z. B. kann die Voraussetzung einer Regel scharf und die Konklusion unscharfe Aussagenbeschreiben. Alle nachfolgenden Angaben beziehen sich auf das unscharfe Kriterium "Aussehen". Die Regelmenge kann wie folgt formuliert werden (Auswahl):

Wenn	PLATTE =	Kreis
und	FUSS =	Rechteck
dann	AUSSEHEN(TISCH) =	geschmacklos
Wenn	PLATTE =	Rechteck
und	FUSS =	Kreis
dann	AUSSEHEN(TISCH) =	mittel
Wenn	MATERIAL(PLATTE) =	Blei
und	MATERIAL(FUSS) =	Holz
dann	AUSSEHEN(TISCH) =	geschmacklos
Wenn	AUSSEHEN(PLATTE) =	geschmacklos
und	AUSSEHEN(FUß) =	geschmacklos
dann	AUSSEHEN(TISCH) =	geschmacklos
Wenn	AUSSEHEN(PLATTE) =	schön
und	AUSSEHEN(FUß) =	geschmacklos
dann	AUSSEHEN(TISCH) =	mittel

Diese Regeln deuten an, wie man eine "unscharfe" Charakterisierung des komplexen Systems aus den Komponenten erhalten kann. Eine tiefere Charakterisierung kann durch:

- unsichere Regeln
- Schlüsse uber Zwischenstufen (bei komplizierten Systemen) und
- Charakterisierung der anderen linguistischen Variablen "Gewicht", "Preis" aus ihren Komponenten

operationalisiert werden. Eine Defuzzyfizierung erscheint bei Design-Problemen (im Gegensatz zu Steuerungsproblemen) nicht immer notwendig zu sein. Die Verarbeitung der in unscharfen Produktionsregeln repräsentierten Problemdomäne kann mit den in Kapitel 2 und 3 vorgestellten Methoden erfolgen.

Im zweiten Beispiel wird die Bildung von Klassen-Hierarchien illustriert. Dabei sei eine Begriffshierarchie, in der der zu behandelnde abstrakte Begriff eingebunden ist, als bekannt vorausgesetzt. Die Konfigurierungsaufgabe bestehe im Design eines Rohres. Im Beispiel betrachten wir nur Rohre mit kreisförmigem Querschnitt (Basisannahme).

Beispiel 3-12

Das zu konfiguriende Element ist ein kreisförmiges Rohr, das durch bestimmte Merkmale charakterisiert ist. Diese Merkmale können linguistisch oder numerisch und scharf bzw. unscharf beschrieben werden. In unserem Beispiel sollen folgende Möglichkeiten der Festlegung bestehen [3-x6]:

Form:	{gerade, gebogen}	scharf
Material:	{Stahl, Blei, Kupfer, Keramik}	scharf
Außendurchm.:	$[AD_{Min}, AD_{Max}]$, reellwertig	scharf
	{dünn, mittel, dick}	unscharf
	{sehr dünn, dünn, mittel, dick, sehr dick}	unscharf
Länge:	$[L_{Min}, L_{Max}]$, reellwertig	scharf
	{sehr kurz, kurz, mittellang, lang, sehr lang}	unscharf

Dabei ist die Reihenfolge der Merkmale für ein allgemeines Objekt zunächst in den Regeln folgender Auflistung festgelegt. Für ein spezielles Objekt müssen Merkmale (z. B. Design und Preis) weiter hinzugefügt werden. Die zusätzliche Charakterisierung durch scharf bzw. unscharf bedarf im zweiten Fall einer weiteren Präzisierung durch die Definition der Zugehörigkeitsfunktion. Hat man mehrere Varianten von einer Rahmenbeschreibung "vorgefertigt", so kann man interaktiv dem Modellierer diese Typvarianten anbieten und ihn daraus auswählen lassen. Eine typische Variante V_1 wäre:

Form:	{gerade, gebogen},
Material:	{Stahl, Blei, Kupfer, Keramik},
Außendurchmesser:	{dünn, mittel, dick},
Länge:	{sehr kurz, kurz, mittellang, lang, sehr lang}

Die Terme der Merkmale Außendurchmesser und Länge seien dabei unscharf durch Zugehörigkeitsfunktionen beschrieben. Damit ist für dieses Beispiel eine abstrakte Entität definiert. Die unbedingt mit diesem Begriff zu verbindenden Merkmale sind angelegt. Jetzt wird die Klassenhierarchie durch Spezifikation aufgebaut. Die schrittweise Spezifikation erzeugt einen Prozeß der Klassendefinition, wobei man zu immer spezielleren Klassen gelangt. Die erste Spezifikation sei die Entscheidung bezüglich der Form. Man wählt ein Element (gerade oder gebogen) aus. Damit entsteht eine Objektklasse, die einen Namen erhält. Zu ihrer Beschreibung können zusätzliche Merkmale hinzukommen, die auf der darüberliegenden Abstraktionsebene keine Relevanz hatten. Im Beispiel wird es erst sinnvoll von einem Merkmal **Krümmung** zu sprechen, nachdem man weiß, daß es sich um ein gebogenes Rohr handelt. Das Merkmal Krümmung kann wie folgt beschrieben sein:

Krümmung: {stark, mittel, schwach} scharf
{sehr stark, stark, mittel, schwach, sehr schwach} unscharf

In diesem speziellen Fall wird die zweite Möglichkeit gewählt. Nehmen wir an, gebogene Rohre können über den Krümmungsradius K beschrieben werden, so können die Terme der linguistischen Variable "Krümmung" definiert werden (Bild 3-59).

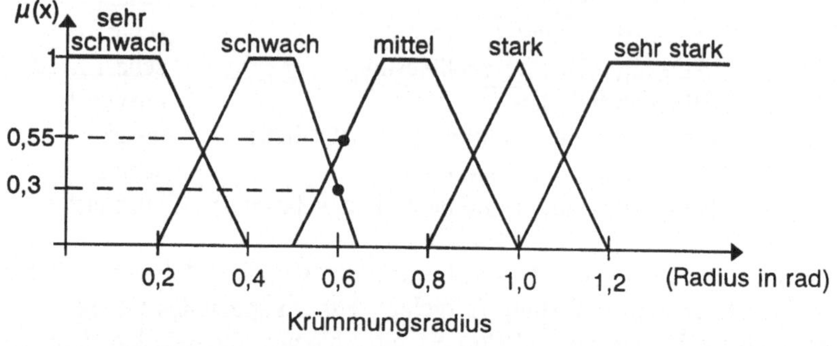

Bild 3-59: Zugehörigkeitsfunktion "Krümmung"

Anschließend kann man 5 Objektklassen bilden, die unscharf sind und sich überlappen. Ein Individuum (Objekt) x kann mit unterschiedlichem Zugehörigkeitsgrad zu mehreren Klassen gehören. Dieser Spezifikationsprozeß kann weiter fortgesetzt werden, wobei sich der in Bild 3-60 dargestellte Baum ergibt. Hierzu wurde als bekannt vorausgesetzt, daß ein gebogenes Rohr aus Stahl mit einem Außendurchmesser von 30 cm gesucht wird.

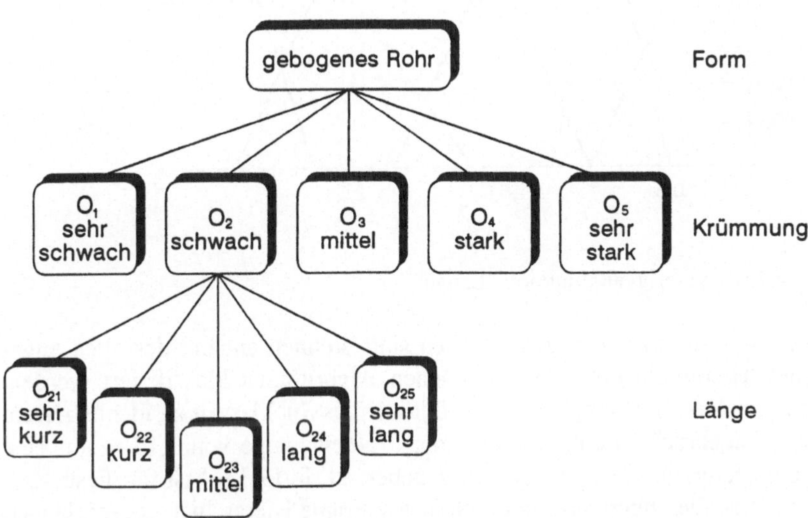

Bild 3-60: Hierarchie des Konfigurierungsproblems, Quelle: [3-126]

Ist die linguistische Variable Länge wie in Bild 3-61 definiert, so gehört das Objekt O*, das wie folgt spezifiziert ist:

Form:	gebogen
Material:	Stahl
Außendurchmesser:	0,3 m
Krümmungsradius:	0,6 rad
Länge:	1,1 m

z. B. zum Grade 0,3 zur Objektklasse O_{23} (Krümmung schwach, Länge Mittel) und zum Grade 0,3 zur Objektklasse O_{22}. Darüber hinaus gehört es auch anderen Klassen wie z. B. O_{33} zum Grad 0,33 und O_{32} zum Grad 0,5 an. Zur Bezeichnung werden die Merkmale im Baum durch "und" verknüpft und die Zugehörigkeitwerte durch die Anwendung z. B. des Minimumoperators ermittelt.

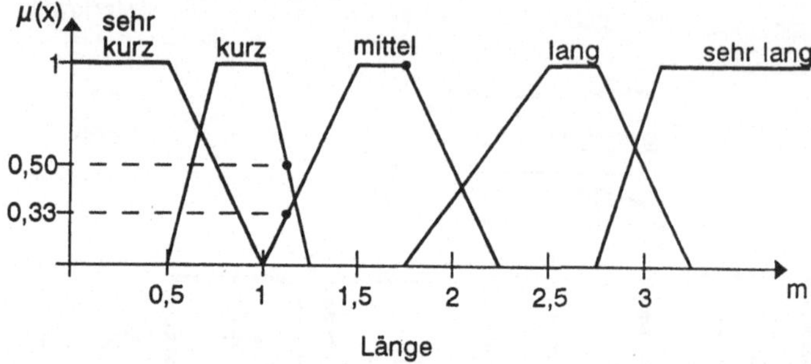

Bild 3-61: Zugehörigkeitsfunktion "Länge"

Objekte O*, die in obiger Art gegeben sind, können anhand der oben angegebenen Hierarchie mit relativ einfachen Algorithmen klassifiziert werden. Darüber hinaus ist es möglich, Objektklassen als Subklassen zu identifizieren. Dies ist angebracht, wenn anstelle einer exakten Länge von 1,10 m nur eine Länge im Intervall [1.00 m, 1,20 m] gegeben ist. In [3-126] ist für diese Vorgehensweise die Unterstützung durch Fuzzy-Frame Hierarchien vorgeschlagen worden.

Wie die Ausführungen in diesem Kapitel gezeigt haben, stehen die Entwicklungen zum unscharfen Konfigurieren am Anfang. Allerdings sind große Potentiale durch den Einsatz solcher Systeme sowohl im technischen als auch in anderen Bereichen zu erwarten.

4 Werkzeuge

Zahlreiche Marktuntersuchungen haben ergeben, daß aufbauend auf den Methoden der Fuzzy Technologie, die in den Kapiteln 2 und 3 dargestellt wurden, ein großes Marktpotential zu erwarten ist (vgl. Kapitel 5). Darüber hinaus werden zahlreiche Anwendungen in der Industrie realisiert. Durch die intensive Diskussion der Fuzzy Technologie und deren starke Anwendung im meß- und regelungstechnischen Bereich sind die Anspruchsniveaus an Soft- und Hardwaresysteme formuliert worden. Da der Einsatz bisher bevorzugt im Bereich der Regelungstechnik erfolgt, liegen hier zur Zeit die meisten Produktentwicklungen vor. Aufgrund der hohen Entwicklungstätigkeit in den Labors kann der in diesem Kapitel gegebene Überblick keinen Anspruch auf Vollständigkeit erheben. Für die Bereiche Datenanalyse und Produktionsmanagement ist eine mögliche Softwareunterstützung bereits in Kapitel 3.2.3 und 3.4.2.3 dargestellt.

In Abschnitt 4.1 werden die unterschiedlichen Formen von Softwaresystemen diskutiert und die zur Zeit verfügbaren Produkte mit ihren Leistungsmerkmalen erläutert. Dies soll dem interessierten Leser eine Hilfestellung bei der Auswahl eines Softwaresystems geben. Da die Fuzzy Technologie auch bei zeitkritischen Anwendungen immer mehr Einzug hält, sind ebenfalls zahlreiche Hardwaresysteme am Markt verfügbar. Diese Hardwaresysteme werden in Abschnitt 4.2 dargestellt.

In einer von der Prognos AG, Basel, durchgeführten Studie wird festgestellt, daß in der Automobilindustrie wie in der Chemie- und Pharmaindustrie die Bereitschaft für den Einsatz der Fuzzy Methoden überdurchschnittlich hoch ist [4-1]. Aber auch in der Umwelttechnik, der Zementindustrie und im Maschinen und Anlagenbau sind Fuzzy Technologien erfolgreich eingesetzt worden. Um diese Projekte erfolgreich zu realisieren, können die dargestellten Werkzeuge Unterstützung liefern.

4.1 Softwaresysteme

Wie bereits im vorherigen Kapitel diskutiert, wird die Fuzzy Technologie zur Zeit in der Prozeßautomatisierung, in der Steuerungs- und Regelungstechnik (Fuzzy Control), in der Meß- und Analysetechnik (Fuzzy Datenanalyse) und bei der Produktionsführung eingesetzt. Zur Zeit ist die Softwareunterstützung im Bereich Fuzzy Control am größten.

In verschiedenen Ebenen und Produkten der Prozeßautomatisierung sind Werkzeuge für den Einsatz der Fuzzy Technologie verfügbar. Es gibt folgende Möglichkeiten der Unterstützung:

- Stand-alone Entwicklungsumgebungen,
- Reglerentwurfswerkzeuge mit Fuzzy Modulen,
- Speicherprogrammierbare Steuerungen (SPS) und
- Prozeßleitsysteme.

Die Softwaresysteme können abhängig von der Anwendung bzw. vom beim Anwender vorhandenen System ausgewählt und eingesetzt werden.

4.1.1 Entwicklungsumgebungen

Beim Entwurf eines Fuzzy Reglers (vgl. Kapitel 3.3.3) sind die folgenden Parameter [3-61]

- Reglerstruktur,
- Zugehörigkeitsfunktionen: Form, Lage, Ausdehnung,
- Regeln (und zugehörige Relevanzfaktoren),
- Verknüpfungsoperatoren und
- Defuzzyfizierungsmethoden.

Im allgemeinen wird ein iteratives Vorgehen notwendig sein (siehe Bild 3-23), um die während des Entwicklungsvorganges neu erlangten Informationen dem System hinzuzufügen und die Parameter anzupassen. Da die explizite Optimierung eines nichtlinearen Reglers nicht möglich ist, kann dieses Feintuning eines Fuzzy Reglers sehr zeitintensiv sein. Hierbei können den Anwender die Entwicklungsumgebungen unterstützen. Als Anforderung an eine Shell zur Erstellung von Fuzzy Control Systemen können daraufhin folgende Kriterien aufgestellt werden. Eine Shell muß den Entwickler bei der Erstellung der Systemstruktur, der Definition der Zugehörigkeitsfunktion, der Aufstellung der Regelbasen, der Analyse des Systemverhaltens und bei der Fehlersuche und der -behebung unterstützen.

Fuzzy Tools, die aufgrund dieser Anspruchniveaus entwickelt wurden, können bei grober Unterteilung in drei Kategorien eingeordnet werden [3-61]:

- Funktionsbibliotheken mit Fuzzy Control-Mechanismen,
- Programmiersprachen mit speziellen Sprachkonstrukten für Fuzzy Control,
- Entwicklungsshells für Fuzzy Systeme.

Funktionsbibliotheken mit Fuzzy Control-Mechanismen stellen die benutzten Fuzzy Methoden in einer gängigen Programmiersprache (z. B. C oder Pascal) zur Verfügung. Ein Vorteil dieser Lösung ist, daß sehr leicht Erweiterungen, z. B. in Form eigener Operatoren, eingeführt werden können. Da der Ablauf der Inferenz offen liegt, kann sie durch den Anwender leicht überprüft und gegebenenfalls modifiziert werden.

Erweiterungen von Programmiersprachen bieten vor allem dann Vorteile, wenn dadurch Besonderheiten der Programmiersprachen, wie z. B. Echtzeitfähigkeit, effektiv ausgenutzt werden können. Dies ist insbesondere dann gegeben, wenn die Sprache eng mit dem zugrundeliegenden Betriebssystem verknüpft ist. Auch die Unterstützung einer speziellen Hardwarebasis kann so gewährleistet werden. Ein Beispiel hierfür ist FORTH (vgl. Kapitel 3.3.6.1).

Die meisten der kommerziell vertriebenen Fuzzy Tools gehören der Kategorie der graphisch unterstützten Entwicklungsumgebungen an. Ihre Hauptbestandteile sind Editoren zur Definition der Systemkomponenten sowie ein Debugger. Mit einem Simulator kann der Fuzzy Controller anhand eines dynamischen Streckenmodells, das die wichtigsten Eigenschaften des zu regelnden Systems beinhaltet, auf seine grundsätzliche Eignung getestet werden.

Die allgemeine Struktur eines Entwicklungwerkzeuges ist in Bild 4-1 dargestellt. Ausgehend von der Oberfläche wird zunächst eine Systembeschreibung des Fuzzy Controllers erzeugt. Diese enthält Informationen über die Regelbasen, die linguistischen Variablen, die Reglerstruktur sowie die Inferenz- und Defuzzyfizierungsmethoden. Aus dieser Beschreibung wird dann mittels eines Precompilers Source-Code in einer höheren Programmiersprache erzeugt, oder es wird alternativ ein Compiler zur Generierung von Object-Code für eine bestimmte Hardwareplattform eingesetzt.

Die Reglerbeschreibung selbst wird entweder als Object-Code und/oder einer Metasprache abgelegt. Dieses Konzept hat den Vorteil, daß unter Umgehung des graphischen Editors direkt auf die Systemstruktur zugegriffen werden kann. Man braucht dann seine Programmierumgebung für eine Änderung des Fuzzy Reglers nicht zu verlassen, um die Fuzzy Shell aufzurufen. Der Zugriff kann beispielsweise über eine Batch-Datei geschehen. Weiterhin bietet sich hierdurch die Möglichkeit einer Standardisierung, so daß unterschiedliche Oberflächen auf dieselbe Informationsstruktur zugreifen können.

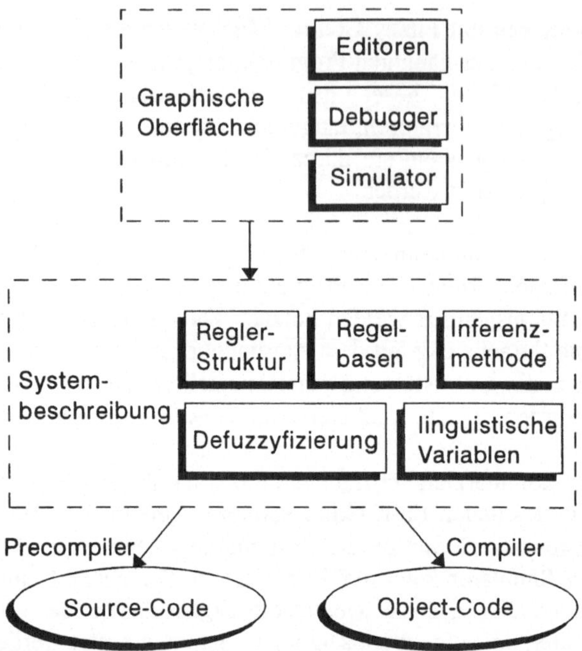

Bild 4-1: Grobstruktur eines Fuzzy Tools, Quelle: [3-61]

Die Fuzzy Tools können nach ihren charakteristischen Eigenschaften weiter unterteilt werden in:

- **Precompilerbasierte Shells:** Nachdem das Fuzzy System mit Hilfe der graphischen Oberfläche aufgebaut wurde, erfolgt über einen Precompiler die Erzeugung von Source-Code des erstellten Fuzzy Controllers in einer Standardprogrammiersprache. Es besteht üblicherweise alternativ die Möglichkeit des Einsatzes von Compilern zur direkten Erzeugung von Maschinencodes, z. B. für Mikrocontroller.

- **Onlinefähige Shells:** Diese setzen im allgemeinen auf einer precompilerbasierten Shell auf und bieten zusätzlich die Möglichkeit der direkten Kopplung an den gesteuerten Prozeß. Es können also während des Prozeßablaufes Änderungen am Fuzzy System vorgenommen werden.

- **Hardwarespezifische Shells:** Diese Shells dienen zur Programmierung spezieller Fuzzy Hardware (vgl. Kapitel 4.2). Den Rahmen bildet eine precompilerbasierte Shell. Solche Entwicklungswerkzeuge werden meist von Hardwareanbietern mitgeliefert.

- **Geschlossene Shells:** Es handelt sich im wesentlichen um einen Interpreter. Eine Möglichkeit der Code-Erzeugung besteht nicht. Diese Systeme dienen vor allem zu Anschauungszwecken und zur Erprobung von Fuzzy Methoden.

Diese Abgrenzung ist allerdings unscharf, da die Tools üblicherweise durch zusätzliche Soft- und Hardwaremodule erweitert werden können.

Die den ersten drei Punkten zuzuordnenden Entwicklungsumgebungen sind sehr ähnlich aufgebaut. Es handelt sich prinzipiell um Untermengen der precompilerbasierten Shells, die mit speziellen Eigenschaften versehen wurden. Allerdings bestehen einige Unterschiede in der Darstellung der Systemkomponenten und in der Bedienbarkeit der Oberfläche.

Zur Darstellung der Reglerstruktur werden bevorzugt Blockdiagramme für die Beziehungen der Regelblöcke eingesetzt. Auch die Editoren für die Erstellung von Zugehörigkeitsfunktionen sind sehr ähnlich aufgebaut.

Unterschiedliche Darstellungsformen werden vor allem bei den Regeleditoren eingesetzt. Es kann hier zwischen Matrixtabellen und Kennlinien sowie der textlichen Darstellung in Wenn/dann-Form unterschieden werden. Die Kennlinienform ist dabei eine Art der Darstellung, bei der eine Ein- und eine Ausgangsvariable für festgelegte linguistische Werte der übrigen Variablen übereinander aufgetragen werden. Dabei werden definierte Regeln durch Kreuze beschrieben.

Welche dieser Darstellungsmethoden die beste ist, hängt von der Konfiguration des Fuzzy Systems ab. Die Matrixdarstellung ist beispielsweise nur bei einer Regelbasis mit maximal drei Eingangsgrößen noch überschaubar. Sie bietet dann allerdings den besten Überblick über die Vollständigkeit der Regelbasis sowie über die Wirkungsrichtungen benachbarter Regeln. Aus der Kennliniendarstellung wird dagegen am schnellsten die gegenseitige Abhängigkeit zweier linguistischer Variablen deutlich. Der Vorteil einer Tabellen- oder Textdarstellung liegt in der guten Lesbarkeit. Eine Strukturierung der Regelbasis ist damit allerdings nur schlecht durchführbar.

In Bild 4-2 sind die unterschiedlichen Kategorien von Fuzzy Tools dargestellt. Die spezifischen Daten zu den einzelnen Produkten sind in Anhang A1 tabellarisch aufgelistet.

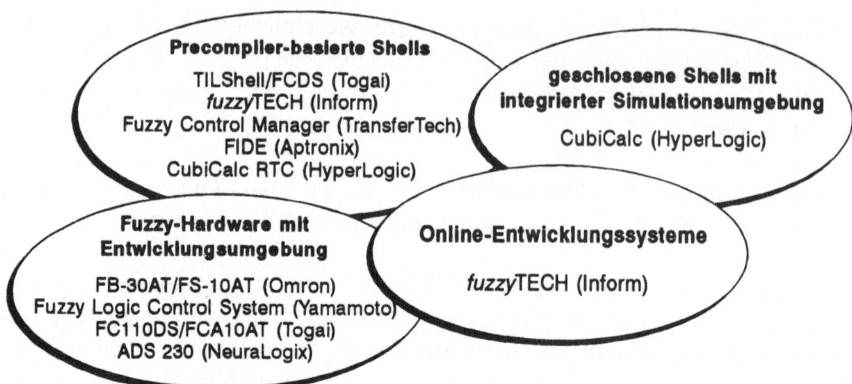

Bild 4-2: Die wichtigsten Entwicklungswerkzeuge für Fuzzy Systeme, Quelle: [3-61]

Test und Analyse von Fuzzy Systemen

Der Entwickler muß beim Durchlaufen des in Kapitel 3.3.3 (Reglerentwurf) dargestellten Entwurfszyklus weitestgehend über den Inferenzvorgang informiert sein. Um beispielsweise kontraproduktiv arbeitende Regeln identifizieren und die Abstimmung der Terme der linguistischen Variablen auf die entsprechenden Eingangswerte vornehmen zu können, müssen zu jedem Zeitpunkt die aktiven Regeln bekannt sein.

Ein Entwicklungswerkzeug für Fuzzy Regler muß also als eines der wichtigsten Bestandteile einen möglichst umfangreich ausgestatteten Debugger besitzen. Dieser sollte mindestens folgende Möglichkeiten bieten:

- interaktive und File-Eingabe von Eingangswerten
- Regelmonitor zur Beobachtung aktiver Regeln
- Variablenmonitore zur Beobachtung von Zugehörigkeitswerten
- Darstellung der Reglerübertragungscharakteristik
- schrittweise Abarbeitung von Eingangswerten
- Mitverfolgen des Inferenzergebnisses in jedem Schritt

Die Möglichkeit der Simulation des Regelkreises zur Analyse des Reglerverhaltens ist beim Aufbau eines Fuzzy Reglers oft nicht gegeben, da ein mathematisches Modell der Regelstrecke fehlt. Das Reglerverhalten muß jedoch zumindest auf seine Plausibilität getestet werden können. Dies kann am laufenden Prozeß z. B. in einer Open-loop-Schaltung erfolgen. Für solche Zwekke ist die Möglichkeit der Online-Kopplung ideal geeignet. Durch eine solche direkte Prozeßanbindung besteht die Möglichkeit der Beobachtung des Inferenzvorganges und der Beeinflussung des Reglerverhaltens während des Prozeßablaufes. Häufig können aber die prinzipiellen Eigenschaften einer Regelstrecke durch ein mathematisches Modell abgebildet werden. In diesem Fall kann durch eine dynamische Simulation die Eignung des Reglers für das betreffende System geprüft werden. Ist diese Simulation direkt von der graphischen Oberfläche steuerbar, so können ihre Ergebnisse zur Modifikation des Reglers ausgenutzt werden, ohne die Shell zu verlassen. Ist die Möglichkeit des Tracings gegeben, so können, ausgehend vom Simulationsergebnis zu einem bestimmten Zeitpunkt direkt die Regeln identifiziert werden, die zu diesem Ergebnis geführt haben.

4.1.2 Reglerentwurfswerkzeuge mit Fuzzy Modulen

Auch wenn die Fuzzy Control Technik zur Lösung regelungstechnischer Problemstellungen in diesem Buch stark in den Vordergrund gestellt wurde, so werden in keiner Weise die klassischen mathematischen Methoden der Regelungstechnik ihren sehr hohen Stellenwert verlieren bzw. einbüßen. Dies gilt insbesondere, wenn Prozesse (Regelstrecken) zu regeln sind, deren dynamisches Verhalten sehr gut durch mathematische Modelle beschrieben werden kann und deren dynamische Prozeßvariablen hinreichend genau meßbar sind. Industriekontakte haben gezeigt, daß der Anwender eine Integration von herkömmlichen und Fuzzy gestützten Entwurfsunterstützungsystemen wünscht. Dies wird durch die Reglerentwurfswerkzeuge mit Fuzzy Modulen sichergestellt [4-2], [4-3].

In diesen Systemen (vgl. Tabellen im Anhang B) können beliebige Teile eines technischen Systems mit den bewährten konventionellen Methoden blockorientiert beschrieben werden. Andere Teile können durch Fuzzy Logik-Blöcke beschrieben werden.

Durch die Möglichkeit der on-line-Ankopplung an reale Prozesse kann ein in der Simulation entworfener und optimierter Regler am realen System erprobt werden. Auf diese Weise lassen sich folgende Tätigkeiten ausgeführen:

- Erprobung von Fuzzy Controllern an dynamischen, linearen oder nicht-linearen Strecken,
- empirische Optimierung von Fuzzy Controllern über das Prozeßrechensystem Interface,
- Visualisierung von technischen Vorgängen, die mit Fuzzy Logik geregelt und gesteuert werden,

- Optimierung von Fuzzy Controllern mit Gütefunktionen im Zeitbereich (AGO),
- Erzeugung von C- oder ADA-Code (RT Fuzzy) oder C-Code (AGO),eines mit Fuzzy Elementen definierten Systems.

Durch die Kombination von klassischen und Fuzzy Methoden in den Entwurfssystemen wird die Möglichkeit geschaffen, bewährte klassische Entwurfsverfahren auch weiterhin nutzen zu können. Zudem wird der direkte Vergleich von klassischen und Fuzzy Methoden ermöglicht.

4.1.3 Automatisierungssysteme und Komponenten

Fuzzy Komponenten sind in zahlreichen Prozeßleitsystemen bzw. speicherprogrammierbaren Steuerungen (SPS) realisiert bzw. geplant [4-4].

Prozeßleitsysteme

Prozeßleitsysteme bieten die Möglichkeit, Regler als eine Kombination von herkömmlichen und Fuzzy Methoden zu realisieren. Bei der Umsetzung können grundsätzlich drei Wege gewählt werden:

- Man setzt eine komfortable Entwicklungsumgebung ein (vgl. Kapitel 4.1.1), um einen Fuzzy Regler zu entwerfen, und verwendet den Source-Code, den dieses Programm liefert.
- Man setzt spezielle Hardware ein.
- Man verbindet ein Projektierungssystem, das die Entwicklung eines Fuzzy Reglers ermöglicht, mit dem Leitsystem und lädt die Software ins Automatisierungssystem.

Die meisten Anbieter von Prozeßleitsystemen beschreiten den dritten Weg bei der Integration von Fuzzy Methoden in bestehende Automatisierungssysteme zur Realisierung einer Fuzzy Reglerstruktur. Im Prozeßleitsystem sind folgende Schritte notwendig [3-82]:

- Entwickeln des Fuzzy Reglers am PC: Definition der Ein- und Ausgangsgrößen, Festlegung der Zugehörigkeitsfunktionen und der Bausteine für Fuzzyfizierung und Defuzzyfizierung sowie Erstellung der Regelmenge
- Eingabe spezieller Parameter für das zugrundeliegende Prozeßleitsystem
- Automatische Generierung der Strukturanweisungen, die dann mit dem Projektierungssystem übertragen werden

- Starten des Fuzzy Reglers und Beobachtung der Reglerergebnisse im Entwurfswerkzeug
- Optimierung des Fuzzy Reglers

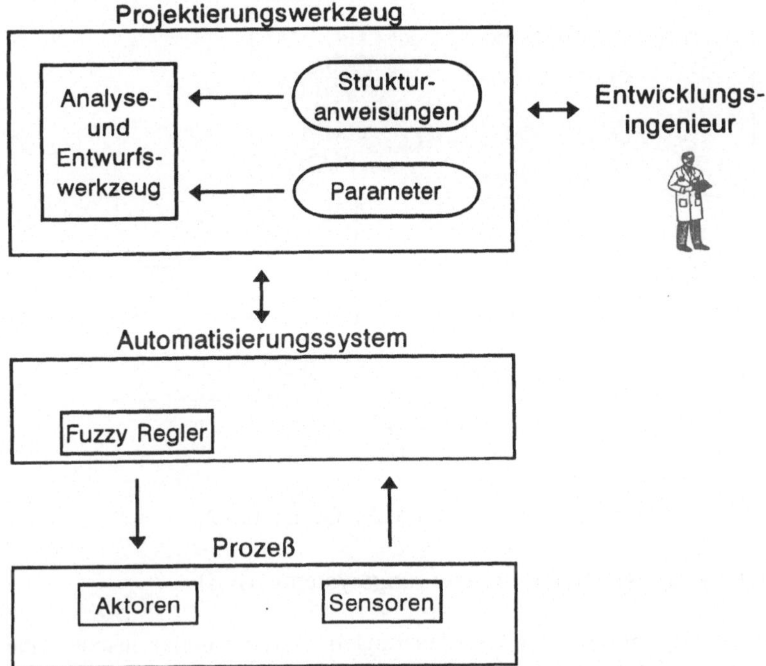

Bild 4-3: Systemstruktur von Prozeßleitsystemen mit Fuzzy Komponenten, Quelle: [4-5]

Siemens hat für die TELEPERM M Automatisierungseinheiten AS230/AS235 (H) Softwarebausteine zur Fuzzy Regelung entwickelt. Regeln können dabei durch (mehrfache) Klammerung sehr komplex formuliert werden. Das Projektierungswerkzeug SIFLOC TM ist PC-gestützt und über den Systembus CS275 mit dem Automatisierungssystem verbunden (vgl. Bild 4-4).

AEG hat ein Verfahren vorgestellt, das es dem Anwender des Automatisierungssystems GEAMATICS ermöglicht, Fuzzy Control-Applikationen mit herkömmlicher Soft- und Hardware zu implemenieren und Echtzeitregler zu erstellen. Mit einem Entwicklungswerkzeug (DORA Fuzzy) erstellt der Anwender einen Fuzzy Regler durch Konfigurieren aus Standardfunktionsbausteinen der Automatisierungsfachsprache DOLOG AKF, die um eine Fuzzy Toolbox erweitert wurde. Die Portierung auf die Teilsysteme PS350 und PS500 geschieht über ein "Fuzzy Interface" [4-5]. Auch die Firmen ABB,

Hartmann & Braun, Foxboro und Yokogawa haben in ihren Systemen Fuzzy Control realisiert [4-4]. Einen Überblick über die Leistungsmerkmale liefern die Tabellen im Anhang C.

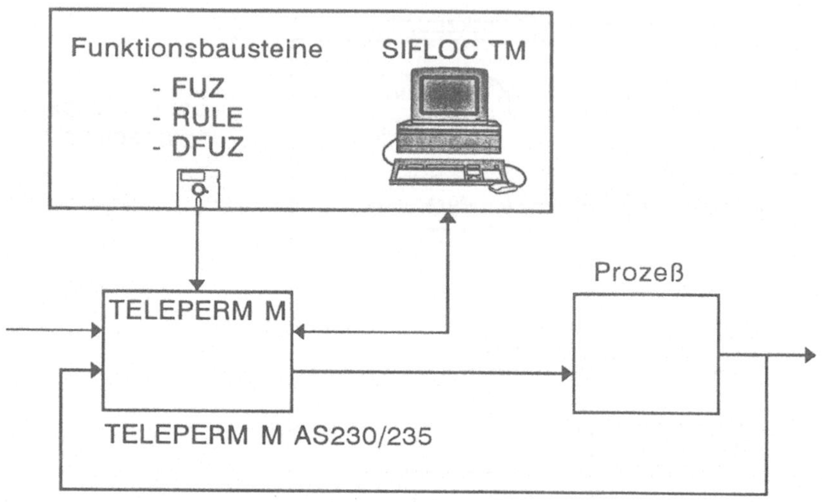

Bild 4-4: Systemstruktur für TELEPERM M, Quelle: [3-82]

Speicherprogrammierbare Steuerungssysteme (SPS)

In speicherprogrammierbaren Steuerungen werden Funktionsbausteine für Fuzzy Control ähnlich wie bei den Prozeßleitsystemen integriert. Hier können zwei unterschiedliche Wege verfolgt werden:

- Die Standardsoftwarefunktionen der SPS werden um spezifische Funktionen der Fuzzy Technologie ergänzt und mit in das Anwenderprogramm eingebunden.

- Die SPS erhält eine zusätzliche auf dem Prinzip der Fuzzy Logik basierende Hardwaregruppe, die der Standardhardware hinzugefügt wird.

Bei den Softwarelösungen werden die speziellen Fuzzy Bausteine in Zykluszeiten des Anwenderprogrammes bearbeitet und belasten Speicherplatz und Bearbeitungskapazität der Prozessoreinheit. Die Hauptanwendungsgebiete für speicherprogrammierbare Steuerungen, die auf dem Prinzip der Fuzzy Control beruhen, sind in der Verfahrenstechnik, in der Chemie und in der Klärwerktechnik zu finden. Da bei solchen Anwendungen in der Regel Zykluszeiten unter einigen hundert *ms* nicht erforderlich sind, ist zu erwarten, daß in diesen

Anwendungsgebieten eine softwaregestützte Lösung zum Einsatz kommt. Bei zeitkritischen Anwendungen ist die Hardwarelösung empfehlenswert.
Die Firmen AEG, Siemens, Klöckner-Moeller und Omron bieten SPS-Produkte mit Fuzzy Controlfunktionen an. AEG hat für die SPS Modicon A120 und A250 Fuzzy Funktionsbausteine entwickelt, die mittels der Programmiersprache DOLOG AKF geladen werden. Zum Test stehen zwei PC-basierte Oberflächen mit unterschiedlicher Leistungsfähigkeit zur Verfügung.

Siemens bietet für die SPS Simatic S5-135-U bzw. S5-155-O (CPU 928P) ein Standardfunktionsbausteinpaket an. Dieses enthält neben herkömmlichen Modulen Fuzzy Funktionsbausteine. Es wird das Projektierungswerkzeug SIFLOC S5 zur Generierung verwendet. Die Software wird mittels Step 5 in das Steuerprogramm eingebunden.

Da diese Lösung mit einer zusätzlichen Hardwarebaugruppe angeboten wird, können hier Funktionen mit kurzen Zykluszeiten bearbeitet werden. Diese Anforderungen sind z. B. im Maschinen- und Automobilbau gegeben.

Klöckner-Moeller entwickelt eine Kompakt-SPS, die neben binären auch über sechs analoge Ein- und drei analoge Ausgänge verfügt. Sie kann für regelungstechnische Anwendungen stand-alone betrieben werden. Die Anbindung an andere Automatisierungssysteme wie beispielsweise IPC 620, Sucos P 316, PS 306, und PS 3 ist über das eingebaute Suconet-K1-Netzwerk möglich.

Omron hat für die modular aufgebaute SPS Sysmac C 200 H das Fuzzy Modul FZ 001 entwickelt. Als Prozessor wird der Omron-eigene FP 3000 verwendet. Das Modul ist über den Systembus mit den Peripherie-Baugruppen der SPS verbunden. Über eine RS 232 C-Schnittstelle ist es an den PC angekoppelt. Auf dem PC laufen die Programmier- und Testfunktionen. Omron bietet mit seinem Fuzzy SPS-Trainer ein fertigentwickeltes Modell einer Temperaturregelstrecke an, die sich zusammen mit Fuzzy Control- und SPS-Komponenten auf einer gemeinsamen Grundplatte befinden. Zum Lieferumfang gehört eine Standardversion der Fuzzy Entwicklungssoftware FSS zur Programmierung der SPS. In den Tabellen im Anhang D sind zusammenfassend die Leistungsmerkmale der unterschiedlichen speicherprogrammierbaren Steuerungen dargestellt.

4.2 Hardware

In diesem Kapitel folgt nach einer kurzen Erläuterung der möglichen Prinzipien einer Realisierung von Fuzzy Hardware eine Auflistung und Beschreibung ausgewählter Hardware-Produkte mit integrierter Fuzzy Logik [4-6]. Obgleich die ersten Fuzzy Chips bereits 1989 in Japan auf den Markt kamen, ist der tatsächliche Umfang der Nutzung dieser Chips bis heute eher als gering einzustufen. Vorteile erreicht der Anwender beim Einsatz eines Fuzzy Chips in komplexen Steuerungssituationen und in der Informationsverarbeitung. Fuzzy ASIC's sind in zahlreichen Konsumgüterprodukten eingesetzt [3-56]. Sie werden in diesem Abschnitt jedoch nicht näher untersucht, da deren Design von der speziellen Applikation abhängig ist.

Steuerungssysteme mit Eigenschaften, die einen Einsatz der Fuzzy Technologie bedingen, lassen sich auf unterschiedliche Weise realisieren [4-7]. Die auf Wertetabellen beruhende Methode ist am stärksten verbreitet. Hier werden alle möglichen Kombinationen von Ein- und Ausgangswerten vorab von einem Computer berechnet und in einem ROM abgespeichert. Durch das Adressieren der im Speicher befindlichen Daten ist dem Fuzzy System so ein rascher Zugriff auf die Folgerungsresultate, also auf die Ergebnisse der Regelauswertung möglich.

Durch den Einsatz von Software, zur Entwicklung von Fuzzy Systemen, können Applikationen ohne die Verwendung spezieller Fuzzy Schaltungen realisiert werden. Zwar sind diese Programme ungeeignet für Steuerungssysteme, die eine Echtzeitverarbeitung bedingen, doch ermöglicht diese Variante eine hohe Flexibilität bezüglich der Gestaltung des Fuzzy Systems.

In Fällen, wo Software Lösungen nicht ausreichen, werden reine Hardware Lösungen eingesetzt. Beispiele sind Fuzzy Regler in analoger Schaltungstechnik, ein Mikroprozessor mit speziellem Fuzzy Befehlssatz und Fuzzy Logik Controller, die mit on-chip Wissensspeicher entwickelt wurden [4-8].

Durch den zum Teil hohen Aufwand bei der Erstellung komplexer Modelle für die Problemlösung mit Fuzzy Hardware, ist die Einsatzbereitschaft zur Zeit gering. Auch die Kosten pro Einheit sind noch zu hoch, um mit herkömmlicher Technologie zu konkurrieren. Haupteinsatzgebiete der speziellen Fuzzy Bausteine sind nicht die Konsumgüterindustrie sondern Bereiche wie z. B.

- Steuerungssysteme für die Fabrikautomation,
- Servomotoren,
- automatische Getriebe und
- Kraftstoffeinspritzung.

Den Schwerpunkt in diesem Abschnitt bilden die Spezifikationen hinsichtlich der Fuzzy Logik-Produkte, wozu folgende Merkmale gehören:

- Verarbeitungsgeschwindigkeit,
- maximale Regelanzahl,
- Anzahl der Ein- und Ausgangskanäle,
- Methoden der Inferenz und Defuzzyfizierung,
- Auflösung der Zugehörigkeitsfunktion,
- Stand-Alone Fähigkeit.

Darüber hinaus werden ausgewählte Anwendungen für die unterschiedlichen Produkte vorgestellt. Schwierig ist die Angabe der Inferenzgeschwindigkeit, da die Geschwindigkeit stark von der jeweiligen Anwendung abhängt (Zahl der Regeln; Strukturierung der Regeln, Komplexität der Darstellung der Zugehörigkeitsfunktionen).

4.2.1 FC110 DFP

Das Unternehmen Togai InfraLogic bietet den digitalen Fuzzy Prozessor FC110 DFP an, der sich durch die in Tabelle 4-1 beschriebenen Leistungsmerkmale auszeichnet.

Die Speicheraufteilung ist wie folgt definiert: 64 Bytes on-chip RAM in Kombination mit dem Host-Prozessor, 256 Bytes on-chip lokales Daten-RAM und 256 Bytes externes Memory Mapped I/O. Es können darüber hinaus 128 KB für die Wissensbasis adressiert werden. Der FC110 FDP kann unterschiedlich beschaltet werden. Wie Bild 4-5 zeigt, kann der Prozessor sowohl im Stand-Alone-Betrieb als auch als Koprozessor in Kombination mit einem Standard-Microcontroller (z. B. 8501, 6800) arbeiten.

Tabelle 4-1: Leistungsmerkmale des FC 110 DFP, Quelle: [4-6]

Merkmal	FC110 DFP	Anmerkungen
Inferenzgeschwindigkeit	max. 100 000 Regelauswertungen	60 000 scharfe Ausgangswerte pro Sekunde
Max. Anzahl der Regeln	über 800	
Max. Zahl der Argumente in der Bedingung	256	
Max. Zahl der Argumente im Schlußfolgerungsteil	256	
Form der Zugehörigkeitsfunktion	beliebig	
Inferenzmethoden	MAX, MIN	
Defuzzyfizierung	COA, MOM	
Auflösung der Zugehörigkeitsfunktion	8 Bit	
Entwicklungsumgebung	TILShell, FCDS	
Adaptierbarkeit	8051, 6800 Prozessor	
Technologie	CMOS	

Der interne Aufbau des Prozessors und die I/O-Verbindungen können durch die in Bild 4-5 gezeigten Funktionsblöcke beschrieben werden. Das Produkt hat ein Wissensbasis-Interface und ein System-Interface.

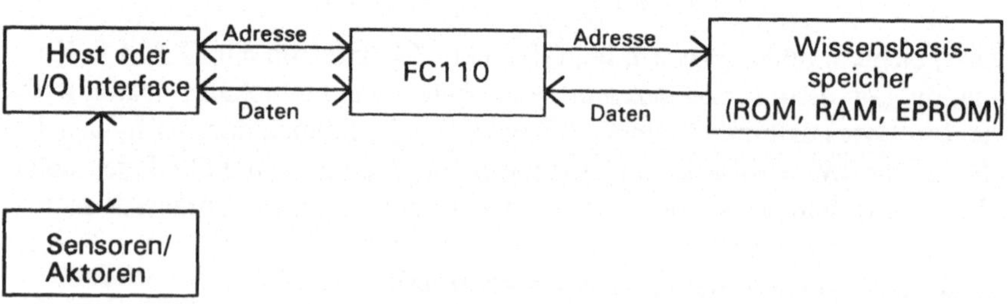

Bild 4-5: Einsatz des FC110, Quelle: [4-6]

Die Wissensbasis umfaßt die Regeln und Zugehörigkeitsfunktionen für die Fuzzy Logik-Anwendung. Die maximale Größe der Wissensbasis beträgt 64K. Die Verbindung zum RAM, ROM oder EPROM wird durch den 16-Bit Adress- und Datenbus hergestellt. Über das Systeminterface kann der FC-110 mit dem Host-Prozessor kommunizieren, wobei der Adressbus 6 Bit, der Datenbus 8 Bit breit ist. Das Systeminterface kann in 8 verschiedenen Modi angesprochen werden. Über den MODE Befehl kann festgelegt werden, ob das Systeminterface im Multiplexbetrieb betrieben wird, welche Art des Handshakings und ob der 8051- oder 6800 Modus verwendet werden soll.

Das gemeinsame Daten-RAM dient als Zwischenspeicher zwischen System und FC110. Im Multiplexmode sind 256 Bytes, im Normalmodus lediglich die ersten 64 Bytes vom Host aus adressierbar. Der Prozessor selbst kann über die vollen 256 Bytes verfügen.

Für die Aufstellung der Wissensbasis werden zwei verschiedene Methoden angeboten. Für den Anwender wird die Software-Entwicklungsumgebung TILShell (Vgl. Kapitel 4.1.1) angeboten, die es ermöglicht, die Zugehörigkeitsfunktionen, Regeln und Variablen graphisch einzugeben. Alternativ kann die Wissensbasis auch über die Fuzzy Programming Language (FPL) eingegeben werden. Mit der TILShell wird eine Datei mit einer in FPL abgespeicherten Wissensbasis erzeugt. Da die FPL eine Hochsprache ist, müssen die Befehle in Maschinencode umgewandelt werden. Dies kann über das Fuzzy-C Development System (FCDS) realisiert werden, das portablen C-Code erzeugt, so daß auch eine leichte Einbindung in andere Programme möglich ist. Der direktere Weg ist die Verwendung des FC110 Development System (FC110DS), das die in FPL beschriebene Wissensbasis in eine Hex-Datei umwandelt, die schließlich in die Wissensbasis geladen wird. Der Befehlssatz enthält neben den üblichen Mikroprozessorbefehlen die Befehle zur Festlegung der Regeln.

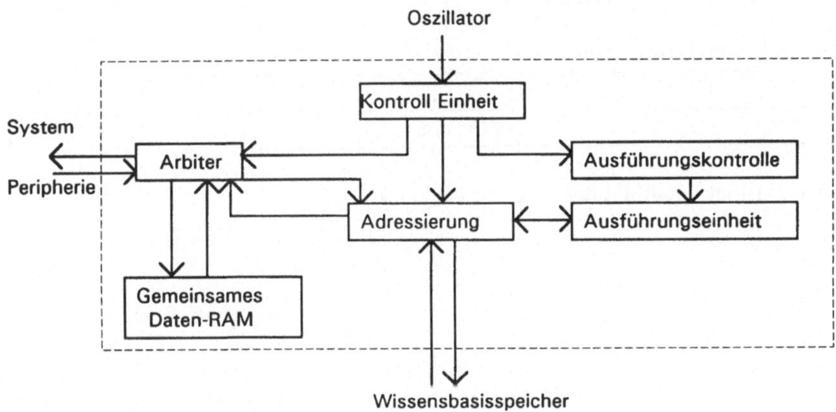

Bild 4-6: Interne Struktur des FC110 DFP, Quelle: [4-6]

Eine Anwendung des FC 110 ist das Controller Board von Rotec. Dieses hat folgende Leistungsmerkmale:

- 2 parallele Fuzzy Prozessoren FC110,
- 10 MFIPS bei einer Taktfrequenz von 20 MHz,
- Parallelarchitektur,
- die Wissensbasen für die beiden Fuzzy-Prozessoren werden jeweils in 128 kByte RAM gespeichert,
- bis zu 400 000 Fuzzy Regel-Auswertungen pro Sekunde und
- bis zu 256 "wenn" und 256 "dann" Argumente pro Wissensbasis.

Den prinzipiellen Aufbau des Boards zeigt Bild 4-7. Eine weitere Anwendung ist die VMEbus-Platine FCA10VME. Sie stellt eine nochmalige Steigerung zum VFuzzy-1 dar, da hier gleich vier FC110 Prozessoren zum Einsatz kommen, wodurch eine Rechenleistung von bis zu 1,3 MFips ausgeführt werden kann.

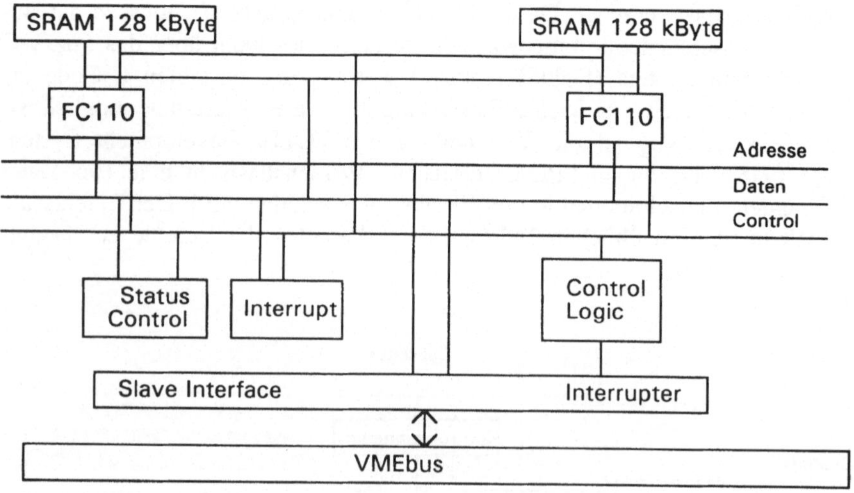

Bild 4-7: Blockschaltbild der VFuzzy-1, Quelle: [4-6]

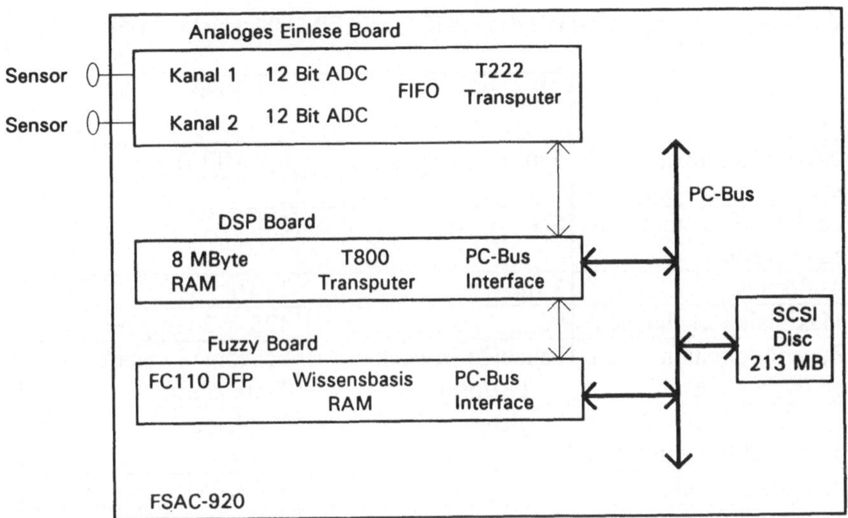

Bild 4-8: Blockdiagramm des FSAC-920, Quelle: [4-6]

Speziell für den Bereich Qualitätssicherung, bei der fehlerhafte Objekte aufgrund akustischer Merkmale aussortiert werden müssen, wurde das System FSAC-920 entwickelt (Bild 4-8). Die im Grundausbau zur Verfügung stehenden 2 Sensorsignale werden zunächst nach einer AD-Wandlung mit einer Auflösung von 12 Bit einer Fast-Fourier-Transformation (FFT) unterzogen, wofür ein Transputer zuständig ist. Die durch die Betrags- und Phasenspektren charakterisierten Signale können daraufhin klassifiziert werden. Damit dieser Vorgang für hohe Taktraten durchgeführt werden kann, wurde der FC110 DFP eingesetzt.

4.2.2 FP-1000, FP-3000, FP-5000 und FP-7000

Omron hat das umfangreichste Angebot an Fuzzy Hardware, das aus den Prozessoren FP-1000, FP-3000, FP-5000 und FP-7000 besteht. Allerdings sind in Europa nur die Prozessoren FP-1000 und FP-3000 verfügbar. Die Leistungsmerkmale für die beiden Prozessoren FP-1000 und FP-3000 sind in Tabelle 4-2 dargestellt. Ein Singleton (vgl. Tabelle 4-2) ist eine Zugehörigkeitsfunktion, die mathematisch einer δ-Funktion mit einem Gewicht zwischen 0 und 1 entspricht.

Tabelle 4-2: Leistungsmerkmale des FP-1000 und FP-3000, Quelle: [4-6]

Prozessor Merkmal	**FP-1000**	**FP-3000**
Inferenzgeschwindigkeit	3 ms / 96 Regeln	0,2 MFLIPS
Zahl der Ein- und Ausgabekanäle	8/4	8/4
Auflösung	8 Bit	12 Bit
Maximale Regelanzahl	96	128 X 3 Gruppen
Zugehörigkeitsfunktion im Bedingungsteil	beliebige Dreiecke Trapezform	beliebige Dreiecke Trapezform
Zugehörigkeitsfunktion im Schlußfolgerungsteil	Singleton	Singleton
Inferenzmethode	MAX-MIN	MAX-MIN
Defuzzyfizierung	Schwerpunktmethode	Schwerpunkt, Maximalwert
Speicher On-Chip		208 Bytes (Single Mode)
Speicher extern adressierbar		4.3 kByte (Expanded Mode)
Entwicklungsumgebung	FS-TH1000	FS-1000/10AT
Zielanwendung	Qualitätssicherung	Regelungstechnik, Klassifizierung

Als besondere Option können beim FP-3000 die Regeln gewichtet werden, indem die Ergebnisse des Bedingungsteils mit den Faktoren 0.9, 0.8, 0.7, 0.6, 0.5, 0.25 multipliziert werden. Außerdem können die Regeln in drei Gruppen eingeteilt werden. Die Regeln in jeder Gruppe verwenden dabei jeweils die gleichen Zugehörigkeitsfunktionen für die Argumente. Der FP-3000 kann entweder im Single-Mode oder im Expanded-Mode eingesetzt werden. Im Single Mode ist bei einer relativ geringen Anzahl von abzuarbeitenden Regeln das interne RAM ausreichend für die Speicherung der Regeln und Zugehörigkeitsfunktionen. Im Expanded Mode dient ein externes RAM zusätzlich als Wissensbasisspeicher für Systeme, in denen ein großer Befehlssatz notwendig ist. Dieser Modus muß eingesetzt werden, falls die Regeln gewichtet werden.

Omron bietet den FP-3000 auf dem Controller Board FB-30AT an, was den Einsatz in Verbindung mit einem PC ermöglicht.

4.2.3 NLX 230

Durch die besondere Form der verarbeiteten Zugehörigkeitsfunktionen (gleichschenklig und rechtwinklige Dreiecksfunktion) kann beim NLX 230 (NeuraLogix) ein scharfer Eingangswert besonders leicht fuzzyfiziert werden, da der entsprechende Zugehörigkeitswert direkt aus dem Abstand zwischen dem Singleton des Funktionswertes und dem Zentrum der entsprechenden Zugehörigkeitsfunktion bestimmt werden kann.

Tabelle 4-3: Leistungsmerkmale des Controllers NLX 230, Quelle: [4-6]

Merkmal	**NLX230**
Inferenzgeschwindigkeit	30 MFLOPS
Zahl der Ein- /Ausgänge	8 / 8
Max. Anzahl der Regeln	64
Max. Zahl der Argumente im Bedingungsteil	16
Max. Zahl der Argumente im Schlußfolgerungsteil	1
Inferenzmethoden	MIN
Defuzzifizierung	Maximum
Form der Zugehörigkeitsfunktion	Dreiecke mit Steigung 1
Entwicklungsumgebung	ADS 230
Adaptierbarkeit	Einsteckkarte für PC sonst stand-alone

Der NLX 230 kann entweder im Master- oder im Slave-Mode betrieben werden. Die Wissensbasis kann über das auf einem PC lauffähige Microcontroller-Entwicklungssystem ADS 230 von NeuraLogix erstellt werden. Die Zugehörigkeitsfunktionen graphisch eingegeben werden, wobei die Oberfläche allerdings nicht so komfortabel ist wie bei anderen Systemen. Von dort aus wird die Wissensbasis auch im externen Speicher abgespeichert. Des weiteren werden damit die Eingangswerte mit den "Fuzzyfiern" = Zugehörigkeitsfunktionen verknüpft.

Mit dem Simulator kann das Fuzzy System getestet werden, wobei die Ergebnisse der Simulation in einer Datei abgespeichert werden.

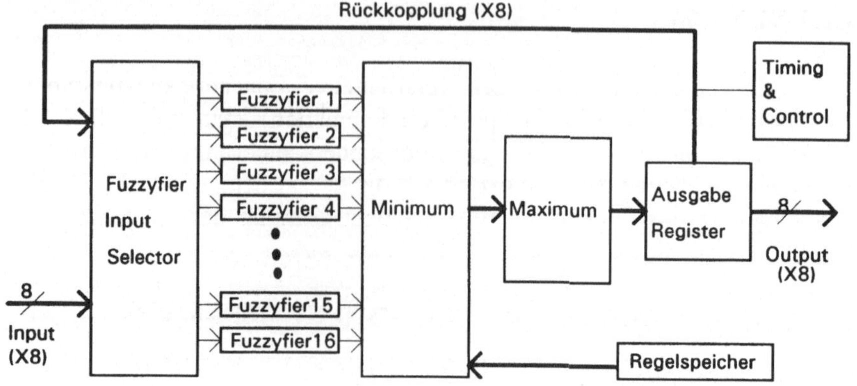

Bild 4-9: Blockschaltbild des NLX 230, Quelle: [4-6]

NLX 110, NLX 112, NLX 113

Neben dem NLX 230 bietet NeuraLogix weitere Prozessoren für spezielle Applikationen an. Der NLX 110 ist als Prozessor für Mustervergleiche konzipiert. Simultan können bis zu acht bekannte Muster mit einem unbekannten Muster verglichen werden. Der NLX 112 stellt einen 128 Bit Datenkorrelator dar. Er kann mit einem 8-Bit Mikroprozessor kommunizieren, wodurch Referenzmuster und Entscheidungsschwellen programmiert werden können. Die Möglichkeit, das Bauteil zu kaskadieren, läßt auch über 128 Bit lange Datenwörter zu. Der NLX 112 kann mit einer Taktfrequenz bis zu 50 MHz betrieben werden. Der NLX 113 ist ebenfalls ein Datenkorrelator, der allerdings vier 32 Bitdatenwörter oder zwei 64 Bitdatenwörter oder ein 128 Bitdatenwort korrelieren kann. Er unterstützt die Kreuzkorrelation und Autokorrelation.

4.2.4 Fuzzy-166

Inform geht einen etwas anderen Weg als die bisher vorgestellten Realisierungen, indem eine optimierte Version der Inferenzmaschine von *fuzzy*TECH auf dem 16-Bit Standardcontroller 80C166 innerhalb eines ROM implementiert wurde. Der FUZZY-166 ist dadurch pinkompatibel zu allen 80C166 Anwendungen, so daß jede dieser Anwendungen optional auch durch ein Fuzzy System ergänzt werden kann. Durch die Kompatibilität treten außerdem keine Performance-Verluste auf. Der Prozessor ist auf dem FUZZY-166 Evaluation Board verfügbar.

Alle Funktionen werden durch die Funktionen in *fuzzy*TECH unterstützt, so daß *fuzzy*TECH auch als Entwicklungsumgebung benutzt werden kann. Alternativ kann der Prozessor auch durch ein C-Programm programmiert werden. Weitere Spezifikationen betreffen lediglich die bekannten Eigenschaften des 80C166.

Tabelle 4-4: Leistungsmerkmale des FUZZY-166, Quelle: [4-6]

Merkmal	**FUZZY-166**	**Anmerkungen**
Inferenzgeschwindigkeit	204 µs für 51 Regeln Defuzzifizierung von 3 linguistischen Termen Center of Max: 25 µs Schwerpunkt: 2220 µs	auch abhängig davon, ob Daten noch extern gespeichert sind
Zahl der Ein-/Ausgänge	10 A/D Wandler: Auflösung 10 Bit 16 digitale I/O Ports	
Max. Anzahl der Regeln		32 KB RAM verfügbar
Inferenzmethoden	MIN-MAX, γ-Operator, MIN-AVG	
Form der Zugehörigkeitsfunktionen	linear und S-förmig	stückweise durch bis zu 9 Punkte definierbar
Defuzzyfizierung	Schwerpunkt, Center of Maximum oder Fuzzy-Output	
Entwicklungsumgebung	*fuzzy*Tech	
Adaptierbarkeit	alle 80C166-Anwendungen	

4.2.5 MSM01U044

OKI bietet als Unterstützung für die Inferenzbildung den MSM01U044 an, wobei auf diesem Chip die Defuzzyfizierung nicht enthalten ist, die von dem Zusatzbaustein MSM91U045 optional übernommen wird. Der Prozessor wurde sowohl für Regelungsaufgaben in der Prozesstechnik, Luftfahrt, Roboter- und Verkehrstechnik als auch für Mustererkennung konzipiert.

Tabelle 4-5: Leistungsmerkmale des MSM01U044, Quelle: [4-6]

Merkmal	MSM01U044	Anmerkungen
Inferenzgeschwindigkeit	7.5 MFLIPS	bei 2 Eingängen und 30 Regeln (Takt: 20 MHz)
Zahl der Ein-/Ausgänge	16 / 1	
Max. Anzahl der Regeln	bis zu 960	
Max. Zahl der Argumente im Bedingungsteil	56	
Max. Zahl der Argumente im Schlußfolgerungsteil	15	
Inferenzmethoden	MAX-MIN	
Defuzzyfizierung	-	durch Zusatz MSM91U045 Schwerpunkt-methode
Technologie	1.2 µm CMOS	

4.2.6 VY86C500

Der VY86C500 von VLSI Technology unterstützt andere Prozessoren bei der Ausführung von Fuzzy Operationen, damit diese beschleunigt ablaufen können. Der Kern dieses Systems entstammt einer Kooperation zwischen VLSI und Togai InfraLogic. Im Prinzip wurde der zentrale Hardwareteil des FC110-Prozessors, der Fuzzy Computational Accelerator (FCA™), lediglich in das neue System integriert.

Tabelle 4-6: Leistungsmerkmale des VY86C500, Quelle: [4-6]

Merkmal	VY86C500	Anmerkungen
Inferenzgeschwindigkeit	870000 Regeln / s	Takt: 20 MHz (2 Eingänge, 1 Ausgang)
Zahl der Ein-/Ausgänge	2048/4096	abhängig von der Größe des Speichers der Wissensbasis
Max. Anzahl der Regeln	bis 2048 pro Ausgabe	
Inferenzmethoden	MAX-Dot	
Fuzzy Operationen	MAX,MIN,Komplement	
Defuzzyfizierung	Schwerpunkt, Maximum, Alpha	
Form der Zugehörigkeitsfunktionen im Bedingungsteil	linear, quadratisch S, pi, Z	Die Zugehörigkeitsfunk-tionen können beliebig stückweise zusammen-gesetzt werden
Form der Zugehörigkeitsfunktionen im Schlußfolgerungsteil	beliebig	
Auflösung der Zugehörigkeitsfunktion	12 Bit	
Entwicklungsumgebung	TILShell, FCDS, FPL	
Technologie	1 μm CMOS	

Als weitere Optionen sind die Adressierung von 64 KB für die Regelbasis, die Adressierung von 4 KB für den Zwischenspeicher zwischen VY86C500 und Host sowie die beliebige Überlappung der Zugehörigkeitsfunktionen möglich.

Das Blockdiagramm des VY86C500 zeigt Bild 4-10. Der Wissensspeicher, der die Zugehörigkeitsfunktionen und Regeln enthält, kann entweder intern oder extern liegen. Die Größe des Wissensspeichers ist maßgeblich für die Leistungsfähigkeit des Systems verantwortlich. Da der VY86C500 mit Hilfe der Fuzzy Programming Language (FPL) programmiert werden kann, die bereits vom FC110 her bekannt ist, können auch die Entwicklungswerkzeuge wie TILShell oder FCADS benutzt werden.

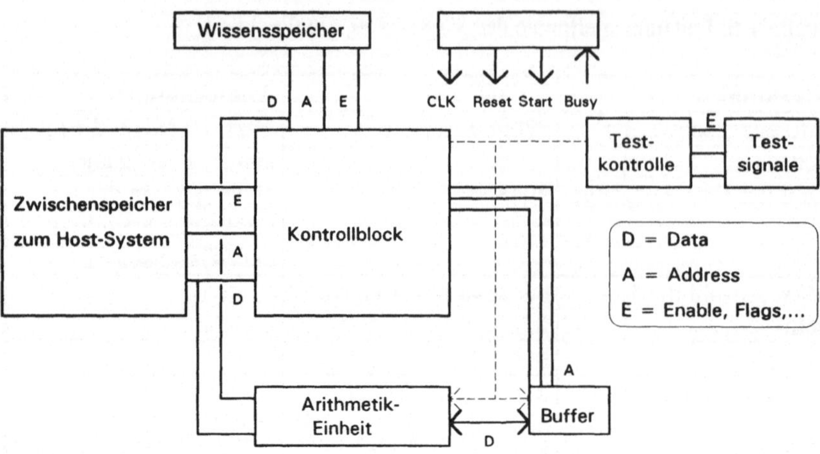

Bild 4-10: Blockdiagramm des VY86C500, Quelle: [4-6]

5 Zusammenfassung und Ausblick

5.1 Die ersten 25 Jahre

Man könnte die ersten 25 Jahre der Entwicklung der Fuzzy Set Theorie durchaus mit der Überschrift: "Von der Fuzzy Set Theorie zur Fuzzy Technologie" überschreiben. Teilweise verlief diese Entwicklung sehr natürlich, teilweise gab es jedoch auch sehr unerwartete Sprünge. Möchte man die bisherige 25-jährige Entwicklung auf diesem Gebiet ganz grob strukturieren, so könnte man sie vielleicht einteilen in eine Phase der theoretischen Entwicklung, die ca. 15 bis 20 Jahre dauerte, eine Phase der Umsetzung theoretischer Ergebnisse in praktische Anwendungen in Japan, für die in etwa 10 bis 15 Jahre zu veranschlagen wäre, und eine noch andauernde Phase des weltweiten Interesses an der Fuzzy Technologie. Diese 3. Phase hat in Deutschland um 1990 begonnen hat und in der wir uns noch jetzt befinden. Diese drei Phasen überlappen sich in dem Zeitraum von 1965 und 1993; sie sollen jedoch der Übersicht halber kurz im folgenden getrennt skizziert und exemplarisch an Veröffentlichungen und Produkten illustriert werden. Es sei an dieser Stelle besonders betont, daß hierbei auf keinen Fall eine Vollständigkeit der Literaturdarstellung angestrebt wird. Dies ist bei den heutzutage existierenden mehr als 15.000 Veröffentlichungen auch gar nicht möglich. Statt dessen sollen lediglich Veröffentlichungen genannt werden, die entweder eine besonders ausprägende Wirkung in der jeweiligen Folgezeit gehabt haben oder aber die typisch für bestimmte Richtungen sind.

5.1.1 Die Phase der theoretischen Entwicklung

Fuzzy Sets waren von ihrem Erfinder, Professor L. A. Zadeh, zunächst als eine Verallgemeinerung der klassischen Mengen konzipiert [0-1], [2-11]. Bereits in den ersten fünf Jahren der Entwicklung zeigte sich jedoch deren natürliche Nähe zur Wahrscheinlichkeitstheorie [5-1] und zur zweiwertigen Logik [5-2]. Da von sehr vielen die Fuzzy Set Theorie als eine Konkurrenz oder ein Ersatz zur Wahrscheinlichkeitstheorie angesehen wurde, ist es nicht erstaunlich, daß vom Beginn der Fuzzy Set Theorie bis zum Ende der siebziger Jahre diese Theorie vor allem von Vertretern der Bayes'schen Theorie stark angegriffen und als vollkommen überflüssig angesehen wurde. Verständlicherweise erleichterte dies nicht gerade die Weiterentwicklung der Fuzzy Set Theorie und ihrer Anwendung.

Trotzdem wurden bereits nach fünf Jahren, nämlich in den Jahren 1970 und 1971 die Grundlagen für drei Hauptanwendungsgebiete der Fuzzy Set Theorie gelegt, auf denen in den siebziger und achtziger Jahren hunderte von Veröffentlichungen basieren sollten. Die grundlegenden Veröffentlichungen sind der Artikel von Bellmann und Zadeh [5-3] für das Gebiet der Entscheidungstheorie und der Entscheidungstechnologie, der Aufsatz von Zadeh über Ähnlichkeitsrelationen [5-4] sowohl für die Gebiete der Präferenztheorie als auch für das der Fuzzy Mustererkennung und schließlich die Veröffentlichung von Zadeh über die Beschreibung komplexer Systeme [5-5] für die allgemeine Systemtheorie. Autoren, die bereits zu dieser Zeit prägend zu dieser neuen Richtung beitragen konnten, sind Ruspini [5-6] und Sugeno [5-7], der vor allem die Entwicklung der mathematischen Seite der Fuzzy Set Theorie sehr befruchten konnte.

In der ersten Hälfte der siebziger Jahre beschränkte sich die Forschung auf dem Gebiet der Fuzzy Sets noch überwiegend auf Europa und die USA. Allerdings sind hier bereits starke Unterschiede zu beobachten, deren Entstehen teilweise zufällig ist:

Die mathematische Forschung auf den Gebieten der unscharfen Algebra, der unscharfen Topologie usw. wuchs in den siebziger Jahren stetig und relativ gleichverteilt in den USA, Europa und dem Fernen Osten, wobei sie sich insbesondere in Indien und China erst in den achtziger Jahren, dann aber überaus schnell, verstärkte.

Auf Europa und die USA beschränkt war das, was man als "unscharfe Grundlagenforschung" bezeichnen könnte, d. h. die Forschung über die Fuzzy Set Theorie selbst und nicht ihre Anwendung auf mathematische oder nichtmathematische Gebiete. Diese Art der Forschung umfaßt also die Erarbeitung neuer Konzepte, wie besondere Arten von unscharfen Mengen, die Erarbeitung neuer Operatoren, Modifikatoren und Quantoren und Versuche zur semantischen Erklärung von Zugehörigkeitsfunktionen bzw. dem Entwurf von Methoden, Zugehörigkeitsfunktionen zu bestimmen. Hierbei sind zwei Richtungen zu unterscheiden, nämlich die rein axiomatische und die mehr empirisch-psycholinguistische Richtung. Zu der ersten gehören z. B. die mathematische Begründung des Minimum/Maximum-Operators durch Bellman und Giertz [2-10] bzw. des Hamacher-Operators [2-4]. Zu der letzteren Richtung gehören empirische Arbeiten, wie sie in Referenz [5-8] vorgestellt werden oder auch in den Referenzen [2-1], [5-9], [3-95]. Hierzu gehören natürlich auch die Arbeiten über t-Normen und t-Conormen, die in ihrer Zahl gerade in den siebziger und achtziger Jahren immer mehr zunahmen.

Abgesehen von den bisher beschriebenen Gebieten verbreitete sich die Fuzzy Set Theorie in den USA besonders stark in den Informationswisschenschaften (Computer Science bzw. Informatik). Indikatoren hierfür sind die Arbeiten Zadehs über PRUF [5-10]. Die zahlreichen Arbeiten verschiedener amerikanischer Autoren auf dem Gebiet der Mustererkennung und des Fuzzy Clusterns [3-23], [3-28] und die in Amerika besonders oft zu findenden Beiträge über Fuzzy Datenbanken etc. [5-11]. Ein äußeres Indiz hierfür ist auch die Tatsache, daß die in der ersten Hälfte der achtziger Jahre entstandene amerikanische Gesellschaft für Fuzzy Sets sich NAFIPS (North American Fuzzy Information Processing Society) nennt.

In Europa bewegte sich die Forschung - wiederum zusätzlich zu der mehr mathematisch orientierten wissenschaftlichen Arbeit - primär in zwei Richtungen: Zum einen beschäftigten sich Forscher im Operations Research (Unternehmensforschung) einschließllich der Entscheidungstheorie mit Anwendungen der Fuzzy Sets und zum anderen erarbeiteten Regelungstechniker neue Ansätze. Arbeiten der ersten Richtung, die auch bereits 1975 zur ersten institutionalisierten Gruppe auf dem Gebiet der Fuzzy Sets führten (Arbeitsgruppe der europäischen Operations Research Gesellschaft), erstreckten sich auf Gebiete der mathematischen, insbesondere der linearen Programmierung [5-12], [5-13], der Entscheidungen in unscharfen oder schlecht strukturierten Situationen bei einem oder mehreren Entscheidungskriterien [5-14] und auf andere mehr angewandte Gebiete des Operations Research [5-15].

Das Zentrum der anderen Richtung war eine Forschergruppe um E. H. Mamdani am Queen Mary & Westfield College (QMWC) in London, zu der auch Forscher wie Kickert und King gehörten, die sich damit beschäftigten, wissensbasierte Systeme für regelungstechnische Aufgaben mit Hilfe der Fuzzy Set Theorie zu lösen [5-16], [5-17], [5-18]. Den Anstrengungen dieser Forschungsgruppe gelang es bereits Mitte der siebziger Jahre, die Praktikabilität des Konzeptes nachzuweisen, das heute unter dem Begriff der "Fuzzy Control" weltweit bekannt ist. Der klassische Anwendungsfall zu dieser Zeit waren die Drehrohröfen von Zementfabriken [3-52], allerdings wird auch in der Literatur über andere Anwendungen berichtet [5-8]. Beachtlich ist, daß bereits im Jahre 1978 ein voll entwickelter "Fuzzy Controller" als kommerzielles Produkt zur Steuerung von Zementanlagen von einer dänischen Firma angeboten wurde. Es ist auch bemerkenswert, daß zu dieser Zeit in der Industrie kaum Interesse an diesen Entwicklungen bestand, so daß sich die Wissenschaftler, die in England die Fuzzy Control entwickelt hatten, anderen Gebieten zuwandten und auf eine Weiterentwicklung der Fuzzy Control verzichteten. Aus europäischer Sicht kann wohl das Buch von Mamdani und Gaines

[5-19] als ein Abschluß dieser Arbeiten angesehen werden. Allerdings wird durch die Arbeiten auf dem Gebiet der Fuzzy Control das Interesse von Forschern auf dem Gebiet der Entscheidungsunterstützung (im Rahmen des Operations Research) angeregt, die bereits Ende der siebziger und Anfang der achtziger Jahre damit beginnen, die Fuzzy Set Theorie und Ansätze aus der Fuzzy Control für Expertensysteme einzusetzen [5-20], [5-21], [5-22], [5-23].

Insgesamt ist die Phase von 1965 bis 1985 dadurch geprägt, daß man zwar sowohl in den USA als auch in Europa hin und wieder auf Anwendungen der Fuzzy Set Theorie trifft, daß aber die Kommunikation insbesondere zwischen Europa und den USA, seit Mitte der siebziger Jahre auch mit Japan, und seit Anfang der achtziger Jahre in zunehmendem Maße mit China und Indien, primär im akademischen Bereich stattfand. Hierbei wird die Theorie der Fuzzy Sets und auch ihre besonderen Entwicklungen wie z. B. die Möglichkeitstheorie (possibility theory) [5-24] vor allem von Vertretern der Wahrscheinlichkeitstheorie und Statistik teilweise mißverstanden und teilweise aus anderen Gründen sehr stark angegriffen. Die Internationalität der Forschung bis Mitte der achtziger Jahre kommt auch in der Internationalität der Autorenschaft der ersten und inzwischen auch der größten internationalen Zeitschrift auf diesem Gebiet (Fuzzy Sets and Systems) zum Ausdruck, die seit 1978 in Aachen herausgegeben wird. Ein anderes Indiz ist die Gründung der internationalen Fuzzy Set Gesellschaft (International Fuzzy Systems Association, IFSA) im Jahre 1985 in Brüssel und Hawai.

5.1.2 Die Phase der japanischen Umsetzung

Wenig bemerkt vom Rest der Welt fingen japanische Wissenschaftler und Techniker bereits in der zweiten Hälfte der siebziger Jahre an sich vor allem mit dem Konzept der Fuzzy Control zu beschäftigen. Die treibende Kraft kam hier im Gegensatz zu anderen Teilen der Welt weniger aus dem akademischen Bereich, sondern überwiegend aus der Praxis. Man wandte das ursprünglich in England entwickelte Grundprinzip der Fuzzy Control in den verschiedensten Gebieten, und zwar sowohl in der Konsumgüterindustrie als auch in anderen industriellen Bereichen an und verbesserte es [4-8]. So konnte schon im Jahre 1987 bei der in Tokio stattfindenden IFSA-Konferenz der erste Fuzzy Computer (ein Analogrechner), mehrere andere Fuzzy Produkte und Pilotprojekte für weitere industrielle Anwendungen vorgestellt werden. Im gleichen Jahr wurde in Sendai ein modernes U-Bahn-System eröffnet. Diese U-Bahn demonstrierte außer dem bemerkenswert hohen Komfort zeitliche Einsparung sowie Einsparungen an Energie gegenüber klassischen U-Bahn-Systemen. Auch in den Augen der japanischen Konsumenten fing die Bezeichnung

"Fuzzy" an, eine bemerkenswert große Attraktion und ein Zeichen für Fortschrittlichkeit und Güte zu erlangen. In den Folgejahren wurden in zunehmendem Maße in Japan auch internationale Tagungen auf dem Gebiet der Fuzzy Set Theorie veranstaltet. 1989 wurde unter Mitwirkung des MITI (Japanische Handels- und Wirtschaftsministerium) das "LIFE"-Institut (Laboratory for International Fuzzy Engineering Research) gegründet, in dem sich 49 große japanische Unternehmen mit einem Budget von 65 Millionen DM zusammengeschlossen haben um die Fuzzy Technologie weiterzuentwickeln und kommerziell nutzbar zu machen.

5.1.3 Internationale Konkurrenz in der Triade

Die starke japanische Aktivität sowie die Verwendung des Prinzips der Fuzzy Control in leicht verständlichen konsumentennahen Produkten, wie Fuzzy Waschmaschinen, Fuzzy Video-Kameras, Fuzzy Autofocus-Kameras, Mikrowellenherden, Staubsaugern etc., erweckte Ende der achtziger Jahre international das Interesse, vor allem der Medien. Die "Fuzzy Logic", wie die Fuzzy Technologie in der Presse gewöhnlich bezeichnet wurde, hielt zu allererst Ende des Jahres 1990 in Deutschland Einzug. Durch Veröffentlichungen in der Fachpresse [5-25] sowie Ausstrahlungen des Fernsehens (z. B. im Computer-Club des WDR) wurde die Öffentlichkeit in Deutschland zum Jahreswechsel 1990/91 zum ersten Mal mit diesem weithin in der Öffentlichkeit unbekannten Gebiet konfrontiert. Dies führte zu einer überraschend schnellen und ausgeprägten Reaktion der Industrie. Bereits im Jahre 1990 entstanden Arbeitsgruppen bei verschiedenen Großfirmen. Personen und Institutionen, die bereits früher mit Fuzzy Sets konfrontiert worden waren und die sich bis zum Jahre 1990 sehr betont dagegen ausgesprochen hatten, diese Forschungsrichtung ernst zu nehmen oder ihr ernstzunehmendes Potential zuzuschreiben, besannen sich nun eines besseren und fingen an, sich mit dem Gebiet der Fuzzy Set Theorie oder wenigstens dem der Fuzzy Control näher zu beschäftigen und seine Einsetzbarkeit zu überprüfen. Die in den letzten zwei Jahren im deutschprachigen Bereich erschienen Publikationen hier auch nur aufzählen zu wollen, würde sicherlich den Rahmen dieses Buches sprengen. Das Interesse der Praxis an dem Gebiet der Fuzzy Technologie regte nun wiederum den Bereich der Wissenschaft an und viele Hochschulen, denen entweder das Gebiet das Fuzzy Sets fremd war oder die sich bewußt gegen eine Benutzung oder auch Lehre in diesem Bereich ausgesprochen hatten, fingen an, Fuzzy Sets in ihre Lehre und Forschung einzubeziehen. Seit Ende 1991 fing das Interesse an der Fuzzy Technologie sich von Deutschland aus auch auf benachbarte Länder wie Österreich und Schweiz und im Jahre 1992 auch auf Länder wie Belgien, Frankreich, Italien und Spanien langsam auszudehnen. Die Zahl der Veranstaltungen stieg sehr stark an, hielt sich aber jeweils entweder im territorialen oder nationalen Bereich. Zu stärkeren europäischen Aktivitäten auf diesem Gebiet ist es bisher noch nicht gekommen.

In den USA ging man eigentlich davon aus, daß der "Fuzzy Boom", wie er in Deutschland, 1990 begonnen hatte, im März 1992 beginnen würde, und zwar mit einer Tagung, die von IEEE, der größten Ingenieur-Vereinigung der USA, in San Diego veranstaltet wurde. Sie widmete sich nur der Fuzzy Set Theorie und ihrer Anwendung. Mancher erwartete tausende von Teilnehmern und sensationelle Auswirkungen dieser Konferenz. Dies trat zunächst nicht ein, da die Zahl der Teilnehmer doch erheblich unter diesen Zahlen lag. In der Zwischenzeit hat die "Fuzzy Bewegung" in den USA auch begonnen; große Firmen wie Motorola etc. investieren erheblich in diese Technologie, die Zahl der Konferenzen steigt und die ersten amerikanischen Fuzzy Produkte erscheinen. Während man in Japan bereits zu Kombinationen der Fuzzy Technologie mit anderen Technologien (z. B. Fuzzy Neuro) übergegangen ist, scheint in USA die Fuzzy Welle gerade erst anzulaufen. Allerdings sind die Potentiale in den USA bereits jetzt erheblich größer als in Europa. Durch den einheitlichen kulturellen und sprachlichen Raum der USA existieren dort auch wesentlich weniger Entwicklungshemmungen, als dies in Europa der Fall ist.

Ein weiteres Indiz für die in der Zwischenzeit eingetretene Reife der Fuzzy Technologie und für ihre auch kommerziellen Potentiale ist die Tatsache, daß seit 1985, als zur Zeit der Gründung der IFSA praktisch noch keine nationalen Gesellschaften auf dem Gebiet der Fuzzy Sets bestanden, eine erhebliche Anzahl nationaler Verbände entstanden sind. So wächst in den USA die "NAFIPS" sehr schnell, die japanische Gesellschaft "SOFT" verfügt bereits jetzt über mehrere tausend Mitglieder, desgleichen eine indische und eine chinesische Gesellschaft und auch einige der osteuropäischen Länder haben entweder ihre eigenen nationalen Verbände oder sind dabei, sie zu gründen. Ähnlich sieht es bei den Publikationen aus. Während für eine lange Zeit das "International Journal for Fuzzy Sets and Systems" die einzige internationale Zeitschrift war, die sich diesem Gebiet widmete, sind in der Zwischenzeit, in erheblicher Anzahl zusätzliche nationale und internationale Zeitschriften entstanden, die sich dem Gebiet der Fuzzy Sets und anderen Unsicherheitstheorien widmen. Man kann daher wohl mit Recht sagen, daß zur Zeit auf mehreren Ebenen ein fast schon dramatisch zu nennender Konkurrenzkampf in der Triade, d. h. zwischen Europa, Japan und den USA stattfindet, in den allerdings Länder mit sehr großem wissenschaftlichen Potential wie Indien, China etc. noch nicht eingeschlossen sind.

5.2 Heutiger Stand der Fuzzy Technologie

5.2.1 Entwicklungsstand

Der Stand der Fuzzy Technologie ist unterschiedlich in den verschiedenen Anwendungsgebieten. Ganz allgemein kann festgestellt werden, daß Anfang der achtziger Jahre in Japan begonnen wurde, die Fuzzy Set Theorie zu einer "Technologie" weiter zu entwickeln und daß man Software-Werkzeuge schaffte, die es erlaubten, effizient Fuzzy Lösungen zu erhalten. Sowohl die Notwendigkeit solcher Software-Hilfen als auch ihr Entwicklungsstand variieren erheblich von Gebiet zu Gebiet. Hier sollen kurz die Unterschiede zwischen den Gebieten skizziert werden, die heute am meisten im Licht der Öffentlichkeit stehen.

Fuzzy Control

Fuzzy Control wurde zunächst als ein wissensbasierter Ansatz auf regelungstechnische Probleme verstanden [5-16]. Konsequenterweise wäre dann der Gütemaßstab für einen solchen unscharfen Regler die Güte, mit der der menschliche Fachmann abgebildet wird. In der Zwischenzeit hat sich dies allerdings erheblich geändert. Ein "Fuzzy Controller" wird weitgehend als eine mögliche Form des Reglers in der Regelungstechnik betrachtet. Gemeinhin wird der "Mamdani-Controller" [5-17], [5-18] als der Prototyp eines Fuzzy Controllers angesehen, der als Input-Variablen reelle Zahlen hat und ebenfalls als Output reelle Zahlen liefert. Schließt man adaptive, selbstorganisierende, prädiktive und modellbasierte Fuzzy Controller aus, genau wie Controller vom Sugeno-Typ [5-26] und vom Buckley-Typ [5-24], so läßt sich der übrigbleibende Mamdani-Typ als 5-Tupel darstellen [3-65]. Von den fünf Freiheitsgraden werden allerdings zur Zeit sowohl in der Literatur als auch in der Praxis im wesentlichen ein oder zwei Freiheitsgrade (Form der Zugehörigkeitsfunktion und Operatoren) betrachtet. Bereits bei diesen Freiheitsgraden ergibt sich eine Vielzahl möglicher Fuzzy Controller. Betrachtet man auch noch die anderen Gestaltungsmöglichkeiten, so stellt der zur Zeit als "Fuzzy Controller" benutzte Reglertyp doch nur einen sehr kleinen Teil aller möglichen Fuzzy Controller dar.

Der Übergang in der Philosophie der Fuzzy Control von der Sicht eines wissensbasierten Systems zur Auffassung als ein Regelungsmodell hat auch dazu geführt, daß die als interessant betrachteten Fragestellungen sich geändert haben. So stehen z. B. seit geraumer Zeit die Fragen nach der Stabilität und

Robustheit von Fuzzy Reglern immer wieder im Vordergrund [3-81], [5-28], [3-80], [5-29].

Was sich eindeutig in den letzten 10 Jahren erheblich verändert und verbessert hat, sind Software- und Hardware-Tools zur effizienteren Herstellung von Problemlösungen im Bereich der Fuzzy Control. Während bis Anfang der achtziger Jahre vor allem in Japan Fuzzy Controller noch ohne irgendwelche Case-Tools programmiert und getestet wurden, bestanden Mitte der achtziger Jahre hierfür bereits Software-Tools, die allerdings meist nur auf spezielle Hardware-Plattformen zugriffen und die überwiegend auch in Japanisch geschrieben waren und auf japanische Betriebssysteme zugriffen. Seit der zweiten Hälfte der achtziger Jahre entstanden zum Teil sehr komfortable Software-Tools [5-30], [5-31] und Hardware-Produkte, die bereits im Kapitel 4 dieses Buches ausführlich dargestellt wurden. Dort wird auch auf Unterstützungsumgebungen für Fuzzy Petri-Netze eingegangen, die teilweise auch zu dem Bereich der Fuzzy Control gerechnet werden.

Fuzzy Datenanalyse

Schon in Kapitel 3 wurde darauf hingewiesen, daß die (Fuzzy) Datenanalyse nicht durch ein so einfaches Modell wie das des Mamdani-Fuzzy Controllers abgebildet werden kann. Erschwerend wirkt sich auf diesem Gebiet aus, daß die verwandten Methoden sowohl algorithmisch (Clusteranalyse, Regressionsverfahren, Diskriminanzanalyse etc.) als auch wissensbasiert sein können. Daher findet man in der Literatur bisher überwiegend Beschreibungen von Anwendungen, die nicht ohne weiteres auf das ganze Gebiet der Fuzzy Datenanalyse verallgemeinert werden können. Soweit Software-Tools hierfür bestehen [5-32], werden diese auch nicht als abgeschlossene Entwicklungsumgebungen betrachtet, sondern mehr als Modell- und Methodenbanken, die mit der Entwicklung des Gebietes durch neue Ansätze zu erweitern sind. Verglichen mit dem Gebiet der Fuzzy Control befindet man sich hier sicherlich noch am Anfang.

Expertensysteme

Im Gegensatz zur heutigen Form der Fuzzy Control ist bei Expertensystemen davon auszugehen, daß der Input wie auch der Output linguistisch sein sollte und daß der Benutzer (bei expertenunterstützenden Systemen) durch eine Erklärungskomponente Auskunft darüber verlangen kann, warum das Expertensystem eine bestimmte Diagnose, einen Entscheidungsvorschlag etc. macht. Darüber hinaus ist bei Expertensystemen die Wissensakquisition gewöhnlich anspruchsvoller als bei relativ einfachen Fuzzy Controllern. Es wurde in Kapitel 2 bereits darauf hingewiesen, daß bei Expertensystemen auch die Frage der Inferenz nicht einfach definitorisch geklärt werden kann, sondern daß für die Festlegung der Art der zu verwendenden Inferenzverfahren entweder axiomatische oder empirische Untersuchungen notwendig sind. Dies alles hat dazu geführt, daß Expertensysteme, die sich der Fuzzy Technologie zur wissenserhaltenden Verarbeitung bedienen, zur Zeit noch nicht auf dem Markt sind. Gewisse Ausnahmen bilden davon medizinische Expertensysteme und spezielle Expertensysteme z. B. für die Bestimmung von Strukturschäden durch Erdbeben. Benötigt werden vor allem noch leistungsfähigere Verfahren der Wissensakquisition für unscharfes Expertenwissen [3-30], wirklich aussagefähige Formen für Erklärungskomponenten, sowie effiziente Formen der linguistischen Approximation zur Überführung der in der Inferenzmaschine bestimmten Zugehörigkeitsfunktionen in eine quasi-natürliche Sprache für den Output. Das Anwendungspotential für Expertensysteme dürfte zwar erheblich größer sein als z. B. das bisher zu sehende Potential für die Fuzzy Control; es dürfte jedoch noch mindestens ein bis zwei Jahre dauern, ehe Expertensystem-Shells auf dem Markt sind, die sich bezüglich der Professionalität mit den schon heute vorhandenen Shells für Fuzzy Control messen können.

Fuzzy Optimierung

Kombinationen zwischen Fuzzy Set Theorie und Optimierungsverfahren (wie z. B. unscharfes lineares Programmieren, unscharfe Netzplantechnik, unscharfe Modelle für Warteschlangen etc.) bestehen bereits seit den siebziger Jahren [5-12], [5-13]. Da diese Ansätze gewöhnlich versuchen, die eigentliche Lösung der Modelle mit vorhandenen (scharfen) Algorithmen zu berechnen, ist üblicherweise eine besondere Software- oder Entwicklungsumgebung nicht notwendig. Es sollte allerdings darauf hingewiesen werden, daß die meisten dieser Verfahren zu einer Zeit entwickelt wurden, als die Praxis an der Fuzzy Technologie kein Interesse hatte. Es bleibt zu hoffen, daß das durch die Fuzzy Control hervorgerufene Interesse der Anwender in der Zukunft auch auf bereits vorhandene unscharfe Optimierungsverfahren ausgedehnt werden kann.

5.2.2 Vor- und Nachteile der Fuzzy Technologie

Die Fuzzy Technologie ist sicherlich kein "Stein der Weisen", die benutzt werden kann, um alle noch nicht gelösten oder schwer lösbaren Probleme einer Lösung zuzuführen. Da die Vertrautheit mit der Fuzzy Set Theorie heutzutage oft noch sehr begrenzt ist, scheint es besonders ratsam zu sein, in jedem einzelnen Fall zu prüfen, ob sie tatsächlich der Schlüssel zum Erfolg ist oder ob nicht Lösungen mit klassischen Verfahren genauso gut erreicht werden können. In einer gewissen Allgemeinheit können nur die folgenden Tendenzaussagen gemacht werden, die größtenteils durch die bisherige Erfahrung unterstützt werden.

Vorteile der Fuzzy Technologie

Die Erfahrung hat gezeigt, daß die **Kosten** sowohl für die Entwicklung als auch für das eigentliche Produkt bei der Verwendung der Fuzzy Technologie sehr oft geringer sind, als bei vergleichbaren Produkten, die mit klassischen Verfahren hergestellt wurden. Das gleiche gilt für die **Anforderungen.** Hierbei ist sowohl die Anforderung an den Entwickler gemeint, die durch sehr benutzerfreundliche Tools vor allen Dingen auf dem Gebiet der Fuzzy Control erreicht wird, als auch die Anforderungen an den Anwender.

Die **Entwicklungszeiten** lassen sich sehr oft durch die Anwendung von Fuzzy Technologie verkürzen. Hierbei ist sowohl an die Entwicklung eines einzelnen Produktes gedacht (wobei der Vorteil sehr oft primär bei der Erstellung einer ersten lauffähigen Version besonders zum Ausdruck kommt) als auch an Gebiete wie das Simultaneous Engineering, bei dem durch Verwendung der Fuzzy Technologie eine Überlappung ansonsten sequentiell ausgeführter Phasen erreicht werden kann. Bei der Verwendung **wissensbasierter Ansätze** an der Stelle von Algorithmen kann man mit der Hilfe der Fuzzy Technologie menschliches Erfahrungswissen, das linguistisch erhoben werden kann, inhaltlich so definieren, daß es auf EDV-Anlagen auch als Wissen (und nicht als Symbol) verarbeitet werden kann. Bei algorithmischen Ansätzen wie z. B. dem unscharfen linearen Programmieren und den bereits genannten algorithmischen Ansätzen der Datenanalyse können klassische dichotome, Modelle und Verfahren realen Strukturen angepaßt werden, die keine dichotome Struktur haben. Dies kann zu sehr viel realistischeren Modellen führen als das andernfalls erreichbar ist. Darüber hinaus können die Systeme durch die Vielzahl der in der Zwischenzeit bestehenden Operatoren und Arten von Zugehörigkeitsfunktionen, Modellen und Verfahren, eventuell durch Parametrisierung, wechselnden Betriebsbedingungen angepaßt werden.

Nachteile der Fuzzy Technologie

Einige der oben genannten Vorteile können sich jedoch auch als Nachteile auswirken: So hat die Vielzahl der vorhandenen Operatoren und Zugehörigkeitsfunktionen nicht nur den Vorteil, daß man daraus für den jeweiligen Fall die richtigen auswählen kann, sondern man ist auch gezwungen, kontextabhängig eine entsprechende Wahl durchzuführen. Diese Wahl setzt unter Umständen eine größere Anwendungserfahrung oder aber umfangreichere empirische Untersuchung voraus, die dann selbstverständlich auch Kosten verursachen.

Die naheliegende Verwendung linguistischer Modelle, um z. B. nicht-lineare analytische Modelle zu vermeiden, führt zwangsläufig dazu, daß die Lösung heuristischen Charakter annimmt, d. h., daß weder Optimalität noch Stabilität etc. garantiert werden können. Selbst wenn sich in der Praxis gewöhnlich zeigt, daß das Verhalten z. B. linguistischer Regler sehr gutmütig ist, fällt der analytische Beweis solchen Verhaltens doch oft schwer. Gemildert wird dieser Umstand dadurch, daß man auch bei klassischen Verfahren solche Untersuchungen gewöhnlich auf das Modell und nicht auf den realen Prozeß oder die reale Problemstellung bezieht.

Schließlich und endlich ist als Nachteil der Fuzzy Technologie der **erhöhte Informationsverarbeitungsaufwand** zu erwähnen. Es wurde schon früher erwähnt, daß in der Fuzzy Set Theorie im Vergleich zu klassischen Verfahren an die Stelle von Zahlen Funktionen treten (Zugehörigkeitsfunktion). Hierdurch wird sicherlich zunächst einmal die zu verarbeitende Informationsmenge erhöht. Es bedarf also zusätzlicher Anstrengungen und gekonnter Vereinfachung, um die Menge der zu verarbeitenden Information kontrolliert wieder auf ein akzeptables Maß zu reduzieren. Dies ist vor allem dann relevant, wenn es sich um sehr zeitkritische Operationen (z. B. eine Online-Steuerung) handelt.

5.2.3 Territoriale und institutionelle Struktur

In Abschnitt 5.1 wurde bereits kurz die zeitliche Entwicklung von der Fuzzy Set Theorie zur Fuzzy Technologie dargestellt. Aufgrund dieser Entwicklung haben sich in Europa, Japan und USA Strukturen gebildet, die die Weiterentwicklung der Fuzzy Technologie und ihrer Ausbreitung zu verschiedenem Grade begünstigen. In allen drei Gebieten widmen Firmen in zunehmendem Maße Ressourcen der Weiterentwicklung und vor allem der Umsetzung der Fuzzy Technologie in Produkten und Verfahren. Hierbei ist in Japan die Entwicklung um einige Jahre der europäischen und der amerikanischen voraus. Es ist allerdings damit zu rechnen, daß sich der Abstand zwischen den drei Kontinenten zunehmend verkleinern wird. Grundlegende Unterschiede sind allerdings in der staatlichen und kooperativen Unterstützung der Fuzzy Technologie zu sehen. Während in Japan, einem Gebiet mit genauso hoher sprachlicher und kultureller Homogenität und Transparenz wie in den USA, neben dem schon erwähnten LIFE-Institut eine sehr aktive nationale Gesellschaft

(SOFT) mit 2.000 bis 3.000 Mitgliedern besteht (allein erheblich mehr als 100 kooperative Mitglieder) und daneben durch mehrere Ministerien intensiv Forschungs- und Technologietransfer-Projekte iniziiert und unterstützt werden, ist dies in Europa kaum der Fall.

Obwohl in verschiedenen europäischen Ländern ca. 10-15 Forschungsgruppen auf internationalem Niveau auf diesem Gebiet arbeiten, ist noch heute die Kommunikation zwischen diesen Gruppen verschwindend gering. Hierdurch ergeben sich verständlicherweise Doppelarbeiten und Ineffizienzen. Auch die direkte staatliche Projektförderung auf dem Gebiet der Fuzzy Technologie ist in den meisten europäischen Ländern noch heute verschwindend gering. In Deutschland existieren zwei erfreuliche Ausnahmen: zum einen ist dies die "Fuzzy-Initiative Nordrhein-Westfalen", die vom Wirtschaftsministerium des Landes Nordrhein-Westfalen im Dezember 1991 ins Leben gerufen wurde und die bereits in dem ersten Jahre ihres Bestehens vor allem auf dem Gebiet des Technologietransfers, eines Demonstrationszentrums und eines Beratungszentrums für die Fuzzy Technologie erstaunliches leisten konnte. Die Hauptstandorte hierfür sind Aachen und Dortmund. Ebenfalls im Dezember 1991 wurde in Aachen die Stiftung ELITE (European Laboratory for Intelligent Techniques Engineering) gegründet. Dies ist eine gemeinnützige Industriestiftung, die sich primär zum Ziele gesetzt hat, durch Technologietransfer, europaweite Koordination und Eigenforschung die europäischen Potentiale so zu aktivieren, daß sie mit Japan und den USA konkurrieren kann. Im Gegensatz zur LIFE-Institution in Japan scheint allerdings die Neigung zu kooperativer Entwicklung in Europa sehr wenig ausgeprägt zu sein. Eine SOFT vergleichbare europäische professionelle Vereinigung besteht nicht.

In den USA und Kanada wird die im Vergleich zu Europa sehr vorteilhafte Transparenz durch eine gemeinsame Sprache und durch ein einheitliches Forschungsförderungssystem verstärkt durch die sehr aktive und bereits seit Mitte der achtziger Jahre bestehende nationale Gesellschaft NAFIPS (North American Fuzzy Information Processing Society), die bereits seit Jahren sehr attraktive gesamtamerikanische Konferenzen veranstaltet, die sich durchaus positiv auf die Forschungseffizienz ausgewirkt haben (zusätzlich hierzu werden wie schon erwähnt noch bis zu zehn andere Tagungen auf diesem Gebiet in den USA pro Jahr veranstaltet). Vergleichbar zu LIFE in Japan und ELITE in Europa besteht in Berkeley (Kalifornien) das BISC (Berkeley Softcomputing Initiative), die vom Begründer der Fuzzy Sets, Professor L. A. Zadeh, geleitet wird. Diese Initiative ist Teil der Universität (vielleicht vergleichbar mit einem "An-Institut" in Deutschland). Sie hat im wesentlichen sehr ähnliche Ziele wie ELITE und LIFE, wobei bei ihr verständlicherweise die Notwendigkeit multinationaler Koordination, wie sie von ELITE versucht wird, entfällt. Da die kommerzielle Entwicklung der Fuzzy Technologie in den USA ein bis zwei Jahre nach Deutschland begann, ist zur Zeit auch der Entwicklungsstand noch etwas unter dem deutschen. Es besteht allerdings die Gefahr, daß bei den weniger mit multikulturellen und multisprachlichen Problemen beladenen Umständen in den USA die Entwicklung schneller zum Erfolg führen wird, als dies in Europa erreicht werden kann.

5.3 Zukünftige Entwicklung

5.3.1 Potentiale und Probleme

Die Potentiale des Einsatzes der Fuzzy Technologie in der Praxis sind verständlicherweise bisher noch nicht abzusehen. Allerdings lassen die z. B. aus der bereits angesprochenen Studie der Deutschen Industrie- und Handelskammer in Japan ersichtlichen Umsatz-Prognosen japanischer Firmen genauso wie die Tatsache, daß auch in Deutschland bereits nach nur einem Jahr die ersten interessanten Fuzzy Produkte auf den Messen vorgestellt wurden, vermuten, daß die deutschen Großfirmen recht haben, die bereits im vergangenen Jahr die Fuzzy Technologie zur Schlüsseltechnologie der nächsten Jahre erklärt haben. Hierbei wird man auf dem Gebiet der Fuzzy Control sicherlich über die schon bestehenden Fuzzy SPS in der Automatisierungstechnik hinaus genau wie in der Prozeßleittechnik erhebliche Fortschritte erwarten dürfen. Ähnliches gilt für die Gebiete der Robotik und der Sensorik. Bei der Sensorik werden sicherlich in sehr viel größerem Maße Ansätze und Werkzeuge der Fuzzy Datenanalyse zum Einsatz kommen als reine Fuzzy Control Anwendungen. Da die Fuzzy Datenanalyse sehr oft auch entweder der Fuzzy Control oder auch Expertensystem oder Entscheidungsunterstützungssystemen vorgeschaltet werden wird, ist für dieses Gebiet in den nächsten fünf bis zehn Jahren eine besonders starke Expansion vorauszusagen. Das gleiche gilt, vielleicht in noch stärkerem Maße, für Anwendungen der Expertensysteme in technischen Bereichen wie auch auf verschiedenen Gebieten des Managements wie z. B. der Produktionssteuerung, des Forschungs- und Entwicklungsmanagements, des Qualitätsmanagements, der Instandhaltung und der Umwelttechnologie etc.. Hieraus ergeben sich die Probleme, die zu lösen sind, um die mögliche Expansion der Fuzzy Technologie zum Zuge kommen zu lassen: Für die wirklich effektive Verwendung von Expertensystemen müssen attraktive Lösungen für die Wissensakquisition, die linguistische Approximation, effiziente Fuzzy Inferenzverfahren und aussagekräftige Erklärungskomponenten gefunden werden. Hierbei ist wahrscheinlich - und dies gilt auch für die Fuzzy Control -, daß man zu hybriden Strukturen kommen wird, d. h. zu Systemen, die die Fuzzy Technologie mit anderen Gebieten, wie dem der Neuronalen Netze, der Chaos-Theorie, der genetischen Algorithmen und anderer Optimierungsverfahren verbinden. Hierfür sind bereits jetzt Ansätze zu finden. Diese können aber noch nicht als ausgereift und anwendbar angesehen werden.

Für die Entwicklung von Expertensystemen wäre eine beträchtliche empirische Forschung sehr wünschenswert. Diese wäre vor allem bei der Wissensakquisition und bei der Wahl angemessener Operatoren, Zugehörigkeitsfunktionen und Inferenzverfahren sehr nützlich.

Darüber hinaus wäre die Standardisierung bestimmter Formate und Strukturen in Produkten (Software, Hardware) erforderlich. Für sicherheistrelevante Bereiche (ABS, Motormanagement, Kraftwerkssicherheitsmanagement etc.) wird sicherlich eine Aufklärung der entsprechenden Behörden und Institutionen über die Stärken und auch den Grad der Verläßlichkeit der Fuzzy Technologie vonnöten sein.

5.3.2 Effizienzerhöhung

Effizienz ist sicherlich in zwei Richtungen zu fordern und auch zu erwarten: zum einen wurde schon darauf hingewiesen, daß der zunächst grundsätzlich erhöhte Informations- und Verarbeitungsaufwand beim Übergang auf die Fuzzy Technologie nur dadurch ausgeglichen werden kann, daß in sehr gekonnter Weise Vereinfachungen vorgenommen werden, die auf der einen Seite die zu verarbeitende Informationsmenge reduzieren und auf der anderen Seite die Qualität der implementierten Lösung nicht wesentlich mindern. Für eine derartige Effizienzsteigerung sind sicherlich sowohl weitere Forschung als auch weitere praktische Erfahrung notwendig. Eine andere Art der Effizienzerhöhung bezieht sich auf die Soft- und Hardware-Werkzeuge, die den Entwicklern von Fuzzy Produkten und Fuzzy Verfahren zur Verfügung gestellt werden.

5.3.3 Personelle Kapazitäten und Wissenstransfer

Die Lösung der unter 5.3.1 und 5.3.2 genannten Probleme setzt qualifizierte personelle Kapazitäten voraus, die zur Zeit nur in sehr begrenztem Maße bestehen. Dies gilt wohl am wenigsten für Japan, wo innerhalb der letzten zehn Jahre bereits sehr viel Erfahrung gesammelt werden konnte. Es ist daher außerordentlich zu begrüßen, daß vor allem in Deutschland in den letzten zwei Jahren große Anstrengungen gemacht wurden, einen direkten Wissenstransfer in die Praxis z. B. in Form von Symposien und Seminaren vorzunehmen. Man sollte sich aber darüber im klaren sein, daß derartige Veranstaltungen kein beliebig tiefgehendes Wissen vermitteln können. Gerade aus diesem Grunde ist zu begrüßen, daß in zunehmendem Maße deutsche Universitäten und Fachhochschulen damit begonnen haben, Fuzzy Set Theorie nologie in ihr Lehrangebot aufzunehmen. Es bliebe zu wünschen, daß sich dieser Trend verstärkt fortsetzt und daß auch das vorliegende Buch etwas dazu beitragen kann, das Interesse an dem Gebiet der Fuzzy Technologie zu wecken und einen ersten Wissenstransfer zu erleichtern.

6 Anhang

Anhang A: Software-Entwicklungsumgebungen

Tabelle 6A-1: Software-Entwicklungsumgebung FIDE

Produkt	**FIDE**
Kurzbeschreibung aktuelle Version Hersteller Entwicklungsplattform Zielsysteme, -sprachen Kopierschutz	Software-Entwicklungsumgebung 1.0 Aptronix, Inc. IBM-kompatible, Windows 3.x ANSI-C, MC6805, MC68HC05,MC68HC11 Dongle
Systemausstattung	
Systemstruktur-Editor MF-Editor Regeleditor Einbindung in vorhandene Simulationsumgebung Terme/ling. Variable maximale Regelzahl Form der Terme der Ein-/ Ausgangsvariablen	Text oder Graphik graphisch Text Externe Module können direkt von der Oberfläche aus zusammen mit dem Fuzzy-Teil kompiliert und gelinkt werden. 255 unbeschränkt Polygonzüge / Polygonzüge,Singletons
Methoden	
Inferenz Defuzzyfizierung Operatoren Regelgewichtung	TVFI, Mamdani COG, Left-Max, Right-Max, MOM Min, Max, Prod, Probability Sum, Bounded Union/Intersection nein
Systemanalyse	
Debugger/Simulator dynamische Simulation	• Berechnung und graphische Darstellung der Inferenzergebnisse • Rückverfolgung (Tracing) der Simulationsergebnisse • graphische Darstellung des Übertragungsverhaltens über Einbindung externer Funktionen
Dokumentation	
Umfang Sprache Index Online-Hilfe	Quick Start Guide, 40 S., User's Manual, 264 S., Reference Manual, 134 S. englisch ja ja
Besonderheiten/ Bemerkungen	Unterstützung von MC68HC16, MC683xx und DSP56000 in Vorbereitung

Tabelle 6A-2: Software-Entwicklungsumgebung *fuzzy* TECH

Produkt	***fuzzy*TECH**
Kurzbeschreibung aktuelle Version Hersteller Entwicklungsplattform Zielsysteme, -sprachen Kopierschutz	Software-Entwicklungsumgebung 3.0 INFORM GmbH IBM-kompatible C, Fuzzy166, 80C166, i8051,ix96, gesonderte Versionen für VAX, PDP11, Foxboro PLS und Klöckner-Möller SPS Dongle
Systemausstattung	
Systemstruktur-Editor MF-Editor Regeleditor Einbindung in vorhandene Simulationsumgebung Terme/ling. Variable maximale Regelzahl Form der Terme der Ein-/Ausgangsvariablen	graphisch graphisch graphisch Über Online-Modul 9 unbeschränkt Polygonzüge, Glockenkurven / Polygonzüge, Glockenkurven
Methoden	
Inferenz Defuzzyfizierung Operatoren Regelgewichtung	flexibel durch Auswahl der Operatoren COG, MOM, COM Min-Max, Min-Avg, Gamma, alle parametrisiert ja, mit graphischer Darstellung
Systemanalyse	
Debugger/Simulator dynamische Simulation	• graphisch, interaktive oder Fileeingabe, Regel- und Variablenmonitore, Online-Debugging am laufenden Prozeß möglich • Mitschreiben von Regelzyklen in ein Datenfile • graphische Darstellung des Übertragungsverhaltens Über Online-Modul Kopplung zu Simulationspaketen möglich
Dokumentation	
Umfang Sprache Index Online-Hilfe	1 Handbuch, 168 Seiten deutsch oder englisch ja ja
Bemerkungen	• Neuro-Fuzzy-Modul • Online-Modul gestattet Modifikation und Debugging am laufenden Prozeß

Tabelle 6A-3: Software-Entwicklungsumgebung TIL Shell

Produkt	**TILShell/FCDS/FC110/MicroFPL**
Kurzbeschreibung aktuelle Version Hersteller Entwicklungsplattform Zielsysteme, -sprachen Kopierschutz	Software-Entwicklungsumgebung 1.2.2/2.3/2.0.4/1.0.1 Togai InfraLogic, Inc. IBM-kompatible, Windows 3.x, SUN 3/4, SUN SPARCstation C, FC110, Mitsubishi 37450, Hitachi H8/300, H8/500, HMCS400 i8051, i8096, 80C166, 68HC11 ja
Systemausstattung	
Systemstruktur-Editor MF-Editor Regeleditor Einbindung in vorhandene Simulationsumgebung Terme/ling. Variable maximale Regelzahl Form der Terme der Ein-/ Ausgangsvariablen	graphisch graphisch Text Möglichkeit der Einbindung von C-Source-Code als Treiber für den Fuzzy Teil beliebig unbeschränkt beliebige Funktionen / beliebige Funktionen
Methoden	
Inferenz Defuzzyfizierung Operatoren Regelgewichtung	Max-Min, Max-Prod COG, Height Min, Max, Komplement nein
Systemanalyse	
Debugger/Simulator dynamische Simulation	• Interaktive oder Fileeingabe • Graphisches Analysetool TILChart erlaubt Untersuchung und Rückverfolgung des Systemverhaltens. • graphische Darstellung des Übertragungsverhaltens über Einbindung externer Funktionen
Dokumentation	
Umfang Sprache Index Online-Hilfe	1 Handbuch, ca. 300 Seiten englisch vorhanden nur Beschreibung der Menüpunkte
Bemerkungen	• Aufnahme externer Bibliotheken für Inferenzmethoden, Defuzzyfizierung und Operatoren geplant • Neuro-Fuzzy-Modul

Tabelle 6A-4: Software-Entwicklungsumgebungen Fuzzy Control Manager

Produkt	**Fuzzy Control Manager**
Kurzbeschreibung aktuelle Version Hersteller Entwicklungsplattform Zielsysteme, -sprachen Kopierschutz	Software-Entwicklungsumgebung 1.1 TransferTech GmbH IBM-kompatible, Windows 3.x ANSI-C, Omron FP 3000, Omron SPS-Funktionsbaugruppe SYSMAC C 200H-FZ001 keiner
Systemausstattung	
Systemstruktur-Editor MF-Editor Regeleditor Einbindung in vorhandene Simulationsumgebung Terme/ling. Variable maximale Regelzahl Form der Terme der Ein-/ Ausgangsvariablen	graphisch graphisch graphisch über Windows-DLL unbeschränkt unbeschränkt Polygonzüge / Polygonzüge
Methoden	
Inferenz Defuzzifizierung Operatoren Regelgewichtung	Min-Max COG Min, Max, arithmetisches Mittel ja
Systemanalyse	
Debugger/Smulation dynamische Simulation	• "Datengenerator" mit graphischer Anzeige. Es wird ein definierter Wertebereich der Eingangsvariablen durchlaufen und die Ergebnisse graphisch angezeigt. • Interaktive Werteeingabe mit Anzeige des Zugehörigkeitsgrades über DLL-Schnittstelle
Dokumentation	
Sprache Index Online-Hilfe	deutsch ja nein
Besonderheiten/ Bemerkungen	• Windows-DLL-Schnittstelle

Tabelle 6A-5: Software-Entwicklungsumgebung CubiCalc RTC

Produkt	**CubiCalc RTC**
Kurbeschreibung	Software-Entwicklungsumgebung
aktuelle Version	1.1
Hersteller	HyperLogic, Inc.
Entwicklungsplattform	IBM-kompatible, Windows 3.x
Zielsysteme, -sprachen	ANSI-C
Kopierschutz	nein
Systemausstattung	
Systemstruktur-Editor	Text
MF-Editor	graphisch
Regeleditor	Text
Einbindung in vorhandene Simulationsumgebung	über Windows-DDE
Terme/ling. Variable	(*)
maximale Regelzahl	(*)
Form der Terme der Ein-/ Ausgangsvariablen	Polygonzüge / Polygonzüge
Methoden	
Inferenz	Min-Max, Max-Prod COG Min, Max
Regelgewichtung	ja
Systemanalyse	
Debugger/Simulator	Interpreterartiges Mitverfolgen der Inferenz, Plotausgabe
dynamische Simulation	eingebauter Simulator mit graphischen Auswertungsmöglichkeiten (Phasenplots, ...), Datenvor- und Nachbearbeitung
Dokumentation	
Umfang	1 Handbuch, 230 Seiten
Sprache	englisch
Index	ja
Online-Hilfe	nein
Besonderheiten/ Bemerkungen	• Windows-DLL-Schnittstelle • linguistische Modifizierer (very, ...) • als geschlossene Shell erhältlich (*) keine Angaben

Tabelle 6A-6: Software-Entwicklungsumgebung FS-10AT

Produkt	**FS-10AT**
Kurzbeschreibung aktuelle Version Hersteller Entwicklungsplattform Zielsysteme, -sprachen Kopierschutz	Software-Entwicklungsumgebung 1.01 Omron Electronics GmbH IBM-kompatible Omron FP3000 keiner
Systemausstattung	
Systemstruktur-Editor MF-Editor Regeleditor Einbindung in vorhandene Simulationsumgebung Terme/ling. Variable maximale Regelzahl Form der Terme der Ein-/ Ausgangsvariablen	keiner graphisch / numerisch Text (Tabelle) nein 7 3 x 128 Trapeze / Singletons
Methoden	
Inferenz Defuzzyfizierung Operatoren Regelgewichtung	Min-Max COG, Max-height Max, Min ja
Systemanalyse	
Debugger/Simulator	Schrittweises oder kontinuierliches Abarbeiten der Eingabe (von Tastatur oder Datei) inkl. Mitverfolgen des Inferenzverlaufes; graphische Darstellung des Zeitverlaufes.
Dokumentation	
Umfang Sprache Index Online-Hilfe	1 Handbuch, 98 Seiten englisch ja nein
Besonderheiten/ Bemerkungen	zur Ansteuerung des Omron Fuzzy Boards FS-10AT

Anhang B: Reglerentwurfswerkzeuge mit Fuzzy Modulen

Tabelle 6B-1: Reglerentwurfswerkzeug AGO

Produkt	**AGO**
Kurzbeschreibung aktuelle Version Hersteller Entwicklungsplattform Zielsysteme, -sprachen Kopierschutz	Reglerentwurfsumgebung mit Fuzzy-Modul 2.08 Ingenieurbüro Schulz IBM-kompatible C ja
Systemausstattung	
Systemstruktur-Editor MF-Editor Regeleditor Terme/ling. Variable maximale Regelzahl Form der Terme der Ein-/ Ausgangsvariablen	graphisch/Text Text graphisch/Text (*) (*) Dreiecke, Trapeze, versch. glatte Funktionen / Dreiecke, Trapeze
Methoden	
Inferenz Defuzzyfizierung Operatoren Regelgewichtung	Max-Min, Max-Prod COG, Max-Height-Left/Right Max, Min, Komplement, kompensatorische Operatoren ja
Systemanalyse	
Debugger/Simulator	Statische und dynamische Simulation im Rahmen des Reglerentwurfswerkzeuges AGO; damit auch Systemanalyse wie beim konventionellen Reglerentwurf
Dokumentation	
Umfang Sprache Index Online-Hilfe	1 Handbuch, 400 Seiten deutsch ja ja
Besonderheiten/ Bemerkungen	• (*) insgesamt ca. 1500 Elemente • operationsorientiert • Prozeßankopplung über PC-Karten

Tabelle 6B-2: Reglerentwurfswerkzeug MATRIXx/RT Fuzzy

Produkt	**MATRIXx/RT Fuzzy**
Kurzbeschreibung	Reglerentwurfsumgebung mit Fuzzy Modul
aktuelle Version	auf Anfrage
Hersteller	Integrated Systems, Inc.
Entwicklungsplattform	Workstations, IBM-kompatible
Zielsysteme, -sprachen	ADA, C, FORTRAN
Kopierschutz	License Manager
Systemausstattung	
Systemstruktur-Editor	graphisch
MF-Editor	Text
Regeleditor	Text
Terme/ling. Variable	unbeschränkt
maximale Regelzahl	unbeschränkt
Form der Terme der Ein-/ Ausgangsvariablen	beliebige Funktionen
Methoden	
Inferenz	Max-Min (Mamdani/Larsen), Bayesian, benutzerdefiniert
Defuzzifizierung	COG, MOM, benutzerdefiniert
Operatoren	Max, Min, benutzerdefiniert
Regelgewichtung	(*)
Systemanalyse	
Debugger/Simulator	Durch Einbindung in MATRIXx umfangreiche interaktive Debuggingmöglichkeiten; Simulation und Systemanalyse wie beim konventionellen Reglerentwurf
Dokumentation	
Umfang	50 Seiten Zusatz zu MATRIXx-Handbuch
Sprache	englisch
Index	(*)
Online-Hilfe	ja
Besonderheiten/ Bemerkungen	(*) keine Angaben

Tabelle 6B-3: Reglerentwurfswerkzeug DORA FUZZY

Produkt	**DORA Fuzzy**
Kurzbeschreibung	Reglerentwurfsumgebung mit Fuzzy Modul
aktuelle Version	auf Anfrage
Hersteller	Universität Dortmund, Lehrstuhl für Elektrische Steuerung und Regelung
Entwicklungsplattform	IBM-kompatible
Zielsysteme, -sprachen	(*)
Kopierschutz	(*)
Systemausstattung	
Systemstruktur-Editor	graphisch
MF-Editor	Text
Regeleditor	grafisch
Terme/ling. Variable	(*)
maximale Regelzahl	(*)
Form der Terme der Ein-/ Ausgangsvariablen	beliebige Funktionen
Methoden	
Inferenz	Max-Min, Max-Prod, Sum-Min, Sum-Prod
Defuzzyfizierung	COG, MOM
Operatoren	Max, Min, Algebraisches Produkt, Algebraische Summe, Bounded Summe, Bounded Differenz, Komplement
Regelgewichtung	(*)
Systemanalyse	
Debugger/Simulator	(*)
Dokumentation	
Umfang	Handbuch
Sprache	deutsch
Index	(*)
Online-Hilfe	ja
Besonderheiten/ Bemerkungen	(*) keine Angaben

Anhang C: Automatisierungskomponenten in Prozeßleitsystemen

Tabelle 6C-1: Automatisierungskomponente Foxboro FP50

Produkt	**Foxboro FP 50**
Kurzbeschreibung	Fuzzy-Komponente für IAS50 Prozeßleitsystem
aktuelle Version	auf Anfrage
Hersteller	Foxboro GmbH
Entwicklungsplattform	FP 50 Fuzzy-Station, AP 50
Zielsysteme	IAS 50 Prozeßleitsystem
Systemausstattung	
Systemstruktur-Editor	graphisch
MF-Editor	graphisch
Regeleditor	graphisch
Anzahl Eingänge	unbegrenzt
Anzahl Ausgänge	unbegrenzt
maximale Regelzahl	unbegrenzt
Terme/ling. Variable	9
Form der Terme der Ein-/ Ausgangsvariablen	
Auflösung DA/AD-Wandlung	verschiedene Interface-Module erhältlich
Methoden	
Inferenz	flexibel durch Wahl der Operatoren
Defuzzyfizierung	COG, COM, MOM
Operatoren	Min-Max, Min-Avg, Gamma
Regelgewichtung	ja
Systemanalyse	
Debugger/Simulator	• Online-Beobachtungsmöglichkeit, graphische Darstellung von Prozeßgrößen in Zeit- und Kennraum, graphische Darstellung des Ist-Zustandes in Echtzeit. • Interaktives Debugging, Analysetools
Anwendung	
	Das FP50 Fuzzy Station wird über den AP50 an das PLS angeschlossen. Einrichten, Optimieren und Visualisieren des Fuzzy Systems über eigenes Graphik-Terminal.
Dokumentation	
Umfang	2 Handbücher, ca. 185 Seiten
Sprache	englisch
Index	ja
Online-Hilfe	ja

Tabelle 6C-2: Automatisierungskomponente Fuzzy TM/SIL LOC TM

Produkt	**Fuzzy TM / SIFLOC TM**
Kurzbeschreibung aktuelle Version Hersteller Entwicklungsplattform Zielsysteme	Fuzzy Funktionsbausteine (Software) für TELEPERM M mit Software-Werkzeug 1.0 Siemens AG IBM-kompatible TELEPERM M AS230, AS 230K, AS 235, AS235K, AS235H (TML)
Systemausstattung	
Systemstruktur-Editor MF-Editor Regeleditor Anzahl Eingänge Anzahl Ausgänge maximale Regelzahl Terme/ling. Variable Form der Terme der Ein-/ Ausgangsvariablen Auflösung DA/AD-Wandlung	Text graphisch Text, menügeführt 20 20 54 2 bis 7 Trapeze / Trapeze, Singletons entspr. Teleperm M-Systemdaten
Methoden	
Inferenz Defuzzyfizierung Operatoren Regelgewichtung	Max-Min, Max-Dot COG (exakt/Näherung), arithmetisch Min, Max ja
Systemanalyse	
Debugger/Simulator	• Anzeige aktiver Regeln, graphische Darstellung des Übertragungsverhaltens, Editor erkennt Syntaxfehler • Online-Beobachtungsmöglichkeit, graphische Darstellung von Prozeßgrößen und Wahrheitswerten • blockorientierte dynamische Simulation hybrider Systeme
Anwendung	
	Programmierung über Software SIFLOC TM
Dokumentation	
Umfang Sprache Index Online-Hilfe	1 Handbuch, ca. 100 Seiten deutsch (englisch in Vorbereitung) ja ja, Texte modifizierbar
Besonderheiten/ Bemerkungen	• Nachrüstbar in vorhandenen Systemen • beliebige Kombinationen von Fuzzy und konventionellen Fkten möglich

Anhang D: Fuzzy SPS

Tabelle 6D-1: Fuzzy SPS SYSMAC C200H-FZ001/FSS

Produkt	**SYSMAC C200H-FZ001 / FSS**
Kurzbeschreibung	Fuzzy Baugruppe (Hardware) für Omron-SPS SYSMAC C200H mit Fuzzy Support Software (FSS)
Hersteller	Omron Electronics GmbH
Entwicklungsplattform	IBM-kompatible
Zielsysteme	SYSMAC C200H (FP3000)
Systemausstattung	
Systemstruktur-Editor	keiner
MF-Editor	graphisch
Regeleditor	Text
Anzahl Eingänge	8
Anzahl Ausgänge	4
maximale Regelzahl	128
Terme/ling. Variable	7
Form der Terme der Ein-/ Ausgangsvariablen	Trapeze / Singletons
Auflösung DA/AD-Wandlung	12 bit
Methoden	
Inferenz	Max-Min
Defuzzyfizierung	COG, Max Height left/right
Operatoren	Min
Regelgewichtung	(*)
Systemanalyse	
Debugger/Simulator	(*)
Anwendung	
	Programmierung über FSS (alternativ TransferTech FCM-SPS) oder Programmiergerät der SPS
Dokumentation	
Umfang	1 Handbuch Hardware 61 Seiten, 1 Handbuch Software 145 Seiten
Sprache	englisch
Index	keine Angabe
Online-Hilfe	Beschreibung der Menüpunkte
Besonderheiten/Bemerkungen	• Datensicherung durch Pufferbatterie • Selbstdiagnose-Funktionen • SPS-Trainer (komplette SPS mit Regelstrecke und Basis-Software) (*) keine Angaben

Tabelle 6D-2: Fuzzy SPS S5/SIFLOC S5

Produkt	**Fuzzy S5 / SIFLOC S5**
Kurzbeschreibung aktuelle Version Hersteller Entwicklungsplattform Zielsysteme	Fuzzy Funktionsbausteine (Software) für SIMATIC S5 mit Software-Werkzeug 1.0 Siemens AG IBM-kompatible, Programmiergeräte SIMATIC S5 SIMATIC S5 CPU 928B, AG S5-135U, AG S5-155U (STEP 5)
Systemausstattung	
Systemstruktur-Editor MF-Editor Regeleditor Anzahl Eingänge Anzahl Ausgänge maximale Regelzahl Terme/ling. Variable Form der Terme der Ein-/ Ausgangsvariablen Auflösung DA/AD-Wandlung	Text graphisch Text, menügeführt 20 20 54 2 bis 7 Trapeze / Trapeze, Singletons entspr. Simatic S5-Systemdaten
Methoden	
Inferenz Defuzzyfizierung Operatoren Regelgewichtung	Max-Min, Max-Dot COG (exakt/Näherung), arithmetisch Min, Max ja
Systemanalyse	
Debugger/Simulator	• Anzeige aktiver Regeln, graphische Darstellung des Übertragungsverhaltens, Editor erkennt Syntaxfehler • Online-Beobachtungsmöglichkeit, graphische Darstellung von Prozeßgrößen und Wahrheitswerten
Anwendung	
	Programmierung über Software SIFLOC S5. Nach Übertragung des Reglers auf die SPS ist stand-alone-Betrieb möglich.
Dokumentation	
Umfang Sprache Index Online-Hilfe	1 Handbuch, ca. 100 Seiten deutsch (englisch in Vorbereitung) ja ja, Texte modifizierbar
Besonderheiten/ Bemerkungen	• Nachrüstbar in vorhandenen Systemen • beliebige Kombinationen von Fuzzy- und konventionellen Funktionen möglich

Tabelle 6D-3: Fuzzy SPS SUCOSOFT-F

Produkt	**SUCOSOFT-F**
Kurzbeschreibung aktuelle Version Hersteller Entwicklungsplattform Zielsysteme	Fuzzy-SPS auf Anfrage Klöckner-Moeller GmbH IBM-kompatible, MS-Windows (Kompakt-SPS)
Systemausstattung	
Systemstruktur-Editor MF-Editor Regeleditor Anzahl Eingänge Anzahl Ausgänge maximale Regelzahl Terme/ling. Variable Form der Terme der Ein-/ Ausgangsvariablen Auflösung DA/AD-Wandlung	graphisch graphisch graphisch 8 4 2000 9 (*) 12 bit
Methoden	
Inferenz Defuzzyfizierung Operatoren Regelgewichtung	Max-Min, Max-Prod COG Min, Max ja
Systemanalyse	
Debugger/Simulator	• Online-Beobachtungsmöglichkeit, graphische Darstellung von Prozeßgrößen in Zeit- und Kennraum, graphische Darstellung des Ist-Zustandes in Echtzeit. • Interaktives Debugging, Analysetools
Anwendung	
	Programmierung über *fuzzy* TECH
Dokumentation	
Umfang Sprache Index Online-Hilfe	(*) (*) (*) (*)
Besonderheiten/ Bemerkungen	(*) keine Angaben

7 Ergänzende Literatur

[0-1] Zadeh, L.A.: Fuzzy Sets, in: Information and Control 8, 1965, 338-353.

[0-2] Russell, B.: Vagueness, in: Australian J. Psychol. Philos. 1, 1923, 84 -92.

[0-3] Zimmermann, H.-J.: Operations Research Methoden und Modelle, 2. überarbeitete Auflage, Braunschweig, Wiesbaden 1992.

[2-1] Zimmermann, H.-J., Zysno, P.: Zugehörigkeitsfunktionen unscharfer Mengen, DFG-Forschungsbericht 1982.

[2-2] Zimmermann, H.-J.: Fuzzy Set Theory and its Applications, 2. Auflage, Boston, Dordrecht, Lancaster 1991.

[2-3] Zadeh, L.A.: The concept of a linguistic variable and its application to approximate reasoning, in: Information Sciences 8, 1975, 199-249.

[2-4] Hamacher, H.: Über logische Aggregation nicht binär explizierter Entscheidungskriterien, Frankfurt 1978.

[2-5] Bonnisone, P.P., Decker, K.S.: Selecting Uncertainty Calculi and Granularity: An Experiment in Trading-off Precison and Complexity, in: Kanal, L.N., Lemmer, J.F. (Hrsg.): Uncertainty in Artificial Intelligence, Amsterdam, New York, Oxford 1986, 217-247.

[2-6] Dubois, D., Prade, H.: A class of fuzzy measures based on triangular norms, in: International Journal of general Systems 8, 1982, 43-61.

[2-7] Yager, R.R.: On a general class of fuzzy connectives, in: Fuzzy Sets and Systems (FSS) 4, 1980, 221-229.

[2-8] Werners, B.: Interaktive Entscheidungsunterstützung durch ein flexibles mathematisches Programmierungssystem, München 1984.

[2-9] Zimmermann, H.-J., Zysno, P.: Latent connectives in human decision making, in: FSS 4, 1980, 37-51.

[2-10] Bellman, R., Giertz, M.: On the analytic formalism of the theory of fuzzy sets, in: Information Sciences 5, 1972, 149-156.

[2-11] Goguen, J.A.: L-Fuzzy Sets, in: Journal of Mathematical Analysis and Applications (JMAA) 18, 1967, 145-174.

[2-12] Dubois, D., Prade, H.: Fuzzy sets and systems: Theory and Applications, New York, London, Toronto 1980.

[2-13] Spieß, M.: Syllogistic inference under uncertainty, München, Weinheim 1989.

[2-14] Smets, Ph., Magrez, P.: Implication in fuzzy logic, in: International Journal of Approximate Reasoning 1, 1987, 327-347.

[2-15] Trillas, E., Valverde, L.: On mode and implications in approximate reasoning, in: Gupta, M.M. (Hrsg.): Approximate Reasoning in Expert Systems, Amsterdam 1985, 157-166.

[2-16] Ruan, D., Kerre, E.E.: Fuzzy implication operators and generalized fuzzy method of cases, in: FSS 54, 1993, 23-37.

[2-17] Zadeh, L.A.: Calculus of fuzzy restrictions, in: Zadeh, L.A. et al. (Hrsg.): Fuzzy Sets and their Applications to Cognitive and Decision Processes, New York, 1975, 1-39.

[2-18] Mamdani, E.H.: Application of fuzzy logic to approximate reasoning using linguistic systems, in: IEEE Trans. Comput. 26, 1977, 1182-1191.

[2-19] Bandler, W., Kohout, L.J.: Fuzzy power sets and fuzzy implication operators, in: FSS 4, 1980, 13-30.

[2-20] Yager, R.R.: An approach to inference in approximate reasoning, in: International Journal Man-Machine Studies 13, 1980, 323-338.

[2-21] Ruan, D.: A critical study of widely used fuzzy implication operators and their influence on the inference rules in fuzzy expert systems, Ph.D. Thesis, Gent, 1990.

[2-22] Karr, C.L.: Genetic algorithms for fuzzy logic controllers, in: AI Expert 6 (2), 1991, 26-33.

[2-23] Teodorescu, H.N.: Chaos in Fuzzy Systems and Signals, in: Proceedings of the 2nd International Conference on Fuzzy Logic and Neural Networks, Iizuka, Japan, July 17-22, 1992, 21-50.

[2-24] Bellman, R.E., Zadeh, L.A.: Decision-making in a fuzzy environment, in: Management Science 17, 1970, B141-B164.

[2-25] Zimmermann, H.-J., Gutsche, L.: Multi-Criteria Analyse, Berlin Heidelberg 1991.

[2-26] Zimmermann, H.-J.: Description and optimization of fuzzy systems, in: International Journal of general Systems 2, 1976, 209-215.

[2-27] Zimmermann, H.-J.: Fuzzy programming and linear programming with several objective functions, in: FSS 1, 1978, 45-55.

[2-28] Ernst, E.: Fahrplanerstellung und Umlaufdisposition im Containerschiffsverkehr, Frankfurt 1982.

[2-29] Meiritz, K.: Eignungsorientierte Personaleinsatzplanung, Frankfurt a. M. 1984.

[2-30] Hintz, G.-W.: Ein wissensbasiertes System zur Produktionsplanung und -steuerung für flexible Fertigungssysteme, Düsseldorf 1987.

[2-31] Newell, A., Simon, H.A.: Human problem solving, Englewood Cliffs 1972.

[2-32] Zwick, R., Carlstein, E., Budescu, D.V.: Measures of Similarity Among Fuzzy Concepts: A comparative Analysis, in: International Journal of Approximate Reasoning 1, 1987, 221-242.

[2-33] Zimmermann, H.-J.: Planung, Entscheidung und Linguistische Approximation, in: Hauschildt, J., Grün, O. (Hrsg.): Ergebnisse empirischer betriebswirtschaftlicher Forschung: Zu einer Realtheorie der Unternehmung (Festschrift Prof. Witte), Hamburg 1993, 797-812.

[3-1] Bock, H.H.: Automatische Klassifikation, Göttingen, 1974.

[3-2] Bezdek, J.C., Pal, S.K.: Fuzzy Models for Pattern Recognition, New York, 1992.

[3-3] Trauwaert, E., Kaufman, L., Rousseeuw, P.: Fuzzy Clustering Algorithms based on the Maximum Likelihood Principle, in: FSS 42, 1991, 213-227.

[3-4] Krishnapuram, R., Nasraoui, O., Frigui, H.: The fuzzy C spherical shells algorithm: A new approach, in: IEEE Transactions on Neural Networks 3 (5), Sept. 1992, 663-671.

[3-5] Meier, W.: Datenanalyse mit Fuzzy Methoden: Scharf oder unscharf ist hier die Frage, in: Chemische Industrie 3, 1993.

[3-6] Schimpe, H., Weber, R.: Wissensbasierte Datenanalyse mit Fuzzy Logik, in: ist - Intelligente Software Technologien 4, 1992, 12-18.

[3-7] MIT GmbH: Studie zur Datenanalyse, Aachen 1993.

[3-8] Schalkoff, R.: Pattern Recognition - Statistical, Structural and Neural Approaches, New York 1992.

[3-9] Bamberg, G., Bauer, F.: Statistik, 6. Auflage, München 1989.

[3-10] Wittenberg, R.: Computerunterstützte Datenanalyse, Stuttgart 1991.

[3-11] Jobson, J.D.: Applied Multivariate Data Analysis, Vol. I: Regression and Experimental Design, New York 1991.

[3-12] Lechner, W., Lohl, N.: Analyse digitaler Signale, Braunschweig, Wiesbaden 1990.

[3-13] Kacprzyk, J., Fedrizzi, M. (Eds.): Fuzzy Regression Analysis, Heidelberg 1992.

[3-14] Ishibuchi, H., Tanaka, H.: Fuzzy Regression Analysis Using Neural Networks, in: FSS 50, 1992, 257-265.

[3-15] Mucha, H.-J.: Clusteranalyse mit Mikrocomputern, Berlin 1992.

[3-16] Kodono, Y., Okuda, T., Asai, K., Sugiura, T.: Principal Component Analysis using Fuzzy Observation Data, in: Japanese Journal of Fuzzy Theory and Systems, 4 (3), 1992, 309-328.

[3-17] Kuncheva, L.I.: Fuzzy Rough Sets: Application to Feature Selection, in: FSS 51, 1992, 147-153.

[3-18] Weiss, S.M., Kulikowski, C.A.: Computer Systems that learn, San Mateo (Calif.) 1991.

[3-19] Miyamoto, S.: Fuzzy Sets in Information Retrieval and Cluster Analysis, Dordrecht Boston London 1990.

[3-20] Dumitrescu, D.: Hierarchical Pattern Classification, in: FSS 28, 1988, 145-162.

[3-21] Bocklisch, S.F.: Prozeßanalyse mit unscharfen Verfahren, Berlin 1987.

[3-22] Yeh, R.T., Bang, S.Y.: Fuzzy relations, fuzzy graphs and their applications to clustering analysis, in: Zadeh, L.A., Fu, K.S., Tanaka, K., Shimura, M. (Eds.): Fuzzy Sets and their Applications to Cognitive and Decision Processes, New York London 1975, 125-150.

[3-23] Bezdek, J.C.: Pattern Recognition with Fuzzy Objective Function Algorithms, New York London 1981.

[3-24] Ball, G.H., Hall, D.J.: A Clustering Technique for Summarizing Multivariate Data, in: Behav. Sci. 12, 1967, 153-155.

[3-25] Choe, H., Jordan, J.B.: On the Optimal Choice of Parameters in a Fuzzy C-Means Algorithm, in: IEEE International Conference on Fuzzy Systems, San Diego, 1992, 349-354.

[3-26] Selim, S.Z., Kamel, M.S.: On the mathematical and numerical properties of the fuzzy c-means algorithm, in: FSS 49, 1992, 181-191.

[3-27] Trauwaert, E.: Grouping of Objects Using Objective Functions with Applications to the Monitoring and Control of Industrial Production Processes, Dissertation Vrije Universiteit Brussel 1991.

[3-28] Windham, M.P.: Cluster Validity for Fuzzy Clustering Algorithms, in: FSS 5, 1981, 177-185.

[3-29] Weber, R.: Entwicklung und Anwendung von Verfahren zur automatischen Akquisition unsicheren Wissens, Düsseldorf 1992.

[3-30] Buchanan, B., Barstow, D., Bechtal, R., Bennett, J., Clancey, W., Kulikowski, C., Mitchell, T., Waterman, D.A.: Constructing an Expert System, in: Hayes-Roth, F., Waterman, D.A., Lenat, D.B. (Eds.): Building Expert Systems, Reading (Mass.) 1983, 127-167.

[3-31] Boose, J.H.: A Survey of Knowledge Acquisition Techniques and Tools, in: Knowledge Acquisition 1, 1989, 3-37.

[3-32] Weber, R., Zimmermann, H.-J.: Automatische Akquisition von unscharfem Wissen, in: KI 2, 1991, 20-26.

[3-33] Kosko, B.: Neural Networks and Fuzzy Systems, New Jersey 1992.

[3-34] Köhle, M.: Neurale Netze, Wien, New York 1990.

[3-35] Pao, Y.-H.: Adaptive Pattern Recognition and Neural Networks, Reading (Mass.) 1989.

[3-36] Kohonen, T.: Self-Organization and Associative Memory, 3rd ed., Berlin Heidelberg 1989.

[3-37] Sanchez, E.: Fuzzy Logic Knowledge Systems and Artificial Neural Networks in Medicine and Biology, in: Yager, R.R., Zadeh, L.A. (Eds.): An Introduction to Fuzzy Logic Applications in Intelligent Systems, Boston 1992, 235-251.

[3-38] Lee, C.-C.: A Self-Learning Rule-Based Controller employing Approximate Reasoning and Neural Net Concepts, in: Int. Journal of Intelligent Systems 6, 1991, 71-93.

[3-39] Ishibuchi, H., Okada, H., Tanaka, H.: Interpolation of Fuzzy If-Then Rules by Neural Networks, in: Proceedings of the 2nd International Conference on Fuzzy Logic and Neural Networks, Iizuka, Japan, 1992, 337-340.

[3-40] Bezdek, J.C., Tsao, E.C.-K., Pal, N.R.: Fuzzy Kohonen Clustering Networks, in: IEEE International Conference on Fuzzy Systems, San Diego 1992, 1035-1043.

[3-41] Carpenter, G.A., Grossberg, S., Rosen, D.B.: Fuzzy ART: Fast stable learning and categorization of Analog Patterns by an Adaptive Resonance System, in: Neural Networks 4, 1991, 759-771.

[3-42] Bandemer, H., Näther, W.: Fuzzy Data Analysis, Dordrecht Boston London 1992.

[3-43] Zimmermann, H.-J.: Fuzzy Sets in Pattern Recognition, in: Devijer, P.A., Kittler, J. (Eds.): Pattern Recognition Theory and Applications, Berlin Heidelberg 1987, 383-391.

[3-44] Schödel, H.: Fuzzy Logik zum Erkennen von Ölverunreinigungen, in: Mikroelektronik, Heft 1, 1992, 26-29.

[3-45] Schödel, H.: Wirtschaftliche Prüfung komplexer Systeme, Anwendersymposium zu Fuzzy Technologien, MIT GmbH Aachen 23./24.3.1993.

[3-46] Tews, V., Wehhofer, J., Werner, H.: Störgrößenausblendung mit Fuzzy Logic, 2. Anwendersymposium zu Fuzzy Technologien, MIT GmbH Aachen 23./24.3.1993.

[3-47] Berrie, P.G.: Fuzzy Logik Elemente in der Ultraschall-Füllstandsmessung, Anwendersymposium zu Fuzzy Technologien, MIT GmbH Aachen 23./24.3.1993.

[3-48] Weber, R.: Qualitätssicherung durch die Analyse von Geräuschen, in: Tagungsunterlagen zum 2. Anwendersymposium zu Fuzzy Technologien, 23./ 24. März 1993, Aachen.

[3-49] Meier, W., Trompeta, B.: Erfahrungen bei der Prozeßidentifikation von verfahrenstechnischen Großanlagen, 2. Anwendersymposium zu Fuzzy Technologien, MIT GmbH, Aachen 23./24.3.1993.

[3-50] Tani, T., Sakoda, M. , Tanaka, K.: Fuzzy Modeling by ID3 Algorithm and Its Application to Prediction of Heater Outlet Temperature, in: IEEE International Conference on Fuzzy Systems 1992, San Diego, S. 923-930.

[3-51] Mamdani, E.H.: Applications of Fuzzy Algorithms for Control of Simple Dynamic Plant, in: Proceedings IEEE 121 (12), 1974, 1585-1588.

[3-52] Holmblad, L.P., Ostergaard, J.-J.: Control of a Cement Kiln by Fuzzy Logic, FLS review Nr. 67, 1992.

[3-53] Mamdani, E.H., Sembi, B.S.: Process Control Using Fuzzy Logic, in: Wang, P.P., Chang, S.K. (eds.): Fuzzy Sets: Theory and Applications to Policy Analysis and Information Systems, New York 1980, 249-266.

[3-54] Miyamoto, S., Yasunobu, S., Ihara, H.: Predictive Fuzzy Control and its Application to Automatic Train Operation Systems. in: Bezdek, J.C. (ed.): Analysis of Fuzzy Information Vol. II, Boca Raton 1987, 59-72.

[3-55] Egusa, Y., Akahori, H., Morimura, A. und Wakami, N.: An electronic video camera image stabilizer operated on fuzzy theory, in: Proceedings IEEE International Conference on Fuzzy Systems, San Diego 1992, 851-858.

[3-56] o.V.: Fuzzy Logic in Japan, Institut für Marktberatung der Deutschen Industrie- und Handelskammer in Japan, Tokyo, Juli 1992.

[3-57] Mizumoto, M.: Improvement methods of fuzzy controls, in: Proceedings IFSA, Seattle 1989, 60-62.

[3-58] Mizumoto, M.: Fuzzy controls under various fuzzy reasoning methods, in: Proceedings Second IFSA Congress, Tokyo 1987.

[3-59] Graham, I., Jones, P.L.: Expert systems, Knowledge, Uncertainty and Decision, London New York 1988.

[3-60] Yager, R.R.: Adaptive Models for the Defuzzification Process, in: Proceedings of the 2nd International Conference on Fuzzy Logic and Neural Networks, Iizuka '92, 1992, 65-71.

[3-61] Angstenberger, J.: atp-Marktanalyse: Software-Werkzeuge zur Entwicklung von Fuzzy Reglern, in: atp 35, Heft 2, 1993.

[3-62] Siler, W., Ying, H.: Fuzzy control theory: The linear case, in: FSS 33, 1989, 275-290.

[3-63] Scharf, E.M., Mandic, N.J.: The application of a fuzzy controller to the control of a multi-degree-of-freedom robot arm, in: Sugeno, M. (Ed.): Industrial applications of fuzzy control, North-Holland, 1985.

[3-64] Nonfjall, H., Larsen, H.L.: Detection of Potential Inconsistencies in Knowledge Bases, in: International Journal of Intelligent Systems 7 (2), 1992, 81-96.

[3-65] Buckley, J.J.: Theory of the Fuzzy Controller: An Introduction, in: FSS 51, 1992, 249-258.

[3-66] Zheng, Li: A practical guide to tune of proportional and integral (PI) like fuzzy controllers, in: Proceedings IEEE International Conference on Fuzzy Systems San Diego 1992.

[3-67] Utkin, V.I.: Variable structure systems with sliding modes, in: IEEE Transactions on Automatic Control, Vol. AC-22, No. 2, 1977.

[3-68] Palm, R.: Sliding mode fuzzy control, in: Proceedings IEEE International Conference on Fuzzy Systems San Diego 1992, 519-526.

[3-69] Kawaji,S. und Matsunaga, N.: Fuzzy control of VSS type and its robustness, in Proceedings IFSA-Congress 1991, 81-84.

[3-70] Braae, M., Rutherford, D.A.: Selection of parameters for a fuzzy logic controller, in: FSS 2, 1979, 185-199.

[3-71] Yasunobo, S., Hasegawa, T.: Predictive fuzzy control and its application for automatic container crane operation system, in: Proceedings Second IFSA Congress, Tokyo 1987.

[3-72] Sugeno, M., Kang, G.T.: Fuzzy Modelling and Control of Multilayer, Incineration, in: FSS 18, 1986, 329-346.

[3-73] Takagi, T., Sugeno, M.: Fuzzy identification of systems and its application to modelling and control, in: Man and Cybernetics 15, 1985, 116-132.

[3-74] Sugeno, M., Kang, G.T.: Structure identification of fuzzy model, in: FSS 28, 1988, 15-33.

[3-75] Yasunobo, S., Miyamoto, S.: Automatic train operation by predictive fuzzy control, in: Sugeno, M. (Ed.): Industrial applications of fuzzy control, North-Holland 1985.

[3-76] Singh, S.: Stability analysis of discrete fuzzy control systems, in: Proceedings IEEE International Conference on Fuzzy Systems San Diego 1992.

[3-77] Hojo, T., Terano, T., Masui, S.: Stability analysis of fuzzy control systems, in: Proceedings IFSA-Congress 1991.

[3-78] Kawamoto, S., Tada, K., Ishigama, A., Tanaguchi, T.: An approach to stability analysis of second order fuzzy systems, in: Proceedings IEEE International Conference on Fuzzy Systems San Diego 1992.

[3-79] Bouslama, F., Ichikawa, A.: Application of limit fuzzy controllers to stability analysis, in: FSS 50, 1992.

[3-80] Maeda, M., Murakami, S.: Stability analysis of fuzzy control systems using phase planes, in: Japanese Journal of Fuzzy Theory and Systems, Vol. 3, No. 2, 1991.

[3-81] Hwang, G.-C., Lin, S.-C.: A Stability Approach to Fuzzy Control Design for Nonlinear Systems, in: FSS 48, 1992, 279-287.

[3-82] Preuß, H.-P., Linzenkirchner, E., Alender, S.: Fuzzy Control - werkzeugunterstützte Funktionsbaustein-Realisierung für Automatisierungsgeräte und Prozeßleitsysteme, in: atp 34 (8), 1992, 451-460.

[3-83] Gomide, F., Rocha, A.F.: Neurofuzzy Controllers, in: Proceedings of the 2nd International Conference on Fuzzy Logic and Neural Networks, Iizuka ′92, 1992, 213-216.

[3-84] Takahashi, H., Ishikawa, Z.: Antiskid brake control system based on fuzzy inference, United States Patent No. 4842342 der Firma Nissan Motor Co., Ltd., Yokohama Japan 1989.

[3-85] Takahashi, H.: Fuzzy control system for automatic transmission, United States Patent No. 4841815 der Firma Nissan Motor Co., Ltd., Yokohama Japan 1989.

[3-86] Ikeda, H., Kisu, N., Hiramoto, Y., Takahashi, H. und Nakamura, S.: An intelligent automatic transmission control using a on-chip fuzzy inference engine. in: Proceedings International Fuzzy Systems and Control Conference, Lousville 1992.

[3-87] Kawai, H., Shirakawa, H., Tanoue, Y., Ogawa, H. und Kudo, T.: Engine control system. in: Proceedings International Conference on Fuzzy Logic & Neural Networks, Iizuka 1990.

[3-88] Palm, R.: Fuzzy Controller for a sensor guided robot manipulator, in: FSS 31, 1989, 133-149.

[3-89] Rehfuß, U., Palm, R. Hellendoorn, H.: Fuzzy Methoden in der Robotik,Berliner Fuzzy-Anwender Treffen, 9.9.1992.

[3-90] Gärtner, M.: Ganzheitliche Organisation von Abwasserableitung und -behandlung, Berliner Fuzzy-Anwender Treffen 9.9.1992.

[3-91] Müller-Nehler U.: Anwendung von Fuzzy Control in der Klärwerkstechnik, 2. Anwendersymposium zu Fuzzy Technologien, MIT GmbH Aachen, 23./24.3.1993.

[3-92] Lange, R. Nowottnick, A.: Simulation eines Fuzzy Control Systems für eine Schüttgutmahlanlage unter Berücksichtigung von Totzeiten, Berliner Fuzzy-Anwender Treffen, 9.9.1992.

[3-93] Steffenhagen, B.: Anfahrregelung mit Fuzzy Control, Berliner Fuzzy Anwender Treffen, 9.9.1992.

[3-94] Froese, T.: Advanced Fuzzy Control in der Prozeßleittechnik, Anwendungssymposium zu Fuzzy Technologien, 8./9.9.1992, MIT GmbH, Aachen.

[3-95] Sugeno, M. (ed.): Industrial Applications of Fuzzy Control, Amsterdam 1985.

[3-96] Gupta, M.M., Yamakawa, T. (eds.): Fuzzy Logic in Knowledge-Based Systems, Decision and Control, Amsterdam 1988.

[3-97] Goser, K. (Hrsg.): Technische Anwendungen von Fuzzy Systemen, in: Vorträge der VDE-Fachtagung 12./13.11.1992, Dortmund 1992.

[3-98] Clemens, W., Kalkert, P.: Echtzeitsteuerung eines Industrielasers, Anwendersymposium zu Fuzzy Technologien, MIT GmbH, Aachen, 8./9.9.1992.

[3-99] Hofstetter, R., Scherf, H.: Vergleich eines Fuzzy Reglers mit einem Zustandsregler an einem praktischen Beispiel, in: atp 34, Heft 10, 1992, 582-587.

[3-100] Eidenmüller, B.: Die Produktion als Wettbewerbsfaktor: Herausforderung an das Produktionsmanagement, Köln, 1989.

[3-101] Mensch, G.: Das Trilemma der Ablaufplanung, in: Zeitschrift für Betriebswirtschaft (ZfB) 42, 1972, 77-88.

[3-102] Nickels, W: Ein wissensbasiertes System zur Produktionsplanung und -steuerung in der Papierindustrie, Düsseldorf 1990.

[3-103] Lipp, H.-P.: Ergebnis- und zeitabhängige Simulation flexibler Fertigungssysteme mittels Fuzzy Petri-Netzen, VDI-Berichte 989, 1992, 181-198.

[3-104] König, R., Quäck, L.: Petri-Netze in der Steuerung, Berlin 1988.

[3-105] Lipp, H.-P.: Einsatz von Fuzzy Konzepten für das operative Produktionsmanagement, in: atp-Automatisierungstechnische Praxis, 34, Heft 12, 1992, 668-675.

[3-106] Lipp, H.-P.: Eine operative Montagesteuerung auf der Grundlage von zeitbewerten Fuzzy Petri-Netzen, in: Wissenschaftliche Schriftenreihe der TU Chemnitz 33 (Heft 6) 1991, 835-842.

[3-107] Günther, R., Toggweiler, J.: Ein Fuzzy Ansatz für die operative Führung eines Montagebandes im Fahrzeugkranbau, VDI-Berichte 1035, 1993, 73-89.

[3-108] Lipp, H.-P., Günther, R. Sonntag, P.: Unscharfe Petri-Netze - Ein Basiskonzept für computerunterstützte Entscheidungssysteme in komplexen Systemen, in: Wissenschaftliche Schriftenreihe der TU Chemnitz 7/1989.

[3-109] Hintz, G. W., Zimmermann, H.-J.: A Method to Control Flexible Manufactoring Systems, in: European Journal for Operational Research 41, 1989, 321-334.

[3-110] Sonnenschein, M.: Petri-Netze: Eine einführende Übersicht für Studierende der Informatik, Schriften zur Informatik und angewandten Mathematik, Band Nr. 153, RWTH Aachen, 1992.

[3-111] Polke, M.: Prozeßleittechnik, München 1992.

[3-112] Lipp, H.-P.: Ein Konzept eines unscharfen Petri-Netzes als Grundlage für operative Entscheidungsprozesse in komplexen Produktionssystemen, Habilitationsschrift, TU Chemnitz, 1989.

[3-113] Lieven, K., Lipp, H.-P.: Fuzzy Technologie - Neue Möglichkeiten für komplexe Produktionsregler in fertigungstechnischen Prozessen, in: Tagungsband PPS 92, AWF-Kongress 4.-6.11.1992.

[3-114] Fischer, B: Ein Werkzeug zur auftragsbezogenen Generierung von Fuzzy Petri-Netz Modellen einer Fertigungssteuerung, in: VDI Berichte 1035, 1993, 91-108.

[3-115] Lipp, H.-P.: Flexible Produktionsführung durch unscharfe Produktionsprozeßregelung, in: Spektrum der Wissenschaft, Heft 3, 1993.

[3-116] Lipp, H.-P.: Fuzzy Technologien in der Industrie-Automatisierung, in: Superelectronics Jahrbuch 1993, Vogel Verlag, Würzburg, 1993.

[3-117] Sonntag, P.: Steuerung eines Glaspressautomaten mit unscharfen Methoden, Dissertation, TU Chemnitz, 1992.

[3-118] Lipp, H.-P., Ringelband, W: Einsatz eines Modells auf Basis unscharfer Petri-Netze zur Disposition des Pfanneneinsatzes im Stahlwerk, in: "Fuzzy Logic", IIR-Konferenz am 6./7.5.1992, München 1992.

[3-119] o.V.: Studie zur Produktionssteuerung in Stahlwerken mit Fuzzy Petri-Netzen, MIT GmbH, März 1993.

[3-120] o.V.: Studie zur Steuerung und zum Störungsmanagement in einer verfahrenstechnischen Anlage der Erdölindustrie auf der Basis von Fuzzy Petri-Netzen, MIT GmbH, März 1993.

[3-121] Appelrath, H.-J., Sebastian, H.-J.: Planen und Konfigurieren: Eine integrierende Modellbildung, PROKON-Problemspezifische Werkzeuge für die wissensbasierte Konfigurierung, Memo Nr. 2, 1992, BMFT-Verbundprojekt Prokon.

[3-122] Sebastian, H.-J.: Modelling an ExpertSystem Shell for the Configuration of Technical Systems including Optimization-based Reasoning, in: Wissenschaftliche Zeitschrift der TH Leipzig, Heft 5/6, 1990.

[3-123] Althoff, K.-D., Wess, S., Bartsch-Spörl, B., Janetzko, D., Maurer, F., Voß, A.: Fallbasiertes Schließen in Expertensystemen: Welche Rolle spielen Fälle für wissensbasierte Systeme?, in: KI 6, Heft 4, 1992, 14-21.

[3-124] Sebastian, H.-J.: Optimierung und Unschärfe bei Konfigurierungsproblemen, PROKON-Problemspezifische Werkzeuge für die wissensbasierte Konfigurierung, Memo Nr. 12, 1992, BMFT-Verbundprojekt Prokon.

[3-125] Sebastian, H.-J.: Konfigurierung und Fuzzy Technologien, Anwendersymposium zu Fuzzy Technologien, Aachen 8./9.9.1992.

[3-126] Sebastian, H.-J.: Fuzzy Frame Hierarchien, PROKON-Problemspezifische Werkzeuge für die wissensbasierte Konfigurierung, Memo Nr. 13, 1992, BMFT-Verbundprojekt Prokon.

[4-1] Kille, T.: Marktentwicklung und strategische Aspekte von Fuzzy Logic, Schweizer Fuzzy Logic Fachkonferenz 92 des CIM-Center Aargau, 10.11.1992.

[4-2] Kiendl, H.: DORA-Fuzzy: Zielvorstellungen und Entwicklungsstrategien, in: Tagungsband der VDE-Fachtagung "Technische Anwendungen von Fuzzy Systemen", Dortmund, 12./13.11.1992, 1992, 265-271.

[4-3] Frenck, C.: DORA-Fuzzy: Ein regelungstechnisches Programmsystem, in: Tagungsband der VDE-Fachtagung "Technische Anwendungen von Fuzzy Systemen", Dortmund 12./13.11.1992, 1992, 272-277.

[4-4] Müller-Nehler, U., Weber, R.: Interkama 1992: Wissensbasierte Systeme und Fuzzy Control, in: atp 35, Heft 1, 1993, 33-39.

[4-5] Cuno, B., Morkramer, A., Meyer-Gramann, K. D.: Integration von Fuzzy Control in GEAMATICS, das Automatisierungssystem der AEG, in: Tagungsband der VDE-Fachtagung "Technische Anwendungen von Fuzzy Systemen", Dortmund, 12./13.11.1992, 1992, 101-110.

[4-6] Angstenberger, J., Kasper, C., von Dewitz, H.: Entwicklungen und Applikationen von Hardware-Lösungen mit integrierter Fuzzy Logik, Studie MIT GmbH, Aachen 1993.

[4-7] Rossmann, J.: Der Realismus kehrt ein: Die zweite Generation von Fuzzy Chips wird "abgespeckt", in: Elektronik 17, 1992, 40-46.

[4-8] Eichfeld, H.: Entwurf eines Fuzzy Reglers in digitaler CMOS-Schaltungstechnik, in: Tagungsband der VDE-Fachtagung "Technische Anwendungen von Fuzzy Systemen", Dortmund, 12./13.11.1992, 1992, 39-248.

[5-1] Zadeh, L.A.: Probability Measures of Fuzzy Events, in: JMAA 23, 1968, 421-427.

[5-2] Goguen, J.A.: The Logic of inexact Concepts, in: Synthese 19, 1969, 325-373.

[5-3] Bellman, R.E., Zadeh, L.A. : Decision Making in a Fuzzy Environment, in: Management Science 17, 1970, B141-164.

[5-4] Zadeh, L.A.: Similarity Relations ans Fuzzy Orderings, in: Information Science 3, 1971, 177-200.

[5-5] Zadeh, L.A.: Outline of an new Approach to the Analysis of complex Systems and Decision Processes, in: IEEE Transactions of Systems Man and Cybernetics 3, 1973, 28-44.

[5-6] Ruspini, E.: A new approach to Fuzzy clustering, in: Information and Control 15, 1969, 22-32.

[5-7] Sugeno, M.: Fuzzy Measures and Fuzzy Integrals, in: Transactions on science and cybernetics 8, 1972, Heft 2.

[5-8] Kickert, W.J.M., Mamdani, E.H.: Analysis of a fuzzy logic controller, in: FSS 1, 1978, 29-44.

[5-9] Thole U., Zimmermann, H.-J., Zysno, P: On the suitability of Minimum and Product operators for the Intersection of Fuzzy Sets, in: FSS 2, 1979, 167-180.

[5-10] Zadeh, L.A.: PRUF- A Meaning Representation Language for Natural Languages, in: International Journal Man-Machine Studies 10, 1978, 395-460.

[5-11] Zemankova-Leech, M., Kandel, A.: Fuzzy Relational Data Bases - A key to Expert Systems, Köln 1984.

[5-12] Zimmermann, H.-J.: Optimale Entscheidungen bei unscharfen Problembeschreibungen, in: Zeitschrift für betriebswirtschaftliche Forschung 12, 1975, 785-796.

[5-13] Zimmermann, H.-J.: Description and Optimization of Fuzzy Systems, in: International Journal of general Systems 2, 1976, 209-215.

[5-14] Zimmermann, H.-J.: Unscharfe Entscheidungen und Multi-Criteria-Analyse, in: Proceedings in OR, 1976, 99-100.

[5-15] Rödder, W., Zimmermann, H.-J.: Analyse, Beschreibung und Optimierung von unscharf formulierten Problemen, in: Zeitschrift für Operational Research 21, 1977, S.1-18.

[5-16] Mamdani, E.H., Assilian, S.: An experiment in linguistic syntheses with an Fuzzy Logic controller, in: International Journal Man Machine Studies 7, 1975, 1-13.

[5-17] Kickert, W. J. M., Lemke, H.R.: Application of a Fuzzy Controller in an Warm Water Plant, in: Automatica 12, 1976, 301-308.

[5-18] King, P.Y., Mamdani, E.H.: The application of fuzzy control systems to industrial processes, in: Gupta, M.M.; Saridis, G.N., Gaines, B.R. (Hrsg.): Fuzzy Automata and Decision Processes, Amsterdam 1977, 321-330.

[5-19] Mamdani, E.H., Gaines, B.R. (Hrsg.): Fuzzy Reasoning and its Applications, London 1981.

[5-20] Mizumoto, M., Zimmermann, H.-J.: Comparison of Fuzzy Reasoning Methods, in: FSS 8, 1982, 253-285.

[5-21] Zadeh, L.A.: The Role of Fuzzy Logic in the Management of Uncertainty in Expert Systems, in: FSS 11, 1983, 199-227.

[5-22] Zimmermann, H.-J.: Fuzzy Sets, Decision Making, and Expert Systems, Boston 1987.

[5-23] Zimmermann, H.-J.: Modellierung von Unsicherheit in Expertensystemen, in: Wolff, M.R. (Hrsg.): Entscheidungsunterstützende Systeme im Unternehmen, München 1988, S. 175-191.

[5-24] Dubois, D., Prade, H.: Possibility Theory, New York 1988.

[5-25] Frcitzheim, K.J.: Entfesselte Querdenker, in: High Tech, 11/90 Nov. 1990, 40-47.

[5-26] Tanaka, K., Sugeno M.: Stability analysis and design of fuzzy control sytems, in: FSS 45, 1992, 135-156.

[5-27] Buckley, J.J.: Fuzzy versus nonfuzzy controllers, in: Control and cybernetics 18, 1989, 127-130.

[5-28] Bouslama, F., Ishikawa, A.: Application of limit fuzzy controllers to stability analysis, in: FSS 49, 1992, 103-120.

[5-29] Matia, F., Jimérez, A., Galán, R., Sanz, R.: Fuzzy Controllers: Lifting the linear-nonlinear frontier, in: FSS 52, 1992, 123-128.

[5-30] Togai Infralogic Inc.: Fuzzy C Development System User´s Manual, Rel.2.0 Irvine, Cal. 1989.

[5-31] INFORM: Fuzzy Tech 3.0. Explorer Edition, Manual and Reference Book, Aachen 1992.

[5-32] MIT: DataEngine, User Manual, Aachen, 1993.

8 Sachwortverzeichnis

Hans-Jürgen Zimmermann (Hrsg.) · Fuzzy Technologien